无人机应用技术专业新形态系列教材（总主编：何先定　刘建超　李屹东）

无人机动力装置

（活页式）

主　编◎严向峰　任　勇

课程思政　活页式　新形态

课件　微课　校企合作

西南交通大学出版社
·成　都·

图书在版编目（CIP）数据

无人机动力装置 / 严向峰，任勇主编. —成都：西南交通大学出版社，2022.4（2025.1 重印）
ISBN 978-7-5643-8566-8

Ⅰ. ①无… Ⅱ. ①严… ②任… Ⅲ. ①无人驾驶飞机－动力装置－高等职业教育－教材 Ⅳ. ①V279

中国版本图书馆 CIP 数据核字（2022）第 004486 号

Wurenji Dongli Zhuangzhi
无人机动力装置

主编　严向峰　任　勇

责任编辑　刘　昕
封面设计　吴　兵

出版发行　西南交通大学出版社
（四川省成都市金牛区二环路北一段 111 号
西南交通大学创新大厦 21 楼）
邮政编码　610031
发行部电话　028-87600564　028-87600533
网址　http://www.xnjdcbs.com
印刷　四川玖艺呈现印刷有限公司

成品尺寸　185 mm × 260 mm
印张　18
字数　416 千
版次　2022 年 4 月第 1 版
印次　2025 年 1 月第 2 次
定价　58.00 元
书号　ISBN 978-7-5643-8566-8

课件咨询电话：028-81435775
图书如有印装质量问题　本社负责退换

无人机应用技术专业新形态系列教材

编写委员会

李　恒　成都航空职业技术学院
李林峰　成都纵横大鹏无人机科技有限公司
李　艳　成都航空职业技术学院
李宜康　成都航空职业技术学院
李懿珂　成都纵横大鹏无人机科技有限公司
李志鹏　中航（成都）无人机系统股份有限公司
李志异　成都航空职业技术学院
廖开俊　中国人民解放军空军第一航空学院
刘　驰　四川航天中天动力装备有限责任公司
刘　夯　成都纵横大鹏无人机科技有限公司
刘佳嘉　中国民用航空飞行学院
刘　健　山西机电职业技术学院
刘　静　重庆科创职业学院
刘明鑫　成都航空职业技术学院
刘　霞　重庆航天职业技术学院
马云峰　成都纵横大鹏无人机科技有限公司
梅　丹　中国人民解放军海军工程大学
牟如强　成都理工大学工程技术学院
潘率诚　西华大学
屈仁飞　成都西南交大研究院有限公司
瞿胡敏　四川傲势科技有限公司
任　勇　重庆电子工程职业学院
沈　挺　重庆交通大学
宋　勇　四川航天中天动力装备有限责任公司
唐　斌　成都航空职业技术学院
田　园　成都航空职业技术学院
王　聪　成都航空职业技术学院
王国汁　中航（成都）无人机系统股份有限公司
王　进　成都纵横大鹏无人机科技有限公司
王朋飞　西安航空职业技术学院
王　强　成都航空职业技术学院
王泉川　中国民用航空飞行学院
王思源　成都航空职业技术学院
王文敬　中国民用航空飞行学院
王　旭　成都航空职业技术学院
王　洵　成都航空职业技术学院
魏春晓　成都航空职业技术学院
吴　可　重庆交通大学
吴　爽　中航（成都）无人机系统股份有限公司
谢燕梅　成都航空职业技术学院
邢海涛　云南林业职业技术学院
熊　斌　西南大学
徐凤磊　中国人民解放军海军工程大学
许开冲　成都纵横自动化技术股份有限公司
闫俊岭　重庆科创职业学院
严向峰　成都航空职业技术学院
杨　芳　成都航空职业技术学院
杨谨源　中航教育科技（天津）有限公司
杨　琴　成都理工大学工程技术学院
杨　锐　成都纵横自动化技术股份有限公司
杨少艳　成都航空职业技术学院
杨　雄　重庆航天职业技术学院
杨　雪　成都航空职业技术学院
姚慧敏　成都航空职业技术学院
尹子栋　成都航空职业技术学院
游　玺　成都纵横大鹏无人机科技有限公司
张　捷　贵州交通技师学院
张　梅　成都农业科技职业学院
张　松　四川零坐标勘察设计有限公司
张惟斌　西华大学
张　伟　成都纵横大鹏无人机科技有限公司
赵　军　重庆电子工程职业学院
郑才国　成都理工大学工程技术学院
周　彬　重庆电子工程职业学院
周佳欣　成都航空职业技术学院
周仁建　成都航空职业技术学院
邹晓东　中航（成都）无人机系统股份有限公司

前言

PREFACE

“无人机动力装置”是无人机应用专业的一门重要专业基础课程，对后续专业课程的学习以及从事无人机操控、调试、维护、行业应用等相关工作具有重要的支撑作用。本书根据高职院校无人机应用技术专业对无人飞行器动力装置认知及操作实践技能的要求编写而成，理论知识以够用为原则，注重知识和技能的应用；以无人机常用 3 大类动力系统为载体，以项目式学习方式使学生掌握航空活塞发动机、燃气涡轮发动机及电动机的相关知识和实践技能。

本书内容共包括 3 个模块，16 个项目：模块一讲解航空活塞发动机的内外部结构、附件系统，以及简单勤务维护工作；模块二讲解小、微型无人机中使用的电力动力系统的基本构成与组装调试；模块三介绍高性能燃气涡轮发动机的典型部件结构与原理。每个模块分为若干项目，各项目下布置若干学习任务，以任务为驱动，使学生掌握常见无人机动力装置的基本构成，并能够使用相关理论知识指导实践活动。

本书由成都航空职业技术学院严向峰、重庆电子工程职业学院任勇担任主编，康维国、王旭、李宜康、姜舟、赵军担任副主编。其中，绪论、项目五、六、七、十五、十六由严向峰编写；项目一、二由康维国编写；项目三由李宜康编写；项目四由姜舟编写；项目八、九由王旭编写；项目十、十一、十三、十四由任勇编写；项目十二由赵军编写。严向峰对本书的内容和编写思路进行了总体策划，并进行统稿。

本书在编写过程中，得到了海军工程大学青岛校区徐风磊、梅丹、中国人民解放军空军第一航空学院廖开俊等老师，以及中航（成都）无人机系统股份有限公司李志鹏、吴爽、王国汁、四川傲势科技有限公司瞿胡敏等工程师的支持和帮助，在此一并表示真诚的感谢。

本书在编写构思和选材过程中参考了国内外诸多的文献资料，在此向相关作者表示最衷心的感谢。限于编者水平和经验有限，书中难免有疏漏和不妥之处，敬请广大读者批评指正

编　者

2021 年 9 月

目录
CONTENTS

模块二　电动机

模块三 燃气涡轮发动机

绪　论

航空发动机（Aero-engine）是为航空器提供飞行所需动力的装置，是一种高度复杂和精密的热力机械，直接影响航空飞行器的飞行性能、可靠性与经济性，被誉为“工业之花”。航空发动机是一种集成多学科知识、复杂系统、高度综合的高新技术产品，按照产品单位质量创造的价值来计算，如船舶为 1、小汽车为 9、电视机为 50、电子计算机为 300、大型飞机为 800，航空发动机（大型燃气涡轮发动机）则高达 1 400。

与世界航空工业的三极——美国、西欧及俄罗斯相比，我国航空工业建立时间晚，技术基础薄弱，与世界先进水平还存在不小的差距，但同时也要看到，世界上拥有完整航空工业体系的国家屈指可数。因此，作为能够独立开展航空发动机研制的国家之一，我国在工业水平方面还是值得肯定的。

任务一　无人机动力装置的类型

用于载人航空飞行器上的航空发动机本质上是热机，它将燃料的热能转换为机械能，同时作为一个推进器，可以利用产生的机械能使发动机获得推力。根据能量转换的方式和规律，应用于无人机动力装置的航空发动机主要分为航空活塞式发动机与航空喷气式发动机两大类型。近年来，随着轻小型无人机的高速发展，使用电动机作为一种廉价且安全性更高的方案，其应用范围也在不断扩大。无人机上使用的发动机类型如图 0-1 所示。

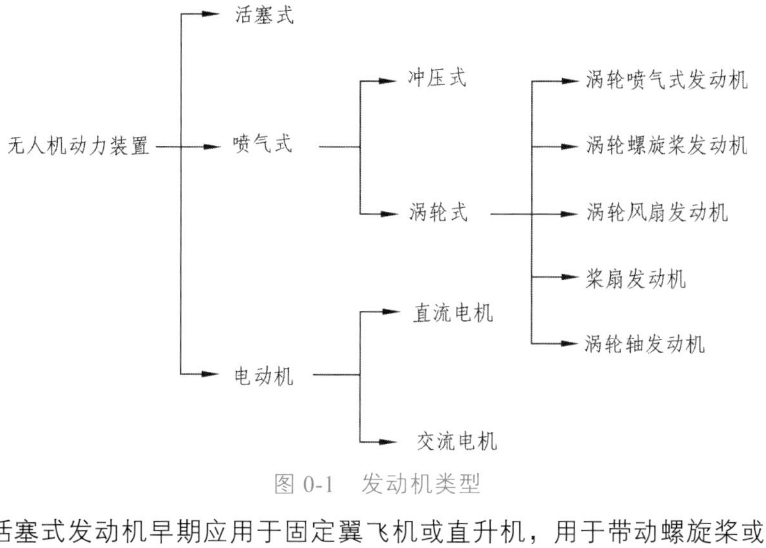

图 0-1　发动机类型

航空活塞式发动机早期应用于固定翼飞机或直升机，用于带动螺旋桨或旋翼，提供飞行动力。其历史可追溯至 20 世纪初（1903 年莱特兄弟发明的飞行者 1 号），在第二次世界大战末期发展到顶峰。大型活塞式航空发动机的功率可达 2 500 kW，后来虽然被功率更大、高速性能更好的燃气涡轮发动机所取代，小功率的活塞式发动机仍广泛用于轻型飞机、直升机及超轻型飞机。早期的无人机通常由退役有人战斗机改装而成，目前多数无人机仍采用活塞式发动机。活塞式发动机适用于低速、中低空的侦察、监视无人机及长航时无人机，飞机起飞质量一般较小。

第二次世界大战结束至今 70 年来，航空燃气涡轮发动机取代了活塞式发动机，开创了喷气时代。在技术发展的推动下，涡轮喷气发动机、涡轮风扇发动机、涡轮螺旋桨发动机、桨扇发动机和涡轮轴发动机在不同的飞行领域发挥着各自的作用，航空器性能跨上一个又一个台阶。涡喷发动机适用于飞行时间较短的中高空、高速侦察机及靶机、无人攻击机，飞机起飞质量可达 2 500 kg；涡轴发动机适用于中低空、低速短距/垂直起降无人机和倾转旋翼无人机，飞机起飞质量可达 1 000 kg；涡桨发动机适用于中高空长航时无人机，飞机起飞质量可达 3 000 kg；涡扇发动机适用于高空长航时无人机和无人战斗机，飞机起飞质量可以很大，如“全球鹰”达到 11.6 t。

航空活塞式发动机与喷气式发动机相比，它们的工作原理是相同的，工作循环均需要进气、压缩、燃烧、膨胀做功、排气五个阶段。不同的是，活塞式发动机工作过程是分时依次进行，而喷气式发动机则是连续进行，工质（空气与燃气）依次流经发动机的各个部位，对更大使用范围的无人机而言，燃气涡轮发动机应是首选的动力装置。随着燃气涡轮发动机技术的不断进步，其推重比/功质比越来越高，耗油率越来越小，寿命越来越长，使用维修成本越来越低。

在消费级无人机及部分工业级无人机型号中，电动机作为动力装置。动力电机可分为两类：有刷电动机和无刷电动机，其中有刷电动机由于效率比较低，在无人机领域已逐渐不再使用。无人机使用电动机具有结构简单、质量轻、使用方便等优点，可使无人机的噪声和红外特征很小，还能提供与内燃机不相上下的功率比，同时，低廉的成本也使得无人机更加快速地应用于专业领域，投身消费市场。

任务二　航空发动机的发展历程

航空发动机是集计算流体力学、气动热力学、结构力学、传热、控制、材料、工艺等于一身的高科技，也是推动工业进步的高附加值产品。发动机是无人机整套动力系统的核心部件，为飞行提供动力，推动飞行器升空并维持其在空中飞行，它的性能优劣将直接影响航空器飞行的可靠性。回顾人类航空史，一系列重大成就都与航空发动机性能的改善或新型动力装置的研制成功有关。航空发动机诞生一百多年来，其发展历程主要经过了两个阶段。

1. 1903—1945：活塞式发动机时代

很早以前，我们的祖先就幻想像鸟一样在天空中自由飞翔，也曾作过各种尝试，但是多半因为动力问题未获得解决而归于失败。最初有人把专门设计的蒸汽机装到飞机上进行尝试，但因为蒸汽机功重比低、效率差，都没有成功实现飞行。到 19 世纪末，内燃机开始用于汽车的同时，人们随即联想到能否把内燃机用到飞机上作为飞行的动力来源，并着手这方面的试验。

1903 年，莱特兄弟把一台 4 缸水平直列式水冷发动机改装之后，成功地用于“飞行者一号”进行飞行试验。这台发动机只有 8.95 kW，质量却有 81 kg，功重比为 0.11 kW/daN（1 daN = 10 N）。发动机通过两根像自行车那样的链条，带动两个直径为 2.6 m 的木制螺旋桨。“飞行者一号”首次飞行的留空时间只有 12s，飞行距离为 36.6 m。但它是人类历史上第一次有动力、载人、持续、稳定、可操作的重于空气的飞行器成功飞行。

在两次世界大战的推动下，活塞式发动机不断改进完善，得到迅速发展，第二次世界大战结束前后达到其技术的顶峰。发动机功率从近 10 kW 提高到 2500 kW，功重比从 0.11 kW/daN 提高到 1.5 kW/daN，飞机飞行高度达 15000 m，飞行速度从 16 km/h 提高到近 800 km/h，接近了螺旋桨飞机的速度极限。

20 世纪 30～40 年代是活塞式发动机的全盛时期。活塞式发动机加上螺旋桨，构成了所有战斗机、轰炸机、运输机和侦察机的动力装置；活塞式发动机加上旋翼，构成所有直升机的动力装置。著名的活塞式发动机有英国的梅林 V 型 12 缸液冷式发动机，功率为 1 120 kW，用于“飓风”“喷火”和“野马”战斗机；美国普拉特·惠特尼公司（简称普惠公司）的“黄蜂”系列星形气冷发动机，气缸有 7～28 个，功率为 970～2 500 kW，广泛用于各种战斗机、轰炸机和运输机。

带螺旋桨活塞式发动机的最大缺点是飞行速度受到限制（800 km/h 以下）。一方面，发动机功率与飞行速度的三次方成正比，随着速度的提高，所需发动机功率急剧增大，而通过增加气缸数目来增大功率的做法带来了发动机负荷增大，这是飞机不能承受的；另一方面，随着飞行速度的提高，螺旋桨的效率急剧下降并有机毁人亡的危险。因此，为了实现高速飞行，飞机必须寻求新的动力装置，那就是喷气式发动机。第二次世界大战之后，随着涡轮喷气发动机的发展，活塞式发动机逐渐退出了航空领域的霸主地位，但直至今天，在无人机领域中仍然得到了广泛的应用。

2. 1939 至今喷气式发动机时代

喷气式发动机是一种直接反作用推进装置。低速工质（空气和燃料）经增压燃烧后以高速喷出而直接产生反作用推力。由于没有限制飞行速度的螺旋桨，而且单位时间流入发动机的空气流量比活塞式发动机大得多，从而能产生很大的推力，喷气发动机使飞机的飞行速度得到极大的提高。

与喷气发动机原理有关的研究有着久远的历史，中国古代的火箭和走马灯就是喷气推进和涡轮机原理的体现。1913 年，法国工程师雷恩·罗兰获得第一个喷气发动机专利，它属于无压气机式空气喷气发动机，与后来的冲压发动机基本相同，压气机式空气喷气发动机则由英国人弗莱克·惠特尔和德国人汉斯·冯·奥海因在同一时期分别发明。压气机有离心式、轴流式、组合式等多种，由后面的燃气涡轮带动，所以这类发动机又称为涡轮喷气发动机。

奥海因在 1938 年 10 月试验了采用轴流-离心组合式压气机的 HeS3 涡轮喷气发动机，实测推力 400 daN，推力重力比 1.12。1939 年 8 月 27 日，德国亨克尔公司的 He-178 飞机成功首飞，这是世界上第一架试飞成功的涡轮喷气发动机飞机。空军少校惠特尔 1937 年 4 月研制出世界上第一台离心式涡轮喷气发动机，试验中发动机达到的推力为

200 daN。1941 年 5 月，推力为 650 daN 的改进型惠特尔发动机装在格洛斯特公司的 E28/29 飞机上进行了成功的首飞。

喷气式飞机在二战后特别是 20 世纪 50 年代才获得迅速的发展。第一批装备部队使用的喷气式战斗机是 1944 年美国制造的 F-80 和 1946 年苏联制造的米格-9，飞机采用平直梯形机翼，发动机推力为 800 ~ 900 daN，飞行速度为 900 km/h 左右。飞机速度达到声速以后，为了突破“声障”，在涡喷发动机上加装了加力燃烧室，它可以在短时间内大幅度提高推力。此后，战斗机继续向高空高速发展。1958 年美国推出 F-104 战斗机，最大飞行马赫数 2.2，使用升限 17.68 km，动力为 J79 单转子加力式涡轮喷气发动机，最大推力为 7 020 daN，推重比为 4.63。涡轮喷气发动机在军用战斗机上广泛应用的同时，也被其他机种选用，首先是轰炸机，随后是运输机、旅客机和侦察机。

如果把 20 世纪 40 ~ 50 年代研制的单轴涡轮喷气发动机算为第一代，那么 50 ~ 60 年代研制的加力式涡轮喷气发动机为第二代，其循环和性能参数水平：涡轮前燃气温度 950 ~ 1 100 ℃，推重比 4.5 ~ 5.5，不加力耗油率 0.9 ~ 1.0 kg/（daN·h），加力耗油率约 2.0 kg/（daN·h）。

涡喷发动机有一个致命的缺点，就是耗油率太高，涡扇发动机能克服这个缺点。涡扇发动机与涡喷发动机的区别在于低压压气机变成叶轮风扇，风扇出口气流分成二股通过内外两个环形涵道向后流动。内涵道内工质的工作状况与前述涡轮喷气发动机相同，外涵道的空气则经过涵道直接排出，或在低压涡轮后与主流混合经喷管排出，或加力补燃后排出。在核心相同的条件下，涡轮风扇发动机总空气流量大，排气速度低，所以与涡轮喷气发动机相比，推力大，推进效率高，耗油率低。涡轮风扇发动机实质上仍属于直接反作用式涡轮喷气发动机。

涡扇发动机诞生于 20 世纪 50 年代，首先用于民用飞机，随后扩展到军用飞机。20 世纪 60 年代出现涡扇化热潮，70 ~ 80 年代发展提高、广泛应用，90 年代以后高度发展，取代涡喷发动机成为军民用飞机的主动力和航空推进技术研究发展的主要方向。

世界上第一台运转的涡轮风扇发动机是德国戴姆勒-奔驰研制的 DB670（或 109-007），于 1943 年 4 月在实验台上达到 840 kg 推力，但因技术困难及战争原因没能获得进一步发展。世界上第一种批量生产的涡扇发动机是 1959 年定型的英国康维，推力为 5 730 daN，用于 VC-10、DC-8 和波音 707 客机。涵道比有 0.3 和 0.6 两种，耗油率比同时期的涡喷发动机低 10% ~ 20%。1960 年，美国在 JT3C 涡喷发动机的基础上改型研制成功 JT3D 涡扇发动机，推力超过 7 700 daN，涵道比 1.4，用于波音 707 和 DC-8 客机以及军用运输机。

以后，涡扇发动机向低涵道比的军用加力发动机和高涵道比的民用发动机的两个方向发展。在低涵道比军用加力涡扇发动机方面，20 世纪 60 年代，英、美在民用涡扇发动机的基础上研制出斯贝-MK202 和 TF30，分别用于“鬼怪”F-4M/K 战斗机和 F111（后又用于 F-14 战斗机）。它们的推重比与同时期的涡喷发动机差不多，但耗油率低，使飞机航程大大增加。在 70 ~ 80 年代，各国研制出推重比 8 一级的涡扇发动机，如美国的 F100、F404、F110，西欧三国的 RB199，苏联的 RD-33 和 AL-31F。它们装备目前在一线的第三代战斗机，如 F-15、F-16、F-18、“狂风”、米格-29 和苏-27。目前，推重比 10 一级的涡扇发动机已研制成功，投入服役的机型包括美国的 F-22/F119、西欧的 EFA2000/EJ200 和法国的“阵风” M88。其中，F-22/F119 具有第四代战斗机代表性特征——超声速巡航、短距起落、超机动性和隐身能力。自 20 世纪 70 年代第一代推力在 20 000 daN 以上的高涵道比（4～6）涡扇发动机投入使用以来，大型宽体客机开始了新时代。后来，推力小于 20 000 daN 的不同推力级的高涵道比涡扇发动机开始广泛用于各种干线和支线客机。10 000～15 000 daN 推力级的 CFM56 系列已生产 13 000 多台，并创造了机上寿命超过 30 000 h 的记录。民用涡扇发动机投入使用以来，已使巡航耗油率降低一半，噪声下降 20 dB，CO、UHC、NOX 等污染物排放分别减少 70%、90%、45%。90 年代中期装备波音 777 的第二代高涵道比（6～9）涡扇发动机的推力超过 35 000 daN。其中，通用电气公司 GE90-115B 在 2003 年 2 月创造了 56 900 daN 的发动机推力世界纪录。

在涡轮喷气发动机蓬勃发展的过程中，驱动飞机螺旋桨和直升机旋翼的动力也实现了涡轮化，派生出两种新型航空燃气涡轮发动机——涡轮螺旋桨发动机和涡轮轴发动机。它们的工作原理基本相同，都是靠动力涡轮把燃气发生器出口燃气中的绝大部分可用能量转变为轴功率，通过减速器驱动螺旋桨或旋翼。它们与活塞式发动机相比，质量轻、振动小、功率重力比大。

在第二次世界大战中，英国开始研制本国第一台涡桨发动机罗尔斯-罗伊斯 RB.50 Trent，美国、法国、苏联等国也都积极发展了这项技术。因为涡轮螺旋桨发动机比涡喷和涡扇发动机的耗油率更低、经济性好、起飞推力大，曾得到相当的发展，目前在中小型运输机和通用飞机上仍有广泛用途。其中加拿大普惠公司的 PT6A 发动机是典型代表，至今这个功率为 350～1 100 kW 的发动机系列已发展出 30 多个改型，用于 144 个国家的近百种飞机，共生产了 30 000 多台。20 世纪 90 年代美国在 T56 和 T406 的基础上研制出新一代高速支线飞机用的 AE2100 是当前最先进的涡桨发动机，功率范围为 2 983～5 966 kW，其起飞耗油率特低，为 0.249 kg/（kW·h）。

20 世纪 80 年代后期掀起了一阵性能上介于涡桨发动机和涡扇发动机之间的桨扇发动机热。一些著名的发动机公司都在不同程度上进行了预计和试验，其中通用电气公司的无涵道风扇（UDF）GE36 曾进行了飞行试验。由于种种原因，只有俄罗斯和乌克兰的安-70/D-27 进入工程研制并计划批量生产装备部队。

世界上最早研制涡轴发动机的是法国。20 世纪 50 年代中期，透博梅卡公司研制的功率为 405 kW 的阿都斯特 2 涡轴发动机成功用于“云雀”2 直升机。至今涡轴发动机经过不断改进创新，已经发展到第四代，功重比已从 2 kW/daN 提高到 6.8～7.1 kW/daN。第三代涡轴发动机是 20 世纪 70 年代设计、80 年代投产的产品，主要代表机型有马基拉、T700-GE-701A 和 TV3-117 VM，装备 AS322“超美洲豹”、UH-60A、AH-64A、米-24 和卡-52。第四代涡轴发动机是 20 世纪 80 年代末 90 年代初开始研制的发动机，代表机型有英、法联合研制的 RTM322、美国的 T800-LHT-800、德法英联合研制的 MTR390 和俄罗斯的 TVD1500，用于 NH-90、EH-101、WAH-64、RAH-66“科曼奇”、PAH-2/HAP/HAC“虎”和卡-52。世界上最大的涡轮轴发动机是乌克兰的 D-136，起飞功率为 7 500 kW，装两台发动机的米-26 直升机可运载 20 t 的货物。以 T406 涡轮轴发动机为动力的倾转旋翼机 V-22 突破常规旋翼机 400 km/h 的飞行速度上限，一下子提高到 638 km/h。

3. 电动机开始应用，新概念动力装置崭露头角

质量小于 100 kg 的微小型无人机，一般采用“电池+电动机”带动旋翼或螺旋桨作为动力装置。其动力系统结构简单，成本低廉，功率大小可随意选择，目前市场上常见的消费级多旋翼无人机均采用电动机作为其动力装置。但是由于目前电池自身的能量密度太低，采用电池带动电动机的动力形式无法保证无人机的长时间飞行(>1 h)，因此极大地限制了它的应用场景。

由于没有人类生命保障要求的限制，无人机的应用范围大大增加，特别是在超高过载、超长航时、超高声速等非传统有人机应用领域将大放异彩。因此，各国在继续发展传统航空发动机技术的同时，都在积极探索基于未来无人机应用的新概念发动机架构，如针对未来高超声速飞行器、空天飞机等应用场景发展出的超燃冲压发动机、脉冲爆震发动机、涡轮基组合发动机、火箭基组合发动机等；针对未来全电和多电飞机研发的混合动力系统和核动力发动机等。美国赛峰公司已经于 2017 年发布了航空电推进技术路线图，并于 2018 年进行了分布式混合电推进系统地面试验。

任务三　无人机动力装置的基本要求

发动机作为无人机动力装置的核心，其工作质量的好坏将直接影响飞行性能、安全以及飞行任务的完成情况。因此，一般用发动机性能参数、可靠性、维护性及寿命等主要方面来衡量动力装置的优劣。发动机的基本要求可归纳如下。

1. 功率质量比大

对于航空飞行器而言，节约每千克的质量都是有意义的，因此，在无人机动力装置设计和制造的过程当中，在满足结构强度及使用性能要求的前提下，发动机的质量越轻越好。功率质量比就是用来衡量发动机此项要求的标准，即发动机最大功率与发动机总质量之间的比值。航空喷气式发动机常用推重比（最大推力/总质量）来衡量发动机性能。功率质量比（推率质量比）也可以理解为单位质量的动力装置由多大的功率（推力）去驱动，比值越大，则表征在输出相同功率的前提下，发动机自身可以更轻。

2. 低燃油消耗

燃油消耗率是典型的经济性指标，指的是产生单位功率（推力）时，动力装置每小时所消耗的燃油质量。燃油消耗率越低的发动机越省油，在航程相同的飞行任务中可携带更少的燃油，降低起飞质量，提高飞行性能。在以电动机作为动力装置的无人机中也有类似的概念。

3. 结构尺寸小

结构尺寸较小的动力装置在飞行器内占据的空间更小，有利于飞行器装载更多的

设备及任务载荷；同时，也有利于飞行器气动外形结构的设计，进一步降低飞行中的气动阻力。通常使用迎风面积来衡量此项指标，即发动机在垂直于气流平面内的最大投影面积。飞行时气动阻力的大小与迎风面积有着直接的关系。

4. 可靠性好

可靠性指元件、产品、系统在一定时间内、在一定条件下无故障地执行指定功能的能力或可能性。无人机在设计、制造、应用过程中，不断经受自身、外界气候环境及机械环境的影响，而仍需要能够正常工作，其动力装置必须始终处于可靠运行的工作状态。为了保证航空发动机工作安全可靠，设计时就必须考虑复杂使用环境的影响，并在制造生产、装配调试的过程中严格执行工艺流程，避免人为因素造成对发动机的不良影响，经过长时间的“试车”工作对诸项性能参数进行验证后才能装上飞行器。在使用过程中，还需要对发动机进行定期的检查和维护。

5. 寿命长

在保证性能良好、稳定可靠的基础之上，要求动力装置能够拥有更长的寿命，这是航空动力装置的另一项重要的经济性指标。航空发动机的寿命可以分为以下两类：

翻修寿命，指从全新发动机开始使用到第一次翻修之间的时间，或发动机上次翻修后到下一次翻修之间的使用时长；

使用寿命，指全新发动机开始使用直至报废的使用时间。

6. 良好的可维护性

定期和不定期对航空发动机进行的检查、保养和修理工作，是保证发动机工作稳定可靠的重要工作。为了保证飞行安全，对航空发动机维护的技术要求十分严格，维护工作必须保证发动机经常处于良好状态。可维护性是指当发动机发生故障后，能够在较短时间内，比较容易地通过维护或维修排除故障，保持或恢复到正常工作状态的能力。

在无人机动力装置设计时，较强的可靠性能够减少发动机出现故障的次数，并不能说明出现故障后能不能修好以及所需要花费的时间和代价。可维护性好的无人机动力装置，能在最短的时间，以最低限度的资源（人力与技术水平、备件、维修设备和工具等）和最少的费用，经过维修后恢复到正常工作状态。可维护性是发动机可靠性的必要补充。

任务四　无人机动力装置的研发特点及发展趋势

航空发动机所需的主要科学基础是支持其高温、高速旋转和长工作寿命等工作特点的学科，如工程热力学、气体动力学、燃烧学、传热学和现代控制理论等。而其所需技术几乎覆盖材料、制造、试验等所有现代技术门类，特别是高温材料和热工艺。

航空发动机的工作过程极为复杂，以燃气涡轮发动机的核心机为例。压气机将进入发动机的空气逐级增压，增压比可达 25 以上，压气机叶片的气动、强度和几何形状十分复杂，承受极高的离心载荷。燃烧室是保证增压后的空气与燃油充分混合，并稳定燃烧的特殊结构，需精心设计，选择耐高温材料、涂层等综合措施以实现有效的冷却。涡轮的作用是将气流的能量转换为机械能，为了获得更大功率，要求涡轮进口处燃气温度尽可能高。先进发动机的涡轮前温度已达 1 850～1 950 K，大大超过涡轮叶片材料本身能承受的温度，需探索使用耐更高温度的材料，并采用新的冷却技术。

发动机装载在航空器上，处于严酷的使用环境当中，需要在高温、高寒、高速、高压、高转速、高负荷、缺氧、振动等极端恶劣环境下，稳定可靠地工作。在飞行中绝不可能进行停机维修，因而可靠性要求极高，目前每百万飞行小时的空中停车率只允许 2～5 次。如此之高的可靠性要求，是其他任何工业产品不可比拟的。以发动机的热部件为例，它们强烈依赖如定向凝固高温合金、单晶、金属间化合物、金属基复合材料和陶瓷基复合材料等先进特殊材料，而由于目前基础工业提供的支撑还不够，直接导致发动机的性能及可靠性等关键指标达不到设计要求，或者无法完成稳定生产。

航空发动机的技术研发难度高于飞行平台，研制周期也长于飞行平台，航空发动机的研发周期一般比飞机机体长 5 年以上，且新型发动机研发所需时间不断延长。在以先进航空器的需求来牵引发展的同时，发动机研制更要遵循独立和超前的发展规律，提前谋划，超前发展。离开配套的飞行平台，航空发动机没有独立的实用价值。但这绝不意味着，航空发动机的研制必须依附于特定的航空器型号。在过去很长一个历史时期，我国航空发动机的研发紧紧依附于飞机型号，即要研制一款飞机，才会去研发配套发动机，飞机如果下马，发动机随之下马。这类实例，举不胜举，发动机少有走完研制过程、积累完整工程数据的型号，这方面的教训十分深刻。

另外，航空界有“航空发动机是试出来的”一说，揭示了航空发动机研发的一大特点，即对试验和高性能设施的高度依赖。航空发动机的试验是一个体系，含性能试验、通用性试验、耐久性试验、环境试验和飞行试验，每个类别的试验又包括若干试验项目。而每次试验的背后，一定是高性能的各类试验手段与设施。由于技术难度大，航空发动机的研制是研究—设计—试验—修改设计—再试验的反复迭代过程。研制一台新型发动机，一般需要 10 万 h 的零部件试验、4 万 h 的附件试验和 1 万 h 的整机试验。航空发动机是设计、制造的产物，更是试验工程的产物。

在科学技术飞速发展的今天，我们既要在传统样式的发动机方面迎头追赶，又要开展新概念、新原理、新能源、新样式航空发动机技术的研究和开发，力争在影响未来的前沿技术领域上有更大的突破，为长远持续发展提供更多的技术储备。

动力装置仍是无人机发展的瓶颈，无法满足无人机发展的迫切需求，必须重点解决。

1. 远近结合，统筹规划

无人机用途广泛，品种繁多，是当前研究的热点。应制定合理的无人机发展路线，合理谋划无人机动力装置的发展战略，尤其是与国家国防及经济建设密切相关的无人机动力装置，如中小型涡扇发动机，应作为重中之重，优先发展。

2. 重点突破，快速改型

以需求为牵引，选择成熟的有人驾驶飞机所用的航空发动机进行改进改型研究，以快速突破无人机动力装置适应性改进的关键技术，在较短时间内形成产品。

3. 加强预研，自主创新

应从长远出发，坚持动力先行的原则，积极开展无人机动力装置的预先研究和自主创新工作，为适应未来无人机发展的要求打下坚实的基础。动力装置类型不同，预先研究也应各有侧重。高空长航时无人机发动机的关键技术包括高空低雷诺数条件下风扇、压气机喘振，高、低压涡轮效率，高空低压下燃烧室稳定燃烧，发动机数字控制系统可靠控制，整机和部件在宽广工作范围的性能、可操纵性特性与极限；无人直升机涡轴发动机的关键技术包括小流量、高压比组合压气机效率，小流量燃油喷嘴高质量雾化，小型高温涡轮叶片冷却，高速转子动力学；小型无人机涡喷发动机的关键技术包括由尺寸小带来的低雷诺数下部件的效率，高速转子动力学，小型部组件及零件精密加工工艺，发动机润滑等。

模块一 无人机动力装置

活塞发动机

项目一　认识活塞发动机

活塞式航空发动机是指提供航空器飞行动力的往复式内燃机。

通过项目一的学习，学员应完成以下目标：

（1）能够描述典型四冲程发动机的工作过程与原理；

（2）初步认识活塞发动机的结构，了解气缸编号规则。

任务一　活塞发动机工作原理

1. 发动机动力生成

内燃机的动力来自于在一个封闭的小空间内燃烧燃料和空气的混合物。当这种混合物燃烧时，它会急剧膨胀，产生的推力或压力用来推动活塞，从而旋转曲轴。这一运动最终被传送到驱动车辆的车轮或者飞机的螺旋桨上。由于在发动机的每个气缸中过程是相似的，因此我们只需使用一个气缸来描述动力产生的过程步骤。

下面所示的单个气缸由四个基本部分组成：气缸；活塞；连杆；曲轴。

首先，我们必须有一个一端封闭的气缸；这个气缸类似于一个金属罐，固定在发动机机体内。气缸里有活塞，一个可移动的塞子。它与气缸紧密配合，但仍能轻松上下滑动。活塞的运动是由气缸中的燃油燃烧引起的，活塞的上下运动称为往复运动。这种运动必须转变为旋转运动，这样车轮或螺旋桨才能旋转。这种变化是通过曲轴和连杆的传动来实现的。如图 1-1-1 所示。

曲轴旋转，做圆周运动。连杆的顶端与活塞相连，因此会上下移动。连杆的下端与曲轴相连。

连杆的下端也上下移动，但由于它与曲轴相连，因此也必须跟随曲轴做圆周转动。

发动机的活塞由于气缸中膨胀气体的压力而向下移动时，连杆上端沿直线向下移动，连杆下端同时向下并做圆周运动。这将作用于配重块，由于配重块的惯性作用反过来使曲轴旋转，而这种旋转就是所需的结果。所以，曲轴和连杆的组合是一种机构，其目的是将活塞的直线或往复运动改变为旋转运动。

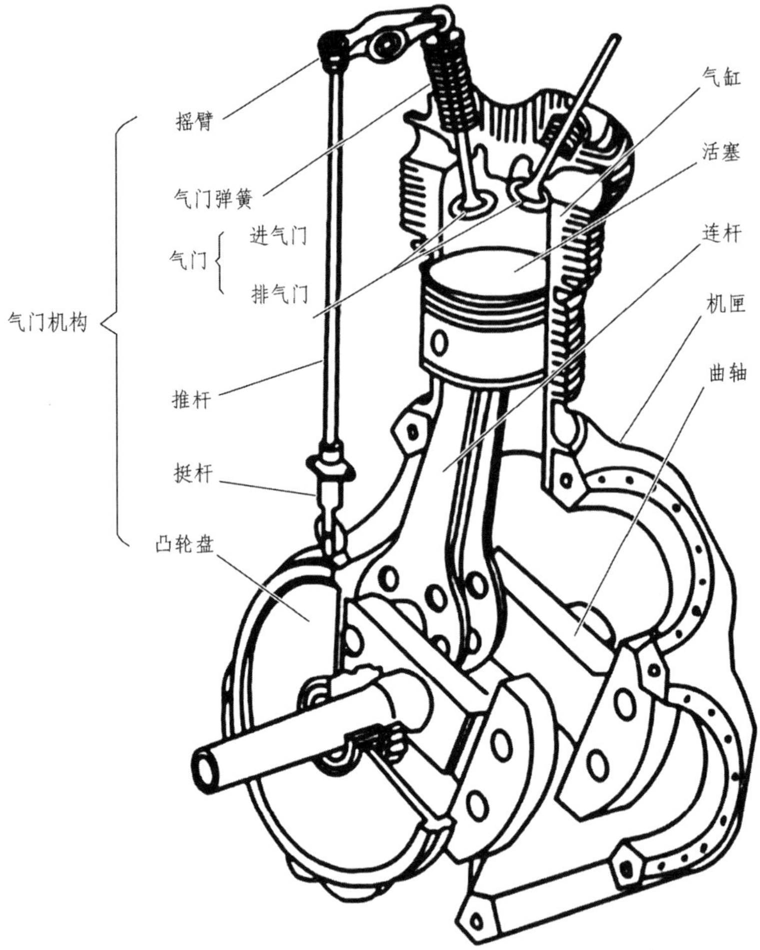

图 1-1-1　活塞发动机典型结构

2. 活塞行程

活塞从上到下或从下到上的每次运动称为行程。当曲轴转动一整圈时，活塞完成两个冲程（上升行程和下降行程）。

活塞通过连杆连接到旋转的曲轴上。活塞位于行程的开始或顶部，当曲轴旋转时，连杆将活塞向下拉。当曲轴旋转半圈时，活塞位于行程的底部。

当曲轴继续旋转，连杆开始向上推动活塞。活塞运动从下到上变化时的位置称为下止点（BDC）。活塞继续向上移动，直到曲轴的运动使其开始向下移动。运动从上到下变化时，活塞的这个位置被称为上止点（TDC）。

当一个运动已经停止（活塞已经到达行程的末端）并且其相反方向的运动已经准备开始，这些位置被称为“止点”位置，如图 1-1-2 所示。

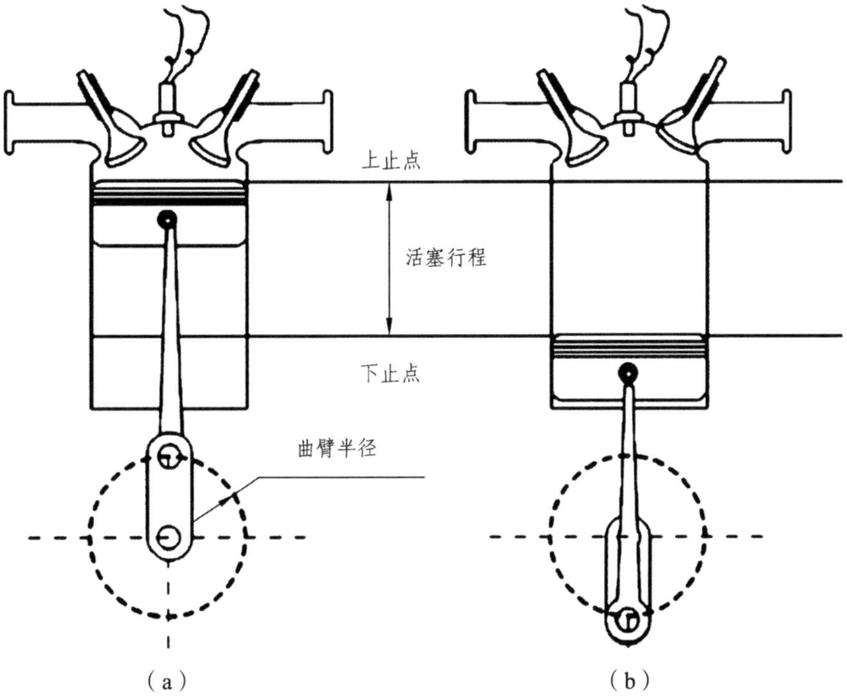

图 1-1-2 活塞行程相关专业术语

3. 奥托循环发动机

德国工程师尼古拉斯·奥托（Nicolaus Otto）第一个研制出四冲程发动机，因此今天的四冲程工作循环通常称为奥托循环，而使用火花塞的四冲程发动机称为奥托发动机。

奥托循环包括绝热压缩、定容加热、绝热膨胀和定容放热四个过程。

要了解活塞发动机是如何工作的，我们必须研究气体的基本热力学性质。气体拥有各种我们能用感官观察到的性质，比如气体的压力 P、温度 T、质量 m 和体积 V。

热力学里我们已经知道这些变量的相互关联，这些变量的值决定了气体的状态。气体的热力学过程，如加热或压缩气体，就是用热力学定律所描述的方式来改变状态变量的值。气体所做的功和传给气体的热量取决于气体的开始和结束状态以及用来改变状态的过程。有这样一系列的过程，在每个过程中气体状态都会改变，但气体最终会恢复到原来的状态。这个过程称为循环，这就形成了理解发动机工作原理的基础。

所有内燃机都采用奥托热力循环。如图 1-1-3 所示显示了奥托循环的 P-V 图。对 P-V 图做如下解释。

（1）左下角数字 1 表示发动机进气冲程的开始。压力接近外界大气压，气体体积最小。

（2）在阶段 1 和 2 之间，活塞在进气门打开的情况下被拉出气缸。压力保持不变，当燃油和空气的混合物通过进气门吸入气缸时，气体体积增加。

（3）阶段 2 表示进气门关闭，压缩冲程开始。

（4）阶段 2 和阶段 3 之间，表示压缩过程，活塞移回气缸，气体体积减小，压力增加，因为活塞对气体做了功。

（5）第 3 阶段是油气混合物燃烧的开始。燃烧发生得很快，体积保持不变。根据状态方程，燃烧过程中会释放热量，从而提高温度和压力。

（6）阶段 4 开始发动机的做功冲程。

（7）阶段 4 和 5 之间，为气体在气缸内的膨胀过程，活塞驱动曲轴，体积增大，压力下降，气体对活塞做功。

（8）在第 5 阶段，排气阀打开，气体中的余热与周围环境交换。体积保持不变，压力调整回大气条件。

（9）第 6 阶段为发动机的排气冲程，在此期间，活塞移回气缸，体积减小，压力保持恒定。排气冲程结束时，气缸内的气体状态已恢复到阶段 1，并且该过程会自行重复。

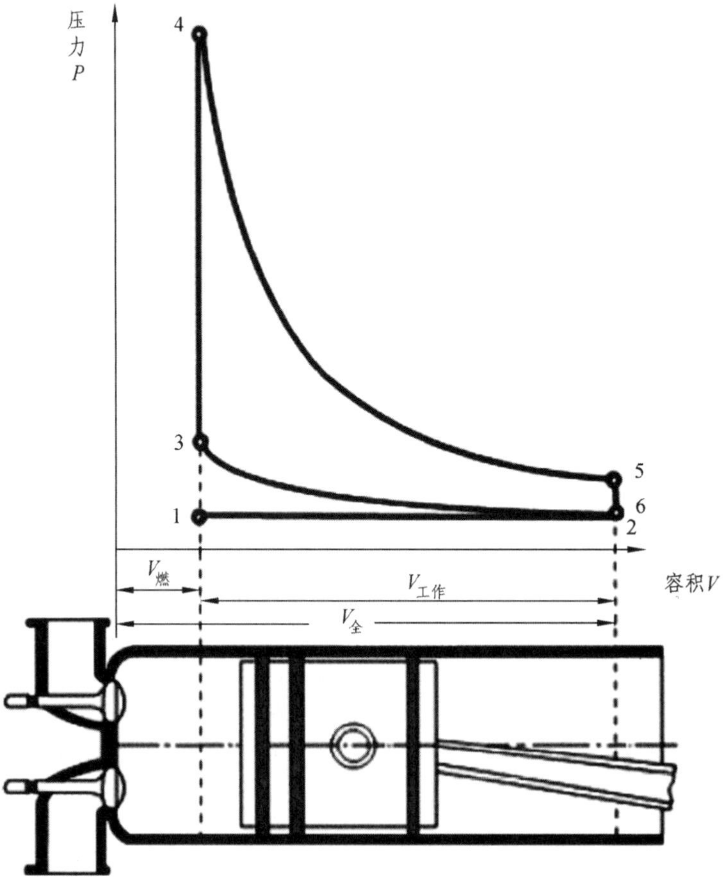

图 1-1-3　奥托循环压力容积（P-V）图

在循环过程中，活塞在阶段 2 和 3 之间对气体做功。所需的功是活塞中的气体在阶段 4 和 5 之间获得的。气体对外做功和压缩气体做功之间的差由循环曲线包围的区域决定，即循环产生的功。

在 P-V 图上，曲线所包围的面积与循环周期所产生的功成正比。在这里，我们展示了一个理想的奥托循环，在压缩和膨胀冲程期间，没有热量进入（或离开）气体（这是“绝热”的定义），没有摩擦损失，以及在恒定体积下发生的瞬时燃烧。实际上，理想的循环不会发生，每个过程都会有很多损失。这些损失通常由效率来计算，效率值用于修正理想结果。对于实际循环，*P-V* 图的形状与理想类似，但面积（循环功）总是小于理想值。

4. 四冲程循环

往复式活塞发动机是将燃料燃烧从中获得热能，并转换为有用功的一种方法。能量转换如下：

（1）燃油和空气的可燃混合物通过进气门被导入气缸；

（2）混合物被压缩并点燃，燃烧混合物迅速膨胀产生的压力作用在活塞上，迫使活塞沿气缸向下运动；

（3）活塞的往复直线运动由连杆和曲轴机构转换为旋转运动。

当燃烧的气体完成上述四个冲程时，它们通过排气门从气缸中排出。机械作动的气门机构定时在合适的时间打开和关闭，如图 1-1-4 所示。

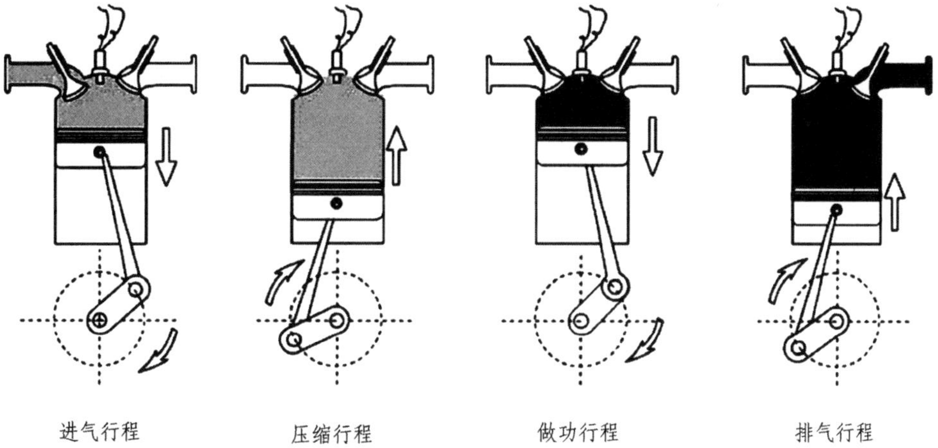

图 1-1-4　活塞行程

5. 四冲程循环的顺序

（1）进气：（第一次下降行程）进气门打开，活塞向下移动至气缸下止点（从 TDC 到 BDC），燃油空气混合物被吸入气缸。

（2）压缩：（第一次上升行程）两个气门都关闭，活塞向上移动气缸（从 BDC 到 TDC），燃油空气混合物在燃烧室中被压缩。

（3）做功：（第二次下降行程）两个气门保持关闭，火花点燃压缩后的油气混合物。燃气的快速膨胀迫使活塞沿气缸向下运动（从 TDC 到 BDC）。

（4）排气：（第二次上升行程）排气门打开，活塞向上移动至气缸上止点（从 BDC 到 TDC），排气门打开。燃烧后的气体在做功冲程上完成了全部工作，然后被排放到大气中。

6. 气门正时

四冲程循环理论表明，当活塞精确位于 TDC 或 BDC 时，气门打开或关闭。理想四冲程循环在实际操作时效率低下，主要有三个原因：

（1）来流混合气和排出燃气的惯性；

（2）混合气的燃烧速度虽然很快，但不是瞬间完成的；

（3）连杆和曲轴之间围绕上止点和下止点位置形成的无效曲轴转角。

这些缺点可以通过改变气门开闭的时间和点火时刻来尽量克服。

7. 改进后的四冲程循环

实际上，进排气门的开度和关度随上止点和下止点的位置而变化。实际气门正时取决于发动机类型。

通常在气门和点火正时图上表示实际的气门动作和点火时刻，点火正时图指示每个气门开始打开和完全关闭时曲轴的角度位置。

如图 1-1-5 所示解释了以下术语：气门早开、气门延迟和气门重叠。

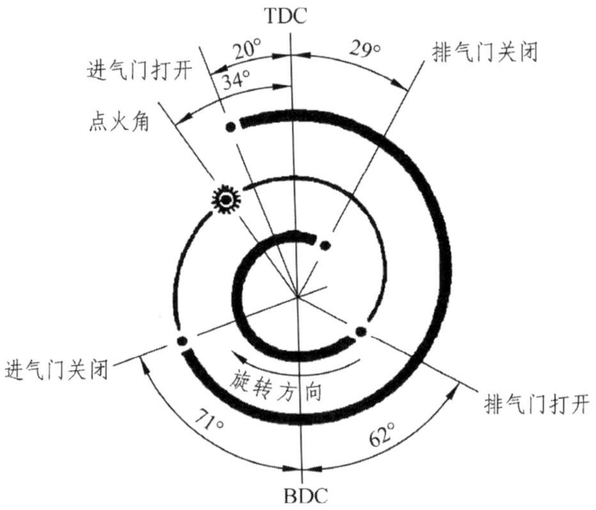

图 1-1-5　气门正时与点火正时图

（1）气门早开：表示进气门在活塞到达上止点之前打开，排气门在活塞到达下止点之前打开。

（2）气门延迟：表示进气门在活塞通过下止点后关闭，排气门在活塞通过上止点后关闭。

（3）气门重叠：指排气门和进气门同时打开。

影响发动机效率的一个因素是进入的油气混合物的流动惯性，当进气门打开时，混合气开始缓慢移动，由于气缸内的气压比外界大气压略低，而且气流必须逐渐加速到活塞运动的速度，所以进气会不可避免地延迟进入。这可以通过提前打开进气门来缓解。

（1）进气门早开。

对于进气冲程，进气门的打开在活塞移动到 TDC 之前就已经开始，以确保活塞开始下降行程时气门完全打开，从而使活塞下行时混合气更顺畅地流入气缸。

（2）进气门晚关。

为使进气量尽可能的大，进气门应尽可能长时间保持打开，以保证最大气缸充填量。由于其动量和流动惯性，在活塞通过 BDC 之后，气体将继续进入气缸一段时间；因此，在 BDC 之后，进气门的关闭要延迟，直到气缸中的压力近似等于进气歧管中的压力。

如此操作后，混合物的流动惯性问题已经得到了有效的解决。

（3）点火正时。

油气混合物的燃烧速度取决于油气比，富油比正常或贫油混合物燃烧得更快，尽管混合物燃烧的速度很快，但燃烧不是瞬间的。因此，点火被安排在压缩行程末期，活塞达到 TDC 之前，以便在做功冲程的 TDC 之后不久缸内燃气达到最大压力。必须对点火时刻进行正时，以适应混合气和发动机转速。在 TDC 之前点火越早，就越提前。点火时间稍晚，即接近 TDC 时，称为延迟点火。

注意：点火时刻很大程度上是为了适应发动机“巡航”转速而设定的。这是发动机在寿命期内运行时间最长的状态。

任务二　发动机结构和点火顺序

一、气缸布局

如图 1-2-1 所示，发动机可根据气缸布局形式的差异分类为

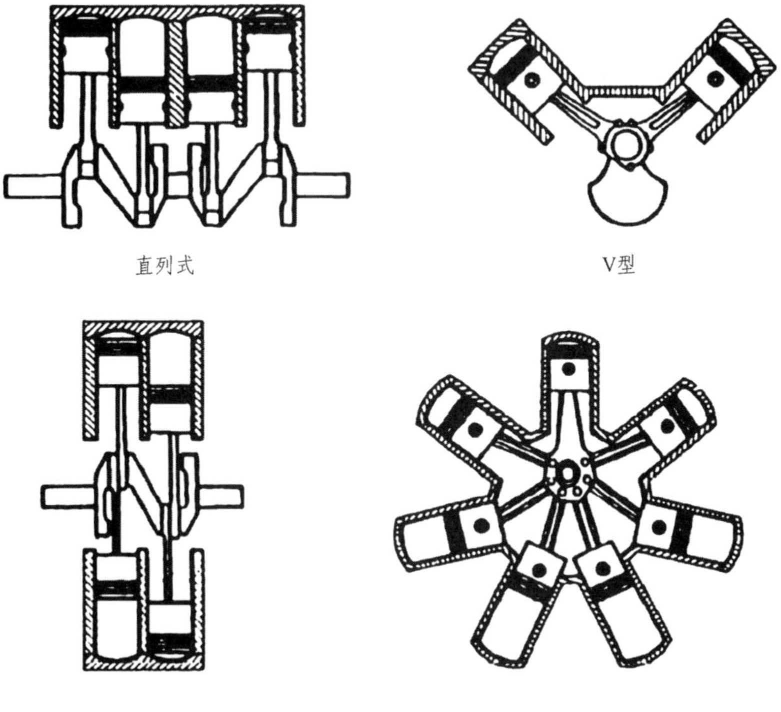

图 1-2-1　气缸布局形式

（1）直列式：所有气缸在曲轴上方呈直线排列；

（2）V 型：两排气缸在曲轴上方呈 V 形安装；

（3）水平对置型：气缸之间呈 180°排列，相对的气缸共用一个曲轴轴颈。一般采用空气冷却，由于气缸的布局酷似拳击运动员的手套，有时这种发动机称为“Boxer”；

（4）星型：气缸绕曲轴成一个圆圈。这种发动机几乎是专为飞机发动机设计的。

气缸的编号：最靠近直列式发动机前部的气缸是 1 号。其他的从前面到后面依次是 2、3、4，等。在 V 型发动机中，编号顺序因制造商而异，可以查阅制造商手册以获得正确的顺序。

1. 直列式发动机

直列式发动机通常有偶数个与曲轴平行的单列气缸。这些发动机可以是液冷式或风冷式，活塞可以位于曲轴正上方或正下方。如图 1-2-2 所示。

图 1-2-2　直列六缸飞机发动机（吉普赛女王）

直列式发动机的正面面积相对较小，因此可以实现更好的流线形。正因为如此，直列式发动机在早期的赛车中很受欢迎。直列式发动机的另一个优点是，当气缸倒置时，曲轴离地更高。曲轴越高，螺旋桨离地间隙越大，进而允许使用较短的起落架。由于直列式发动机主要用于尾轮飞机，较短的主起落架可以增加在地面时的前方视角。

虽然直列式发动机有一些优点，但也确实有一些缺点限制了其实用性。例如，直列式发动机的功重比相对较低。此外，风冷直列式发动机的最后一个气缸接收的冷却空气相对较少，因此直列式发动机通常仅限于四个或六个气缸。

大多数直列式发动机设计仅限于轻型飞机中使用的中低马力发动机。

2. 对置式发动机

目前，水平对置式发动机是轻型飞机上最流行的往复式发动机（见图 1-2-3）。一台典型的对置发动机可以产生 26.5 ~ 294 kW 的功率。对置发动机总是有偶数个气缸，曲轴箱一侧的气缸与另一侧的气缸“相对”。大多数发动机采用风冷方式。

在固定翼飞机上，对置发动机通常安装在水平位置，但也可以垂直安装，为直升机提供动力。对置式发动机具有较高的功重比，因为它们有一个相对较小、质量较轻的曲轴箱。紧凑的气缸布局减少了对置式发动机的迎风面积，将空气阻力降至最低。此外，对置发动机的振动通常比其他发动机小，因为其做功冲量往往两两相互抵消。

图 1-2-3　水平对置四缸航空发动机

3. 星型发动机

星型发动机由围绕中央曲轴箱周向分布的一排或多排气缸组成，有两种基本类型，包括转子式星型发动机和静态式星型发动机。第一次世界大战期间使用的几乎完全是转子发动机，因为可以产生相对于其质量而言的最大功率。转子发动机的气缸径向安装在一个小曲轴箱周围，并随着螺旋桨旋转，而曲轴保持静止。转子发动机最大的缺点是螺旋桨和气缸的大旋转质量产生的扭矩效应使飞机难以控制，再加上汽化、润滑和排气系统问题，限制了转子发动机的发展。

20 世纪 20 年代末，莱特航空公司与美国海军合作，研制了一系列五缸、七缸和九缸静态星型发动机（见图 1-2-4）。静态式星型发动机的可靠性远远高于其以前的发动机设计。星型发动机使查尔斯·林德伯格和其他航空先驱完成长途飞行成为可能。

图 1-2-4　单列九缸径向航空发动机

静态型星型发动机不同于转子发动机，因为曲轴箱是用螺栓固定在机身上，并且保持静止。这就要求曲轴旋转以转动螺旋桨。静态型星型发动机有的只有 3 个气缸，有的多达 28 个，但都被证明是高性能且高效的。

卓越的可靠性加上高功重比，使它们成为早期军用和民用运输机的理想动力。为了增加操作灵活性，静态星型发动机已经设计成具有不同数量的气缸排。其中最常见的是单列星型发动机，它有奇数个气缸径向连接到曲轴箱上。

典型的结构是由五到九个均匀分布在同一个圆平面上的气缸组成，所有的活塞都连接到一根曲轴上。此外，为了进一步提高星型发动机的功率，同时保持发动机的合理迎风面积，多排星型发动机被研制出来了。

最常见的多排星型发动机由两个相互连接到同一根曲轴的单排发动机组成，这种发动机有时称为双排星型发动机，通常总共有 14 或 18 个气缸，如图 1-2-5 所示。

图 1-2-5　双排 18 缸径向航空发动机

为了便于冷却多排星型发动机，后排气缸交错排列，因此它们位于前气缸之间的空间后面。这种结构增加了通过每个气缸的气流量。

最大的多排星型发动机之一是普惠公司的 R-4360，它由 28 个气缸组成，排列成 4 排，每排 7 个气缸，如图 1-2-6 所示。R-4360 能够输出 2 573 kW 的最大功率，代表了当时使用的最强大星型发动机设计水平。

图 1-2-6　四排 28 缸径向航空发动机（普惠公司 R-4360）

4. V 型发动机

往复式发动机的进一步发展导致了 V 型发动机的出现。顾名思义，V 型发动机的两个直列气缸组（相隔 45°、60°或 90°）排列在单根曲轴周围。

由于 V 型发动机有两排气缸，它们通常比直列发动机能够产生更多的功率。此外，由于只使用了一个曲轴箱和一根曲轴，大多数 V 型发动机在保持较小的迎风面积的同时具有合理的功重比。气缸也可以在曲轴的下方，这种 V 型发动机称为倒 V 型发动机。

大多数 V 型发动机有 8 或 12 个气缸，或是液冷，或是风冷。二战期间研制的 V-12 发动机（见图 1-2-7）达到了往复式发动机的最高额定功率水平，如今通常在修复后的军用飞机和赛车上使用。

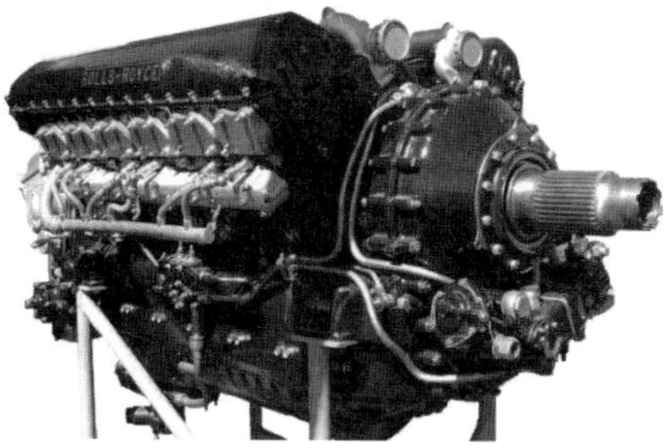

图 1-2-7　12 缸 V 型飞机发动机（劳斯莱斯梅林发动机）

二、发动机气缸编号

由于每台发动机都有许多气缸，因此必须使用某种方法来定位和识别一组气缸中的特定气缸，这是故障排除、缺陷定位或维护所必需的。因此，所有发动机制造商都使用标准位置和方向进行气缸定位和编号。

为实现气缸定位和编号，活塞发动机的桨轴一端始终称为前端，而附件齿轮箱则称为发动机后端，与发动机的位置和安装无关。在给气缸编号时，通常从后端开始，部分英国制造的发动机可能从前端开始气缸编号。

由于气缸布局形式的不同，直列式和径向发动机的编号系统也不同。如图 1-2-8 所示。

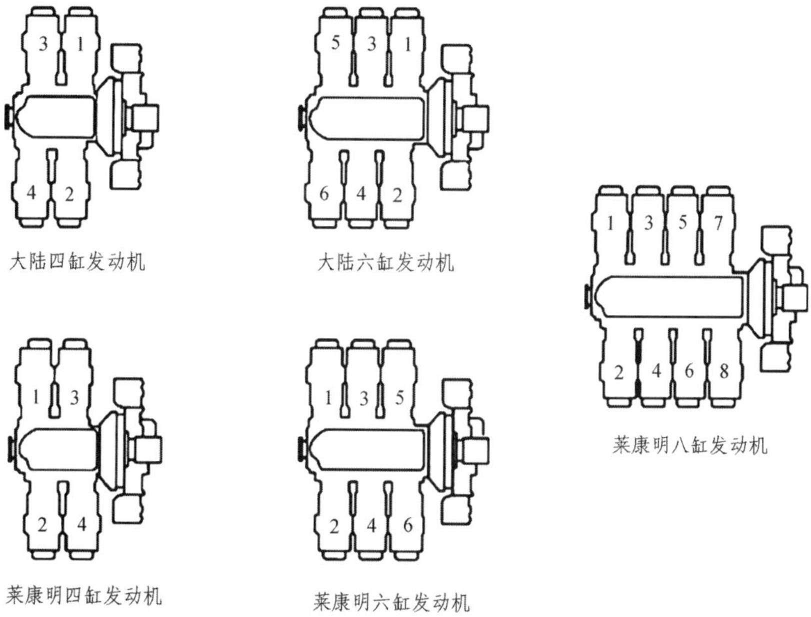

图 1-2-8　直列式发动机气缸编号

1 号气缸位于后端，最大的气缸编号位于桨轴端。V 型和水平对置直列式发动机有两排气缸，从后端看去气缸分为左右两排。在这种情况下，1 号气缸是右边的第一个，其次是左边的 2 号气缸。

径向发动机编号系统采用了不同的方法，从发动机后端看去，单排径向发动机气缸从顶部的 1 号气缸开始顺时针编号，如图 1-2-9 所示。

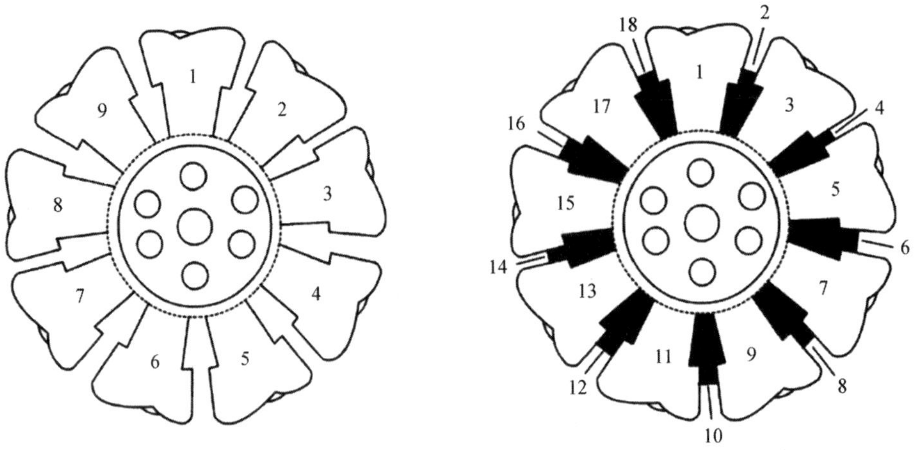

图 1-2-9　径向发动机气缸编号

在双排气缸径向发动机中，1 号气缸位于后排气缸的顶部，2 号气缸位于前排气缸的下一顺位（顺时针方向），其余气缸的编号采用相同的规则。

记住双排气缸径向发动机编号系统的另一种方法是，所有奇数气缸都会出现在后排，而偶数气缸则出现在前排。

项目二 活塞发动机部件认识

航空活塞式发动机的部件结构相对简单，主要由气缸、活塞、连杆、曲轴、气门机构与机匣等组成。其中，机匣构成了发动机的骨架，是发动机各部件与系统的安装基础，其内、外安装着发动机的所有主要零件和附件，承受各种载荷。因此，机匣必须要有足够的强度和刚度。

通过项目二的学习，学员应完成以下目标：

（1）能够描述活塞发动机的结构特点与类型划分；

（2）掌握活塞发动机典型部件的功能与结构——曲轴连杆组件、气缸活塞组件、气门机构、附件齿轮箱、减速齿轮箱等；

（3）能够实施气缸外结构检查工作。

工作任务单 1 活塞发动机气缸结构检查

实践任务	气缸外结构与导流板检查		
工作须知	（1）在执行任何具有潜在危险的操作时，必须佩戴适当的个人防护用品； （2）确保自己已阅读并理解实践任务工作说明； （3）完成每个工作步骤后都必须由操作者与监督者签名		
任务要求	此任务用于评估学员对航空活塞发动机气缸和导流板组件的了解，必须在指定的时间内完成。任何不遵守安全程序的行为都将被评定为“不合格”		
序号	工作流程	操作人签名	监督人签名
1	确保工具清单中所列的工具可用，并处于可使用的状态		
2	按照恰当的 AMM 规定，拆除发动机整流罩		
3	检查整流罩是否有损坏或无法继续使用的迹象		
4	检查气缸组件		
5	检查气缸底座至曲轴箱区域		
6	检查气缸摇臂室盖		
7	检查推杆外壳密封性与完整性		
8	在任务记录表中记录工作过程中发现的任何缺陷与缺失，以及处理措施		

工具清单

序号	描述	取用位置
1	通用手工工具	
2	手电筒	
3	平面镜	

任务记录表			
序号	情况记录	操作人签名	监督人签名

工作任务单 2　活塞发动机曲轴箱、附件齿轮箱及防火墙检查

实践任务	曲轴箱、附件齿轮箱及防火墙检查		
工作须知	（1）在执行任何具有潜在危险的操作时，必须佩戴适当的个人防护用品； （2）确保自己已阅读并理解实践任务工作说明； （3）完成每个工作步骤后都必须由操作者与监督者签名		
任务要求	此任务用于评估学员对航空活塞发动机机体结构、附件部分的了解，必须在指定的时间内完成。任何不遵守安全程序的行为都将被评定为“不合格”		
序号	工作流程	操作人签名	监督人签名
1	确保工具清单中所列的工具可用,并处于可使用的状态		
2	按照恰当的 AMM 规定，拆除发动机整流罩		
3	检查整流罩是否有损坏或无法继续使用的迹象		
4	检查发动机是否有漏油的迹象		
5	检查附件与传动皮带（如果有的话）		
6	检查发动机支架（飞机部分）与安装螺栓的状态		
7	检查发动机支架（发动机部分）的状态		
8	检查防火墙，包括密封条和密封胶。		
9	在任务记录表中记录工作过程中发现的任何缺陷与缺失，以及处理措施		

工具清单		
序号	描述	取用位置
1	通用手工工具	
2	手电筒	
3	平面镜	

任务记录表			
序号	情况记录	操作人签名	监督人签名

任务一　结构布局

1. 内部结构

活塞发动机的内部结构包括一个或多个气缸，气缸的一端关闭，另一端打开，以允许活塞在气缸内上下滑动。

活塞通过连杆连接到曲轴，其目的是将活塞的往复运动转换成曲轴的旋转运动。

进气门和排气门位于活塞缸封闭一端的气缸头内。气门允许燃料/空气混合物进入气缸，将废气排出气缸。火花塞也安装在气缸头中。

典型的活塞式发动机内部布局如图 2-1-1 所示，随后将详细讨论每个组件。

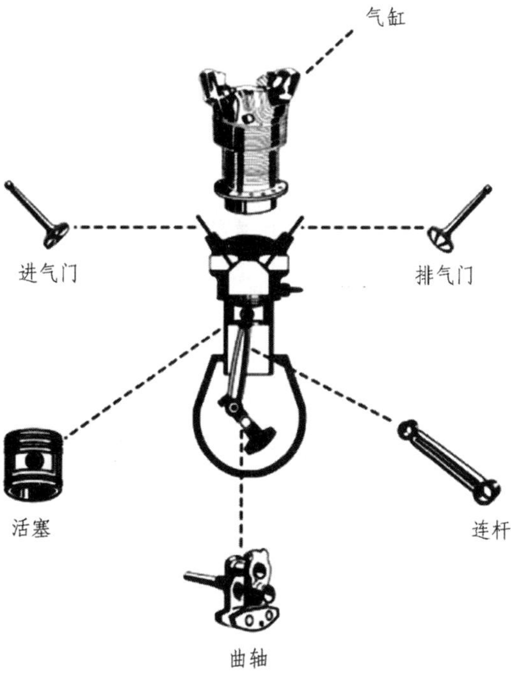

图 2-1-1　活塞发动机内部结构形式

2. 发动机类型划分

发动机的类型主要取决于发动机厂家以及飞行器制造厂家的需求。

活塞式发动机通常按气缸排列方式，可分为两大类：直列式发动机、径向发动机。

（1）直列式发动机。

直列式发动机可进一步分为以下几类：

① 直立直列式；

② 倒缸直列式；

③ 倒 V 型；

④ V 型直列式；

⑤ 水平对置；

⑥ H 型。

如图 2-1-2 所示为直列式发动机气缸布局。顾名思义，直列式发动机中气缸由前至后排列成一排，气缸可以倒置或直立，大多数都是倒置的，因为这样可以为飞行员提供更好的前方视野。直列式发动机的另一个优点是发动机前部空间较小，能够使用较小的整流罩，从而降低了飞行中的阻力。对于标准的直列式发动机，气缸的数量通常限制在六个及以下，这是发动机外部流经的气流能够实行有效冷却的最大气缸数量。

在气缸倒置的发动机中只有一根曲轴，位于气缸的上方。

虽然也归类为直列式发动机，V 型或倒 V 型直列式发动机与标准直列式发动机的区别在于，V 型或倒 V 型直列式发动机的气缸在曲轴箱上排列成两排，形成一个字母 V。这种排列的主要优点是这类发动机比标准直列式发动机短得多；两排发动机气缸的连杆可以连接到曲轴的同一位置。因此在不降低功率输出的情况下，大大减轻发动机质量。

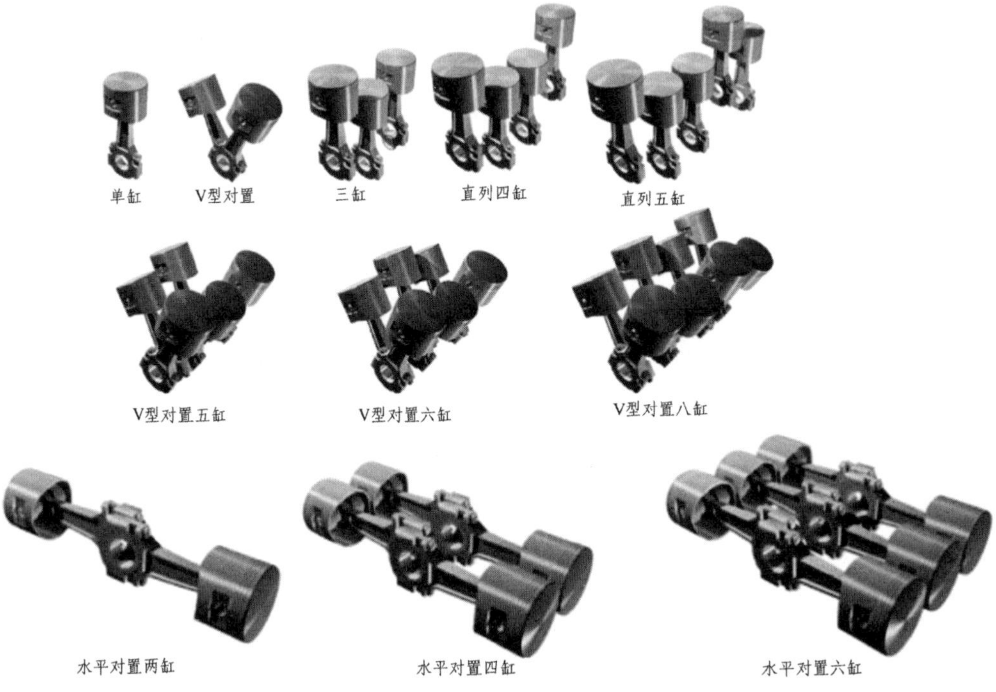

图 2-1-2　直列式发动机气缸布局

水平对置（Boxer Twin）直列式发动机是所有直列式发动机中最流行的一种，常用作轻型飞机的动力装置。这种类型的发动机有水平对置安装的气缸，其结构布局的主要优点是非常紧凑和平坦，能够安装于小型机舱中。

大多数水平对置直列式发动机都有偶数个气缸，这将有助于降低振动水平。Flat-4 H 型水平对置发动机是标准水平对置发动机的改装，由于增加了一列气缸，能够提供更高的功率输出。

（2）径向发动机。

径向发动机布置有一排或多排气缸，气缸径向布局于中心曲轴周围。每排气缸的气缸数为奇数，通常为 5、7 或 9。由于气缸均匀地分布在一个圆平面，所有的活塞都将连接到同一段曲轴上，这种布局形式通过减少运动部件的数量来减轻发动机的质量，从而产生大功率输出。两种典型的径向发动机布局如图 2-1-3 所示。

双排气缸布局的普惠黄蜂发动机

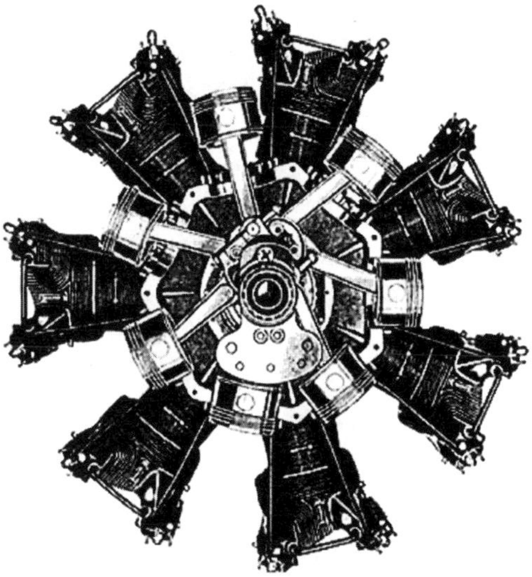

去除前排气缸的普惠黄蜂发动机

图 2-1-3　径向发动机气缸布局

部分径向发动机可能不只有一排气缸，最流行的是双排径向发动机，其设计采用双排七缸或九缸。两排气缸是交错的，确保前排气缸不会阻挡后排气缸的冷却气流，从而提供最佳的空气冷却方式。因此，径向发动机的功重比是所有发动机类型中最高的，在大多数大型活塞发动机飞机上都能找到此类发动机。

径向发动机的主要缺点在于其自身尺寸带来的阻力问题，另一个则是发动机的冷却问题。

3. 外部部件布局

如图 2-1-4 所示展示了典型直列式活塞发动机的部件组成。在此类结构中，曲轴是沿发动机长度方向延伸的单体部件，一系列连杆将活塞连接到曲轴上。

曲轴由曲轴箱支撑，曲轴箱经由一系列轴承分为两部分。气缸直接用螺栓固定于曲轴箱上，进气歧管和排气歧管固定在气缸上。

凸轮轴经齿轮或链条由曲轴驱动，确保每个气缸的进气门和排气门按正确的时间和顺序工作。附件齿轮箱安装固定到发动机后端。

下列部件由附件齿轮箱驱动：

（1）滑油系统中的油泵；

（2）转速传感器，也称发动机转速表，用来显示发动机的转速；

（3）为飞机电气系统供电的发电机；

（4）以正确的顺序向火花塞供电的磁电机，其称作点火正时；

（5）液压泵（若已安装）；

（6）燃油泵（机械式）。

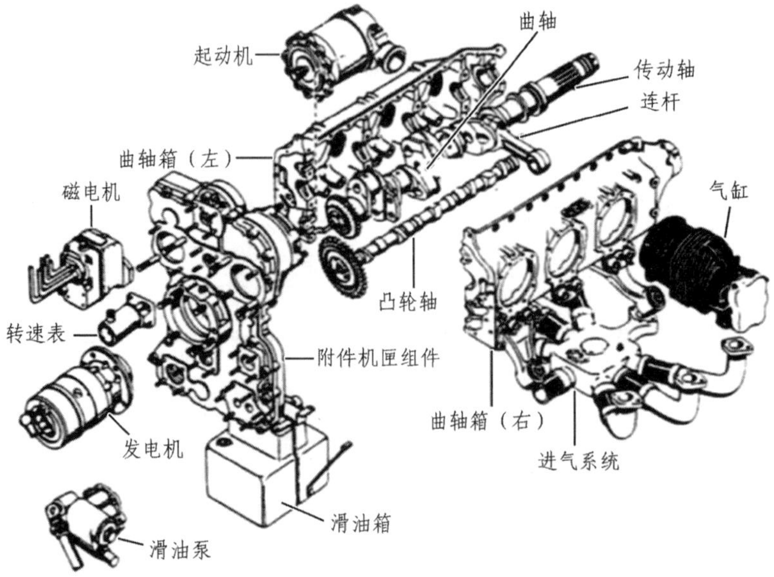

图 2-1-4　直列式发动机外部结构

径向发动机的结构设计及其气缸布局与图示直列式发动机略有不同，但其同样包含安装在直列式发动机上的大多数结构部件。

径向发动机外部部件的如图 2-1-5 所示。大型径向发动机由以下部件组成：

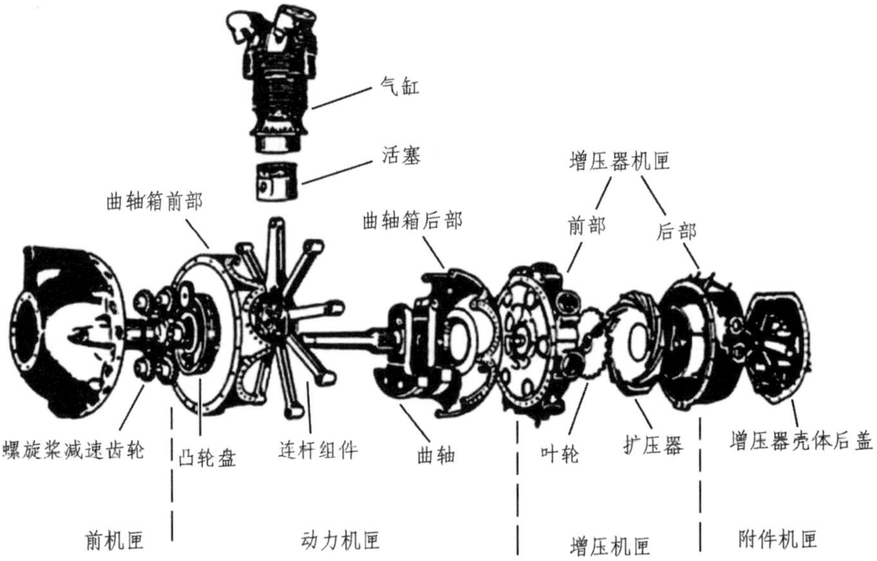

图 2-1-5　径向发动机外部结构

（1）前机匣；

（2）曲轴箱；

（3）曲轴；

（4）连杆；

（5）气缸；

（6）增压器（大多数径向发动机均有）；

（7）附件齿轮箱

部分径向发动机的前机匣内还装有螺旋桨减速装置。

任务二　曲轴箱、曲轴、凸轮轴、油底壳

一、曲轴箱

1. 直列式发动机

曲轴箱被认为是发动机运动部件的主要结构支撑。以如图 2-2-1 所示对置曲轴箱为例，可以看到曲轴箱除了支撑气缸外，还包含每侧三个的曲轴和凸轮轴的轴承座，为了便于内部部件的装配，曲轴箱被分成两半。

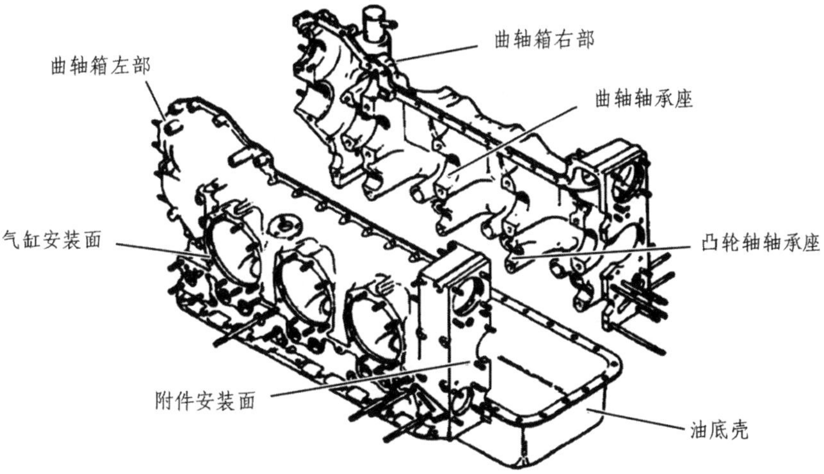

图 2-2-1　典型的直列式发动机曲轴箱布局

在曲轴箱组件的设计和加工中必须考虑一些重要因素。强度是曲轴箱最重要的特性。虽然曲轴箱是一个平衡组件，但曲轴箱壳体内会产生高惯性力和离心力，因此制造曲轴箱的材料必须能够承受这些力，防止弯曲或变形。

曲轴箱可能会受到来自螺旋桨减速齿轮或螺旋桨旋转载荷的附加载荷。一般来说，对于轻型飞机，曲轴箱通常由铝合金制成；锻钢用于大功率发动机的曲轴箱。铝合金的使用确保了外壳的足够强度，同时保持了较轻的结构。曲轴箱组件的连接绝大多数采用螺接，其连接点具有螺纹衬套，将螺柱固定在曲轴箱中。螺纹衬套通常由钢制成，从而确保曲轴箱壳体上有一个牢固的固定装置。

通过曲轴箱外壳上钻出的油孔和油槽将滑油输送到曲轴箱内的各个旋转部件，减少所需的滑油管路数量，从而减轻了质量。

曲轴箱也可用作油底壳的支撑结构，这种类型的滑油箱/油底壳，也称为湿槽式布局，在直列式发动机中相当流行。

曲轴箱所有连接处都装配油封，以确保没有外部漏油，因为在湿槽式润滑系统中，一旦滑油完成润滑，它就会落回油底壳中，并且润滑循环会再次开始。

2. 径向发动机

直列式发动机曲轴箱通常是一个或两个零件构成的组件，但径向发动机的曲轴箱可包含多达七个结构部件。如图 2-2-2 所示，径向发动机曲轴箱包含四个主要子系统：前机匣；动力机匣；增压器（并非一定要安装）；附件机匣。

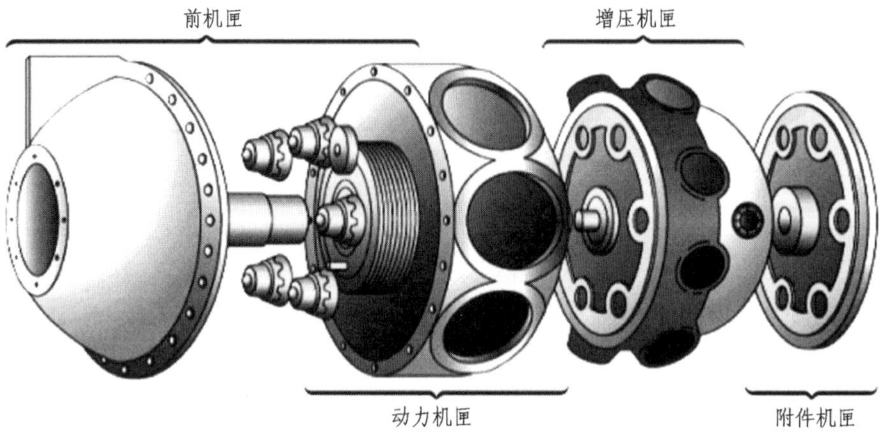

图 2-2-2　径向发动机曲轴箱及组件布局

（1）前机匣。

前机匣安装有螺旋桨支承轴承和螺旋桨减速齿轮。

在大多数情况下，前机匣由铝合金制造，以较轻的质量提供结构强度。铝合金的使用减轻了螺旋桨减速装置引起的振动。由于前机匣需包容减速齿轮所需的滑油，因此必须在动力机匣和前机匣之间进行油封。

前机匣与动力机匣的连接可以通过螺柱或螺母加螺栓来实现。

（2）动力机匣

动力部分最多可由四部分组成，具体数量取决于气缸的排数。该区域承受极高负载，动力机匣通常由钢锻件或高强度合金制成。

与直列式发动机一样，气缸通常通过螺栓和螺柱固定在机匣上。动力机匣还支撑径向活塞发动机的主曲轴。

（3）增压机匣。

多数大功率径向发动机都使用增压器来增压离开化油器的空气/燃油混合物，增压器安装于动力机匣后端，由动力机匣内部驱动。增压器壳体由铝合金或镁合金制造，壳体上设有用于安装油气混合物管道的孔洞，以便将压缩后的混合物输送至气缸。

（4）附件机匣。

附件驱动齿轮箱机匣安装于增压器机匣的后端。

3. 曲轴箱通气

任何通过活塞涨圈泄漏的空气都会进入曲轴箱的下部。由于该区域的设计不能承受较大的压力（可能会发生漏油），因此必须提供一些措施从曲轴箱向舱外排放气体。

通常将一根管道通入曲轴箱中，使箱内气体能够逸出到大气中，从而使曲轴箱内的压力与环境压力相等。通常情况下，通气管中安装有丝网式过滤器。该系统被称为曲轴箱通气系统。

二、曲　轴

直列式活塞发动机与径向活塞发动机的曲轴形式虽然有不同，但其结构的专业术语相同。

如图 2-2-3 所示为 6 缸或 4 缸直列式发动机中使用的曲轴结构。

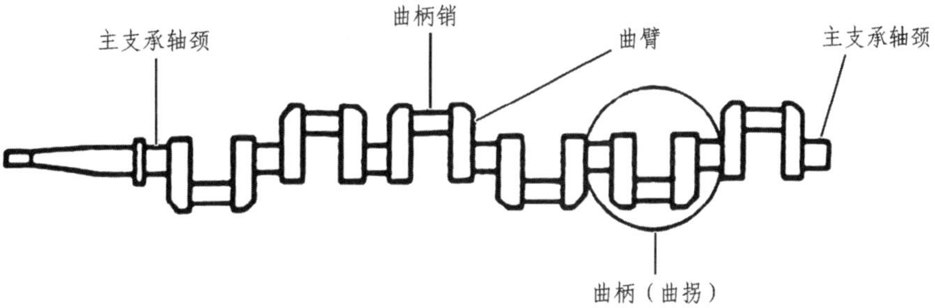

图 2-2-3　曲轴结构

曲轴包含三个主要部件：轴颈；曲柄销；曲臂。

1. 轴　颈

轴颈在主轴承内旋转，是曲轴的主要支撑部件。主轴承安装在曲轴箱内的定位凸耳中。如图 2-2-4 所示。

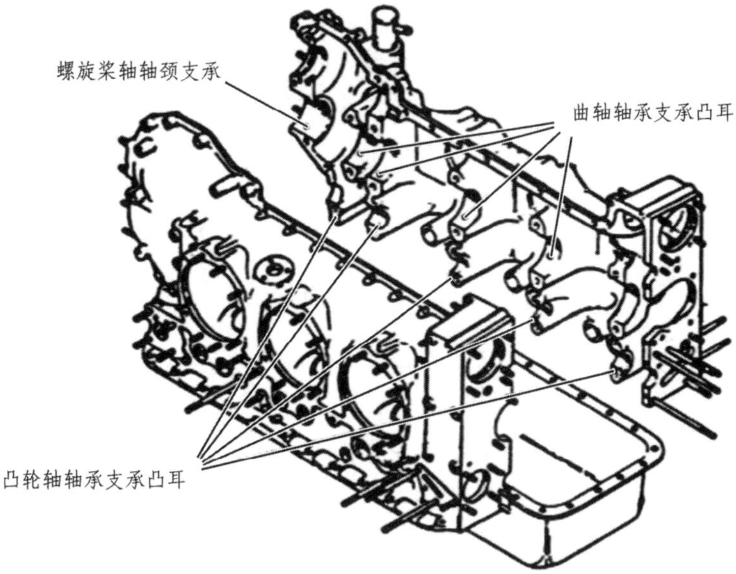

图 2-2-4　曲轴安装节点

对于短曲轴，只有两个轴承支撑它，每端一个，但对于长曲轴，轴承还可以位于曲轴中间以提供额外的支撑，使曲轴承载的载荷均匀分布。

在某些情况下，轴颈的轴承面做了硬化处理，防止轴承内圈的磨损。轴承的润滑是通过发动机润滑系统内滑油喷嘴实现的。

2. 曲柄销

曲柄销是曲轴上连接有活塞连杆或曲臂的部分，也可以称为连杆轴承轴颈，通常为空心以减轻曲轴的质量，也能够为连杆轴承轴瓦（大端轴承轴瓦）提供润滑。如图2-2-5所示说明了这种类型轴瓦。

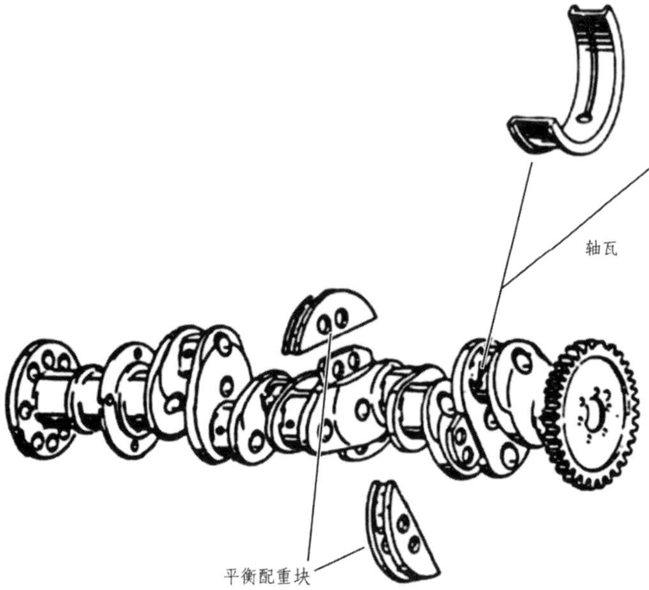

图 2-2-5　曲柄销轴瓦

轴瓦通常由有色金属（铜锡青铜）制成，并带有与曲柄销上的油孔相匹配的油孔和凹槽，从而能够对曲柄销的表面进行充分的润滑。轴瓦的过度磨损将导致曲轴发出巨大的爆震声，并随之产生低滑油压力指示。

3. 曲　臂

曲臂的主要功能是将曲轴销连接并固定到曲轴上。曲臂在必要时可延展，有助于曲轴平衡。

4. 曲轴平衡

安装阻尼器或配重块以减少旋转的曲轴产生的振动。在大多数情况下，阻尼器或配重由发动机制造商在装配过程中添加。在曲臂上增加平衡配重，可以将振动降低到可接受的水平。典型示例如图2-2-6所示。

用于单排径向发动机的单拐曲轴可通过以下方式降低其振动：

（1）配重。

配重方案允许增加平衡配重，即所谓的静平衡。

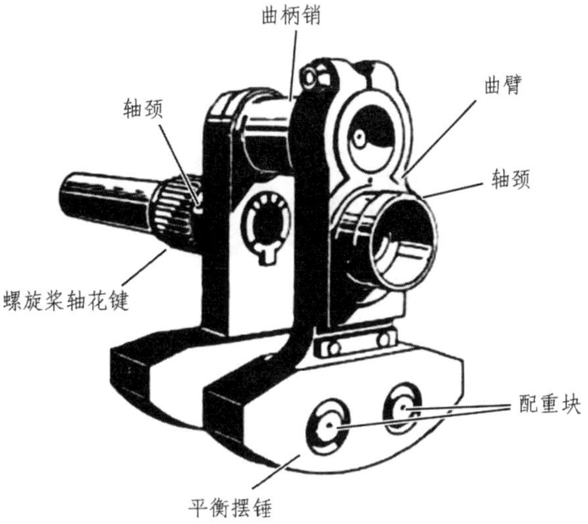

图 2-2-6　曲轴配重与动态阻尼器

（2）动平衡。

曲轴的动态平衡要复杂一些。动态平衡的目的是让曲轴旋转产生的全部不平衡力和功率脉动实现内部平衡，以使振动保持在可接受的水平。

为实现这个要求，曲轴上安有动态阻尼器。动态阻尼器是安装在曲轴上能够移动的摆锤，摆锤移动的距离取决于振动频率，该频率与来自发动机的功率脉动相对应。这类阻尼器工作原理如图 2-2-7 所示。

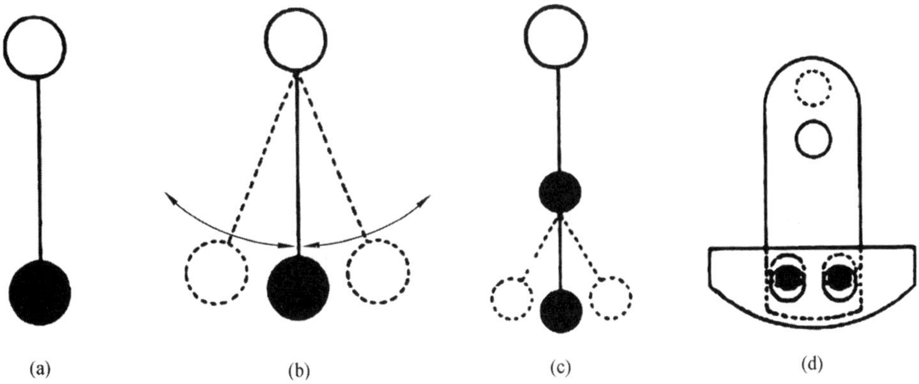

图 2-2-7　动态阻尼器工作原理

如果悬挂于曲轴上的摆锤受到来自发动机功率脉动的影响，摆锤将随着这些脉动的频率左右摆动。然而，如果有另一个摆锤悬挂在第一个摆锤的下方，它将倾向于吸收这些脉动并自行摆动，使上部钟摆保持静止。这就是动态阻尼器的基本原理，这个“摆锤”悬挂于连接到曲轴的曲臂上。

5. 曲轴布局

直列式和径向发动机的曲轴配重布局有所不同，而在两类发动机中曲轴又有各自的形式。曲轴的配重布局如图 2-2-8 所示。

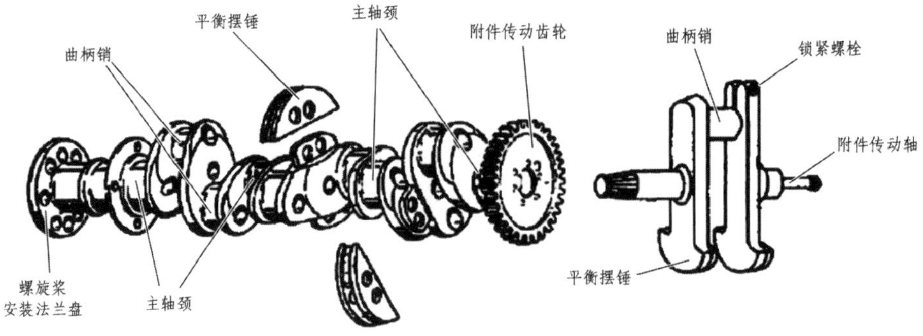

（a）水平对置发动机　　（b）径向发动机

图 2-2-8　直列式与径向发动机曲轴上的配重布局

三种主要的布局形式有单列四或六曲拐；360°单曲拐（径向发动机）；180°双曲拐（径向发动机）。

（1）单列四或六曲拐。

六曲拐曲轴可以在标准的六缸直列式发动机中找到，或在 12 缸 V 型直列发动机中找到两个六曲拐曲轴。在如图 2-2-9（a）所示中，可以看到曲轴有七个轴颈与六个曲柄销用于连接连杆，螺旋桨通常通过花键传动连接到曲轴上，曲轴后端连接附件齿轮。

（2）单曲拐。

单曲拐曲轴位于径向活塞发动机的单排气缸中，由用于连接连杆的单个曲柄销和两个轴颈轴承支架组成。这种类型的曲轴将与主副连杆组件一同使用，后文将更加详细地介绍这类布局形式。单曲拐曲轴还可以采用分段式曲轴结构，在组装曲轴时将曲柄分开。如图 2-2-9（b）所示，曲柄销花键连接在一起并由螺栓固定。如图 2-2-9（c）所示将曲臂连接到曲柄并通过螺母和螺栓固定。

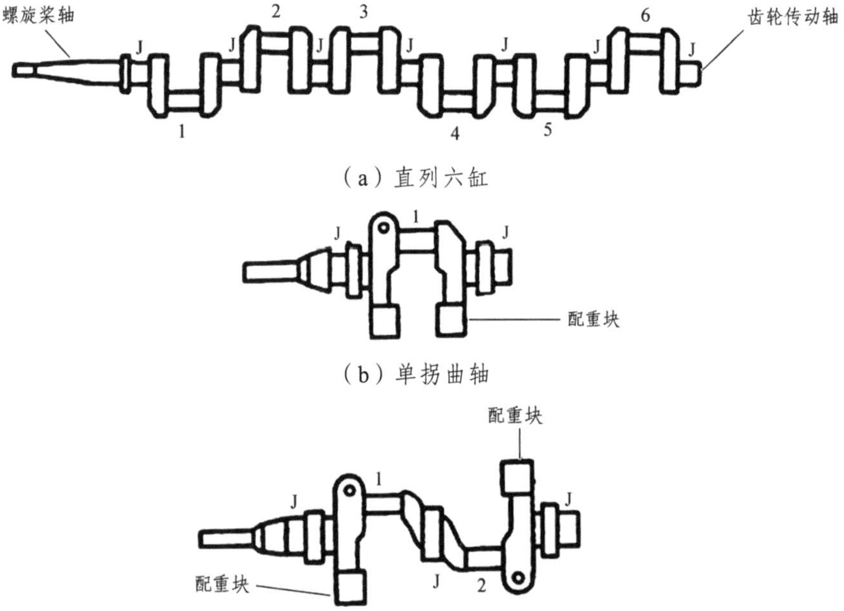

（a）直列六缸

（b）单拐曲轴

（c）双拐曲轴

图 2-2-9　典型曲轴结构

如图 2-2-10 所示单排多缸径向发动机完整地展示了 360°旋转时，9 个气缸中活塞的位置。

（a）

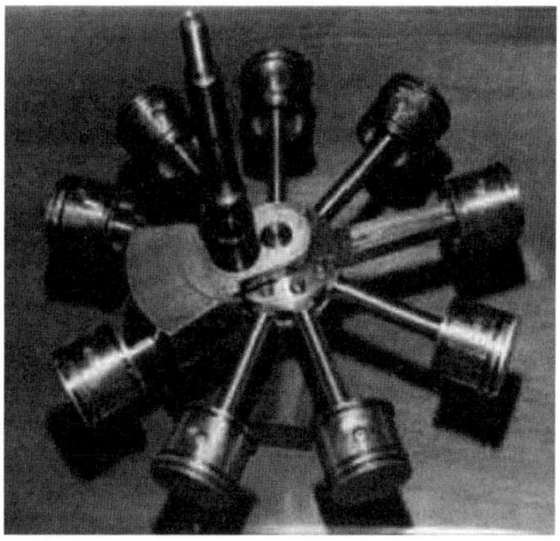

（b）

图 2-2-10　单拐曲轴应用于单排径向发动机

（3）双曲拐。

双曲拐曲柄具备三个轴颈和两个曲柄销。这种布局形式可在双排径向发动机中找到，一个曲拐对应一排气缸，其结构可以是整体式或分段式。

三、凸轮轴

凸轮轴通常安装在直列式发动机的曲轴箱内。

凸轮轴的功能是在发动机旋转期间按正确的顺序提升进气门和排气门，以确保正确的点火顺序。

为完成该功能，凸轮轴由曲轴通过齿轮或传动系统（皮带或链条）直接驱动。典型的凸轮轴布局形式如图 2-2-11 所示。

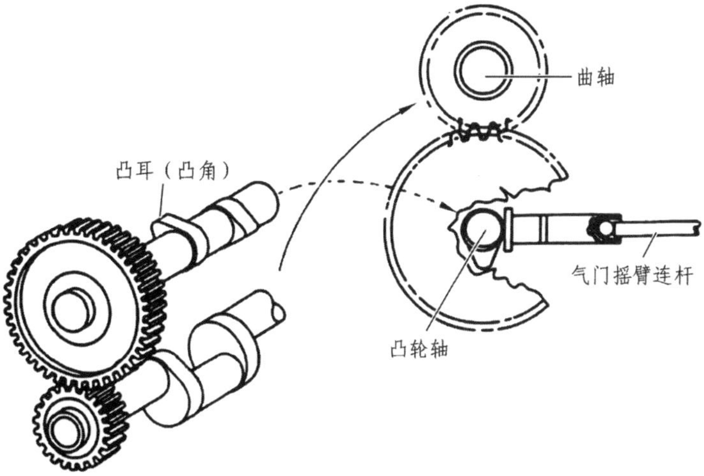

图 2-2-11　典型凸轮轴布局形式

凸轮轴是一根直轴，沿轴排布有一系列不同角度的凸耳。当凸轮轴旋转时，每个凸耳推动其气门连杆，从而打开与其对应的进气门或排气门。凸轮轴的转速为曲轴转速的一半。

凸轮轴的润滑通过中空的轴实现，该设计允许滑油通过凸耳表面钻出的油孔润滑每个凸耳。

四、油底壳

油底壳是发动机的最低部分，通常构成发动机外部机匣的一部分。油底壳构成许多发动机的集油池，滑油可以汇聚在发动机底部由油底壳形成的回油空间中。如图 2-2-12 所示。

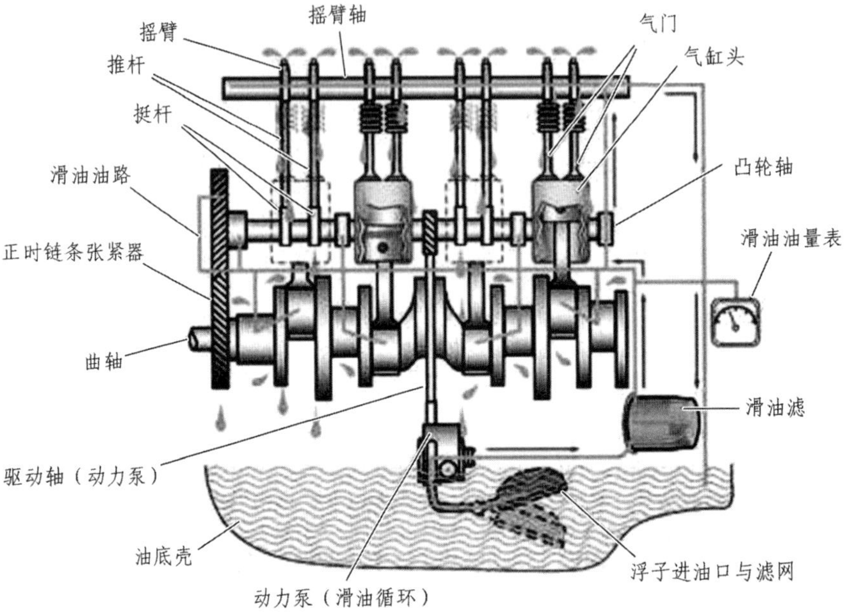

图 2-2-12　油底壳与发动机内的空间位置

当发动机处于非运转状态时，滑油会在重力作用下滴入油底壳。油尺通常安装在油底壳上用以显示发动机运行所允许的最高和最低油位。仅在发动机停止后才可使用量油尺。

任务三　附件齿轮箱

附件齿轮箱为以下发动机子系统提供传动装置安装座：燃油泵；滑油泵；磁电机；转速表；发电机；起动马达。

另外，安装的部件还包括油滤、磁屑探测器。

附件机匣由铝或镁合金制成，包含控制上述子系统及相关部件所需的传动轴、轴承与衬套。典型附件机匣的结构形式如图 2-3-1 所示。

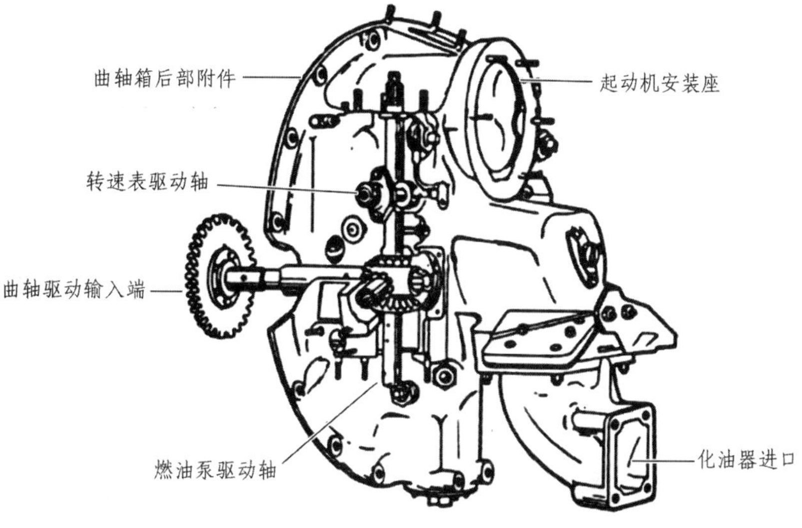

图 2-3-1　典型径向发动机附件机匣

附件传动轴由曲轴驱动，依次驱动安装于发动机后部的轴系与齿轮组，可以设置不同的传动比，使不同的附件以其最佳的转速驱动。如图 2-3-2 所示为齿轮传动装置。此外，附件机匣还有用于化油器和进气歧管的安装座，其位置对于发动机维护期间的易接近性来说非常重要。

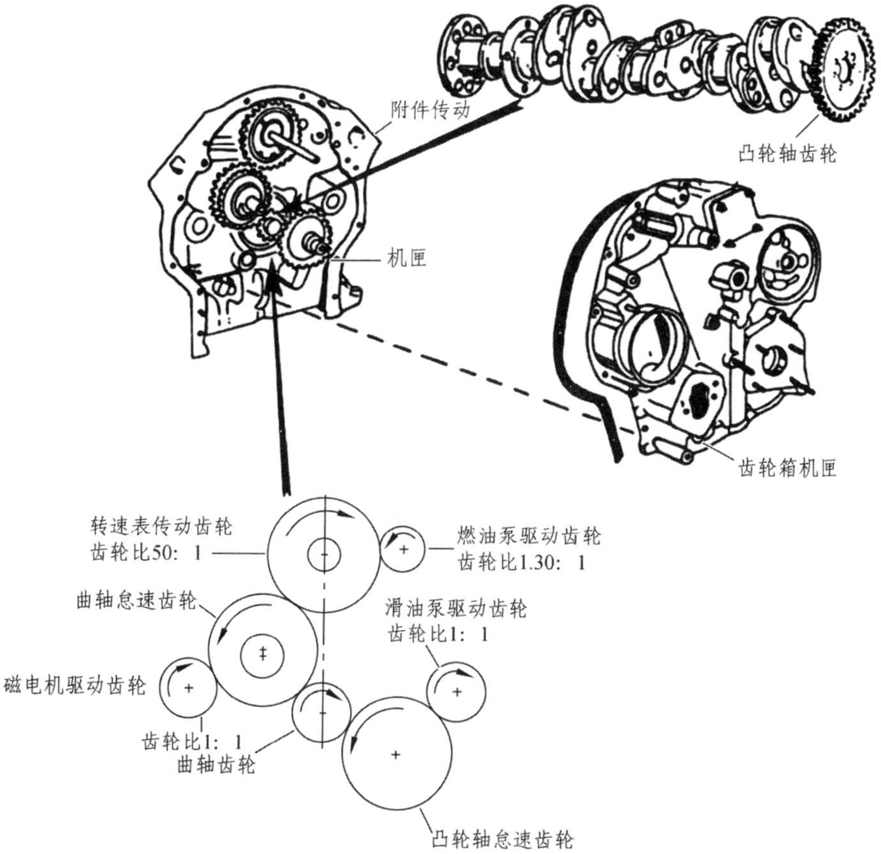

图 2-3-2　典型的齿轮传动装置

任务四　气缸与活塞组件

1. 气缸（见图 2-4-1）

气缸的设计必须考虑三个主要因素：结构质量轻；足够的强度以承受动力循环期间产生的载荷；良好的散热性能。

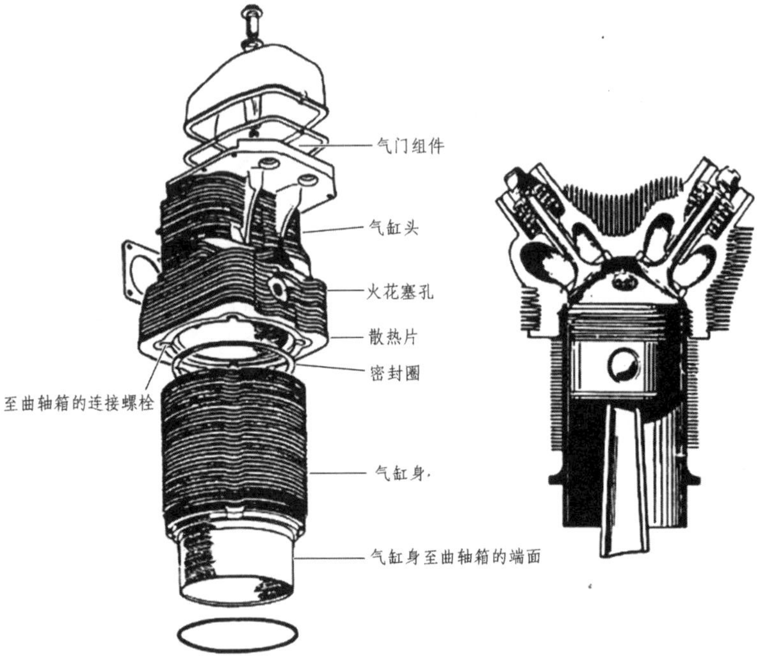

图 2-4-1　典型气缸结构

为满足这些要求，大多数气缸的气缸头都由铝合金制成，因为这种材料具有良好的导热性能。出于强度考量的原因，缸体通常由合金钢制成。如图 2-4-2 所示。

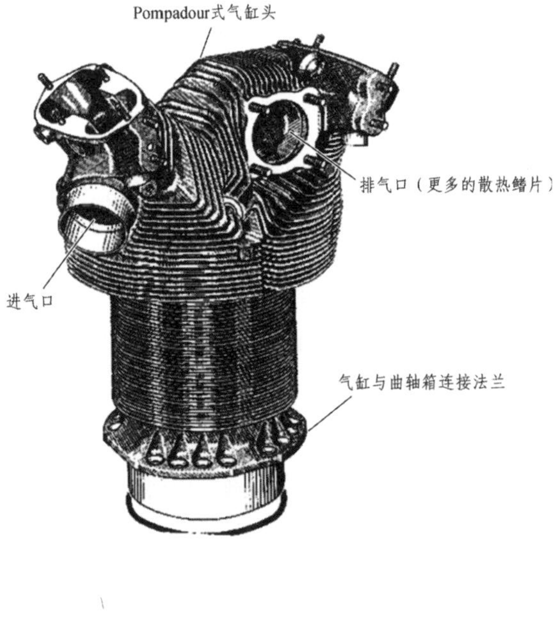

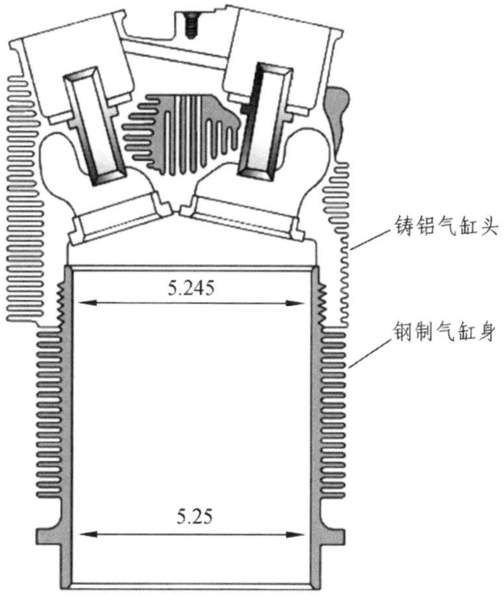

图 2-4-2　气缸头与缸体组件

通常，圆柱形缸体的顶部比底部略窄，这是因为在发动机处于工作温度时允许气缸发生膨胀。由于燃烧发生在气缸顶部，气缸的顶部通常比下部更热。

（1）气缸头。

从图 2-4-3 中可以看出，气缸头有 3 种基本形状，分别是平头、圆头、尖头。圆头气缸是最常使用的方案，因其可以更容易地排出废气。

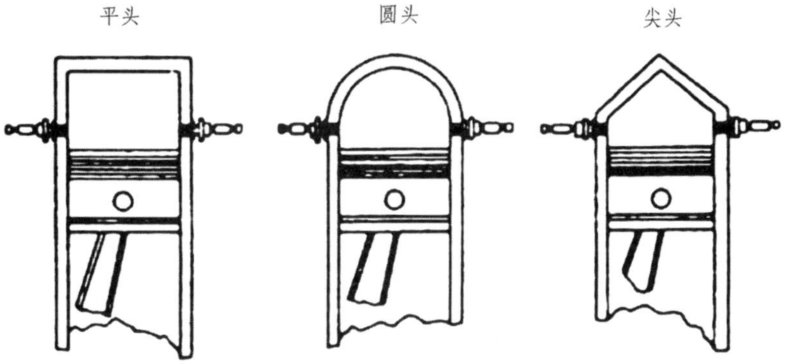

图 2-4-3　气缸头形状

气缸头包括 3 个部件（见图 2-4-4）：进气门；排气门；火花塞。

气缸头由铝合金制成，但铝合金不适合用于气门座与气门导管，它们将由合金钢制造。气门座嵌入气缸头中并被研磨光滑，用以提供气门头的气密密封。由于气门在运行过程中不断撞击气门座，气门座通常由一个硬化金属圆环构成。

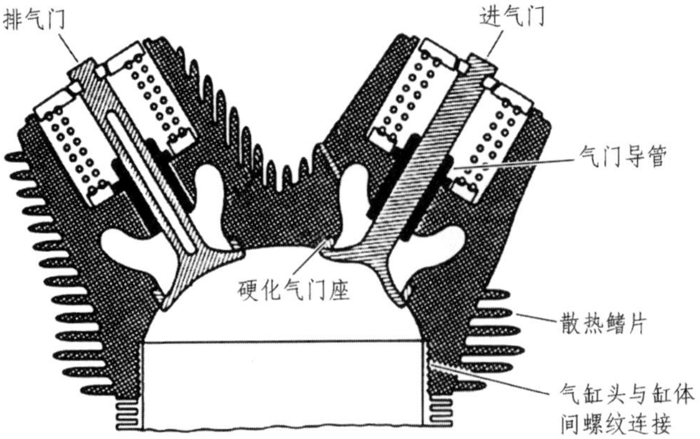

图 2-4-4　气缸头组件

火花塞的螺纹可以两种方式加工：一是将钢制衬套嵌入至气缸头上的预钻孔中，随后在衬套中切削螺纹；二是在气缸头上直接安装钢制螺纹衬套。

在气缸头设计时，冷却是一个重要的考虑因素。气缸头组件上安装有一系列散热片，这些散热鳍片的布置使气缸头的总表面积增加了 500%，从而大大提高了冷却效率。承受较高温度的区域（例如排气门区域）的散热鳍片要大得多，因而可以在这些区域中实施更大程度的冷却。

（2）缸体。

气缸缸体通常由合金钢制成，缸体内壁经表面硬化处理，在往复运动过程中可抵抗活塞和活塞涨圈的磨损。有些气缸有可拆卸的缸套，磨损后可在发动机大修期间进行更换。

气缸头到缸体和缸体到曲轴箱的连接必须足够牢固，以承受气缸头和缸膛内产生的压力。通常使用两种方法将气缸头连接到缸体：螺纹连接；螺柱或螺栓连接。

螺纹连接是通过加热气缸头，冷却缸体后将两者螺接在一起实现的。当两个组件都恢复到正常的环境温度时，螺纹相互夹紧，形成气密连接。

另一种连接方式是使用螺柱和螺母（如图 2-4-5 所示）将气缸头和缸体连接到一起，也能够将其连接到曲轴箱上的气缸安装座上。

图 2-4-5　气缸头和缸体-螺栓连接

虽然气缸冷却通常是通过使用散热鳍片增加气缸表面积来实现，但部分气缸则使用冷却水衬套中围绕气缸与气缸头的水进行冷却，如图 2-4-6 所示。

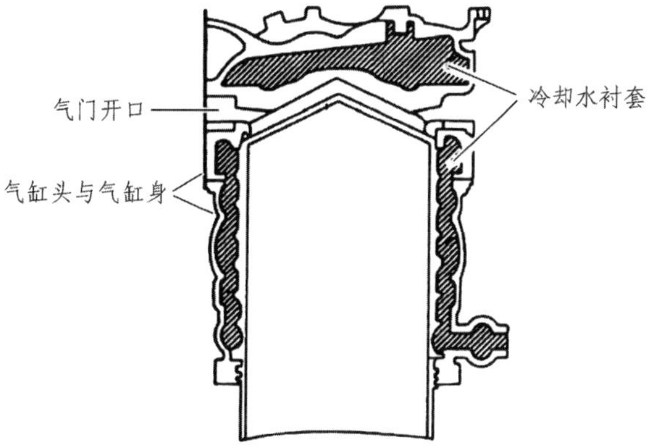

图 2-4-6　气缸水冷

2. 活　塞

（1）一般形式与类型。

活塞（见图 2-4-7）作为移动屏障在气缸中上下移动，通过连杆将燃气中的力传递给曲轴。

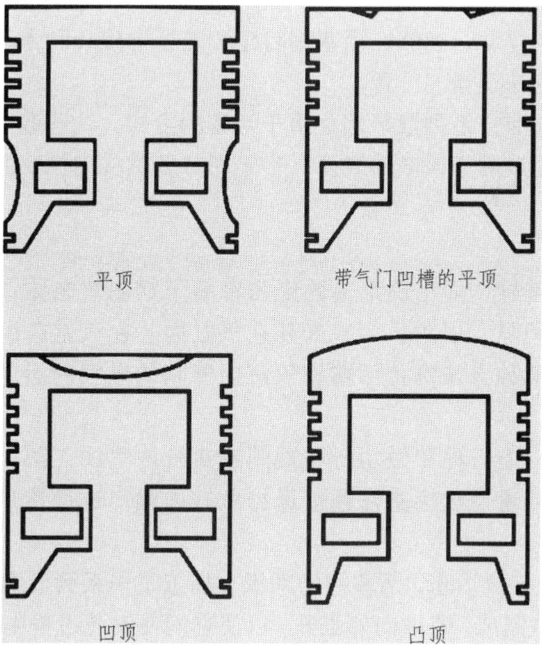

图 2-4-7　活塞类型

活塞移动到气缸底部时，空气/燃油混合物通过进气门吸入气缸。油气混合物在活塞上升行程中被压缩和点燃，由此产生的燃烧和气体膨胀迫使活塞回到气缸底部，从而使曲轴旋转。当活塞再次向上移动时，排气门打开，活塞将废气推出排气歧管。

活塞通常由铝合金制成，活塞裙部有一系列环形凹槽，以容纳一系列活塞涨圈，这些活塞涨圈被设计用于防止工作过程中高压燃气的泄漏损失。

活塞组件中的凸台使活塞可以通过活塞销（也称为固定销）连接到连杆的小端，如图 2-4-8 所示。

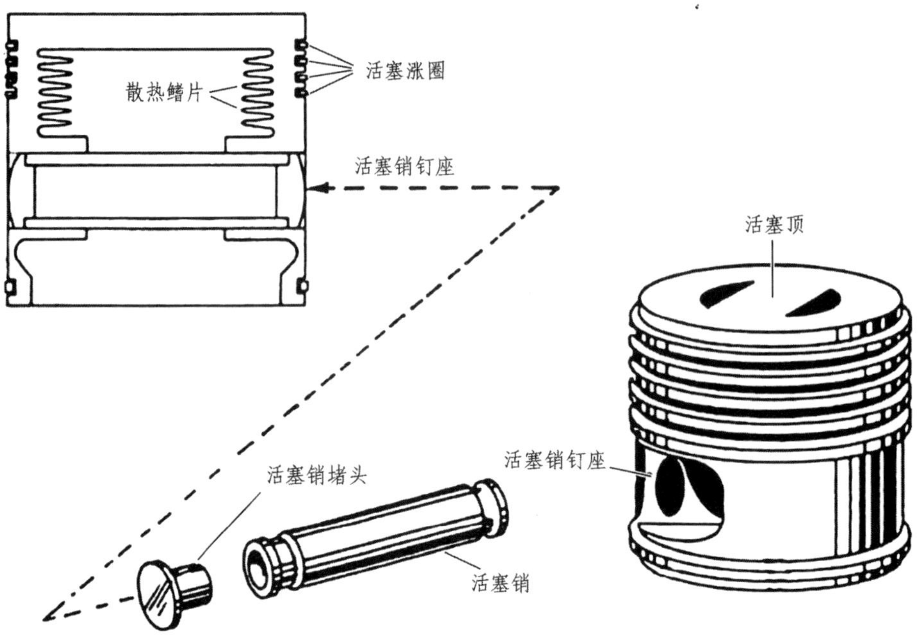

图 2-4-8　活塞组件和术语

活塞销可以完全浮动，能够在活塞销钉座和连杆内旋转和滑动，也可以固定，不允许移动并且被锁定在适当的位置。

中空的活塞内部有一系列散热鳍片用于活塞的冷却，这些散热鳍片提供了一个较大的冷却表面，滑油泼溅于该散热表面，带走部分气缸头内产生的热量，将其带入滑油系统。

（2）活塞涨圈。

由于膨胀率的差异，即铝制活塞的膨胀率高于钢制气缸体，在活塞和缸体内壁之间必须保持工作间隙，以防止活塞卡死在气缸内。在气缸压缩行程和做功行程期间，还必须要使用某种方法防止活塞和气缸内壁间的燃气的泄漏损失，为此使用了活塞涨圈。

活塞涨圈：在压缩行程和做功行程期间密封缸内气体；防止滑油从曲轴箱进入气缸头；使活塞的热量通过活塞涨圈传递给气缸内壁，进而传热至气缸散热鳍片或冷却液。

如图 2-4-9 所示典型活塞，活塞裙的周缘上加工了一系列凹槽，以安装活塞涨圈。活塞涨圈通常由铸铁制成，略微向外张开，以使它们在安装过程中能够在活塞上滑动，并确保安装到位后每个涨圈都可以弹向气缸内壁。

一旦安装到涨圈槽内并组装到气缸中，涨圈接头处的间隙必须足够大以允许热膨胀，但同时也要保证滑动接触时良好的气密性。活塞涨圈可使用多种接头类型（见图 2-4-10）。由于铸铁材质的结构，它们很容易折断，在将活塞涨圈安装到活塞的期间必须小心操作。

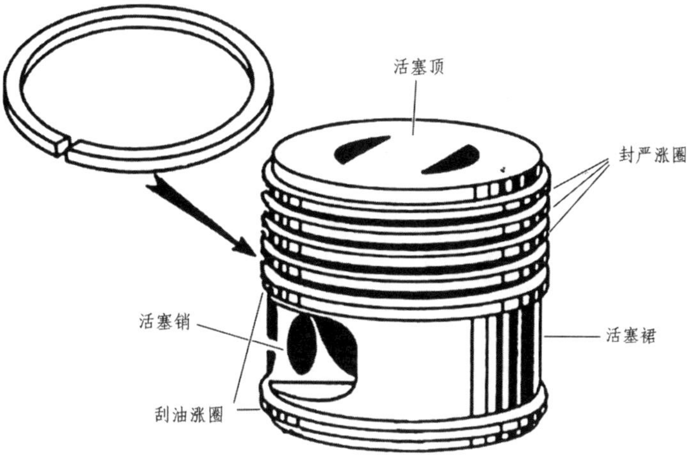

图 2-4-9　活塞结构

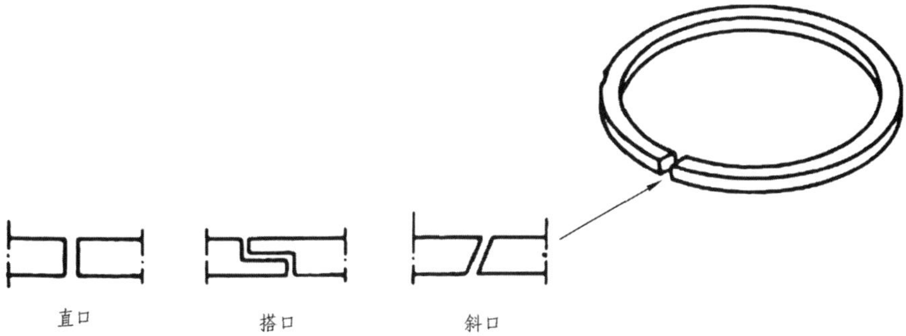

图 2-4-10　活塞涨圈接头

活塞涨圈分为两种基本类型：封严涨圈；滑油涨圈。

① 封严涨圈。

封严涨圈防止高压气体从气缸内的活塞处泄漏。安装在活塞上的活塞涨圈数量在很大程度上取决于发动机的设计要求，也取决于工作期间气缸头内产生的压力。在正常情况下，活塞裙的顶部装有三个封严涨圈，这些涨圈在活塞裙槽之间的相对位置是最重要的。安装新的涨圈时，其接头处显然会有间隙，气体可以通过该间隙逸出。如果三个涨圈的间隙是对齐的，则气体将连续通过活塞泄漏。

因此，为减少气体泄漏的可能性，涨圈接头应围绕活塞圆周交错分布，如图 2-4-11 所示。

图 2-4-11　活塞涨圈组件（涨圈接头在圆周上交错分布）

活塞涨圈在其凹槽内的侧向运动对于活塞涨圈向气缸壁的膨胀至关重要，但过多的运动或磨损会使气体逸出。

如图 2-4-12 所示说明了如何测量侧面间隙，该间隙要求在相应的检修手册中有规定。

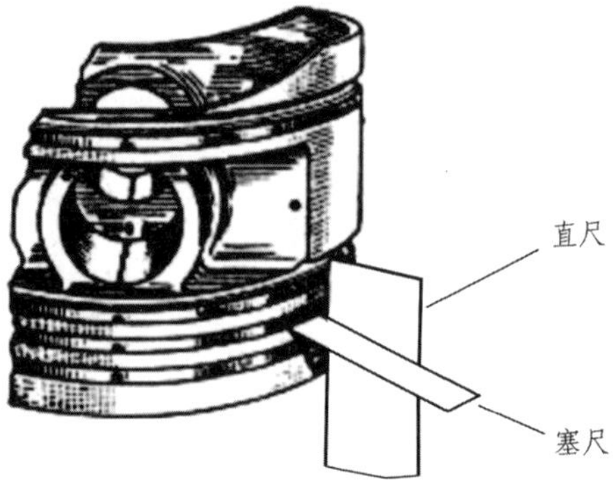

图 2-4-12　气缸尺寸测量

② 滑油涨圈。

滑油涨圈可分为两种类型：挡油涨圈；刮油涨圈。

挡油涨圈的位置通常在封严涨圈的正下方，其目的是控制滑油在气缸内壁上的厚度。气缸壁上的滑油过多可能导致气缸头内积碳过多，影响气门的工作，并导致发动机效率降低。

刮油涨圈通常位于活塞裙的底部，其目的是在活塞行程期间调节通过活塞裙和气缸壁之间的滑油量。

更换活塞涨圈时，务必遵循发动机制造商的说明。在某些情况下，反向安装活塞涨圈将产生与其设计完全相反的效果，并可能导致发动机过早失效。

如图 2-4-13 所示为活塞的横截面。前三个涨圈是封严涨圈，中间是挡油涨圈，底部是刮油涨圈。

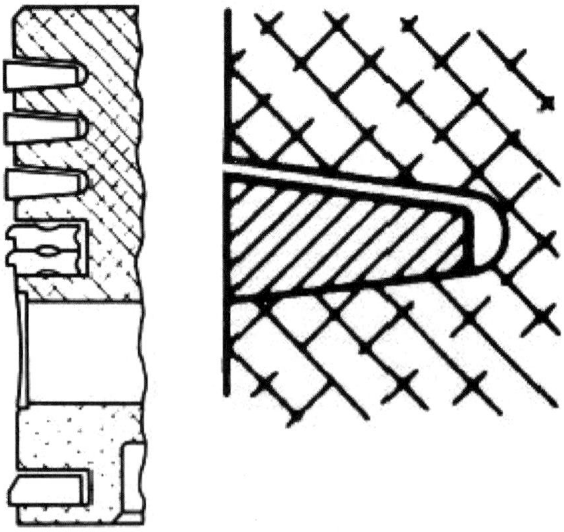

图 2-4-13　活塞与活塞涨圈横截面

任务五　连　杆

1. 功　能

在讨论连杆的作用之前，需要复习连杆在活塞发动机中的位置。如图 2-5-1 所示。

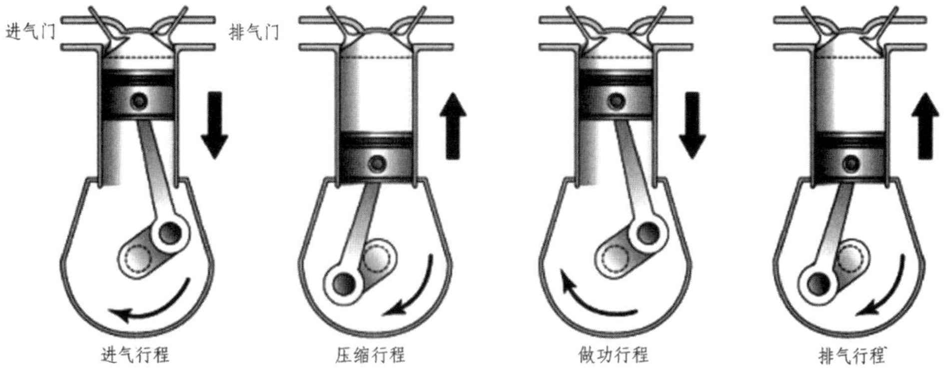

图 2-5-1　活塞、气缸和连杆组件

连杆的曲柄销端（大端）连接到曲柄销，活塞销端（小端）连接到活塞销。连杆通常由合金钢制成，但是低功率活塞发动机也会使用铝合金连杆。

从图中可以看出，连杆在曲轴旋转过程中改变运动方向，在活塞往复运动的顶部和底部能暂时停止运动。曲轴和活塞的运动在连杆上产生高负载，因此必须在设计和制造连杆时使其质量轻又能够承受负载。质量大的连杆在其往复运动期间会产生高惯性力，因此为了减轻连杆的质量，连杆横截面的形状通常采用字母 H 或 I。

连杆可分为三类：普通型，用于直列式发动机或对置发动机；叉片型，用于 V 型发动机；主副连杆，适用于径向发动机气缸布局。

2. 普通连杆

这种类型的连杆适用于直列式或对置发动机。

如图 2-5-2 所示连杆具有字母 I 形状的横截面，由一个小端轴承和一个大端轴承组成，大端轴承通常分成两部分，也称为大端轴瓦。端盖将大端轴承固定在曲柄销周围，同时端盖可以使用螺母和螺栓连接到连杆上，也可以使用螺柱将抵盖安装到连杆上。

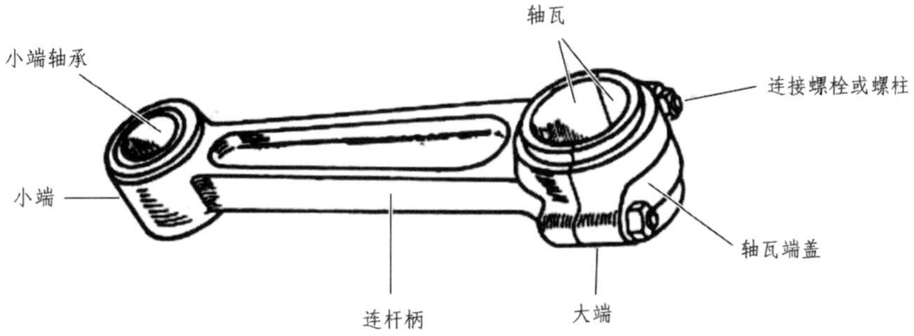

图 2-5-2　普通连杆

小端轴承通常为青铜材质，并强制安装在连杆的小端。穿过小端轴承安装了将活塞连接到连杆的销(活塞销)。需要记住的一点是，曲轴和连杆在制造过程中通常要经过动静平衡，因此必须保持其平衡，从曲轴上拆下的任何连杆在大修后重新装配时都要按照与之前相同的顺序进行更换。

为了方便用户，连杆的编号要与安装它们的气缸一一对应。

3. 叉片型连杆

这种连杆适用于气缸呈 V 形排列的发动机。连杆中的叉杆在大端轴承处分开，为安装和固定片杆提供空间，其连接如图 2-5-3 所示。

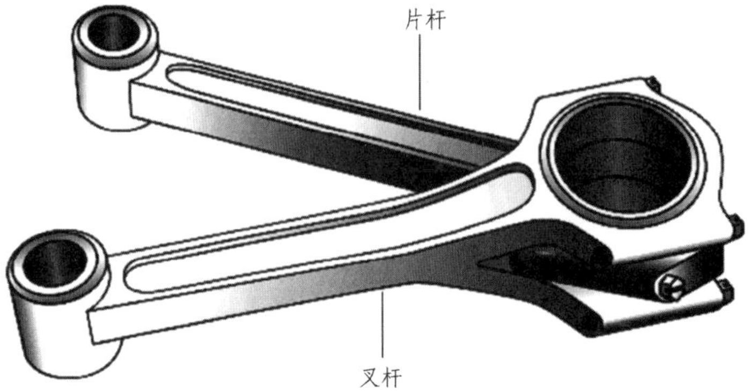

图 2-5-3　用于 V 型发动机的连杆

叉片型连杆具有分半式轴瓦，以及通过螺栓或螺柱进行连接的端盖。片杆安装在叉杆的两个端盖中间，并通过一侧的端盖用螺栓或螺柱固定在轴瓦上。如图 2-5-4 所示显示了叉片型连杆设计的一种改型，它由一个叉杆和一个偏置的片杆组成。

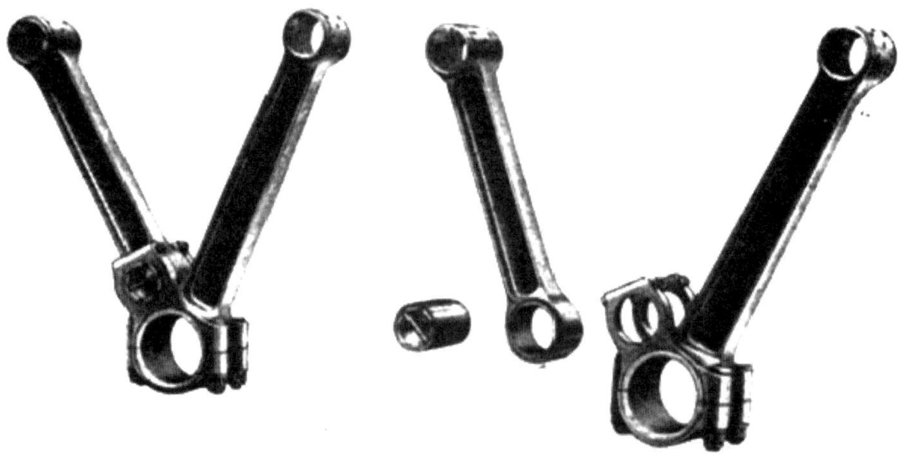

图 2-5-4　叉片型连杆的某种改型

4. 主副连杆

主副连杆通常使用在径向发动机气缸布局上，连杆布局如图 2-5-5 所示。

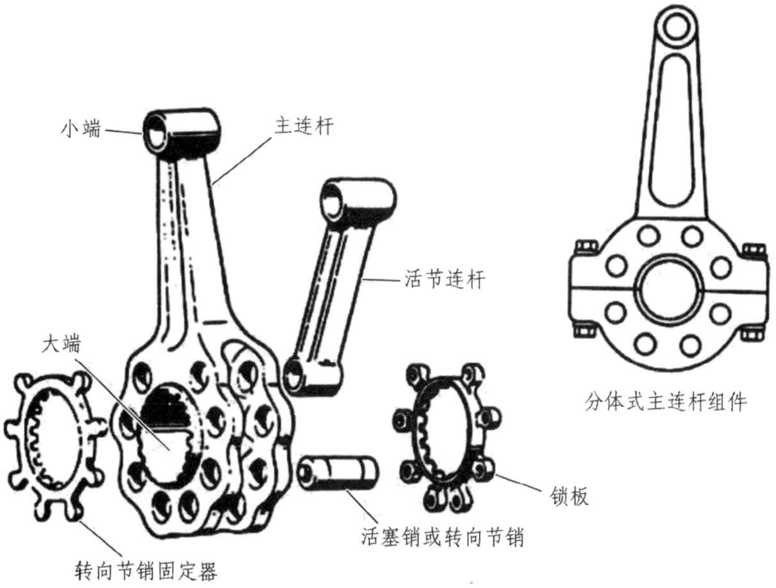

图 2-5-5　用于径向发动机的主副连杆

主副连杆的主连杆连接到一个气缸内的活塞上，然后将该排气缸中剩余气缸的活塞通过副连杆连接到主连杆上。这些副连杆通过副连杆销安装在主连杆法兰上，副连杆销固定于主连杆法兰内，允许副连杆在曲轴旋转过程中转动。

主杆法兰两侧的锁板确保关节销（副连杆销）固定在法兰中。在这种连杆布局中，只有主连杆大端安装在曲柄销上，因此缩短了曲轴的长度。

大端轴瓦通常通过空心的曲轴进行润滑，小端轴瓦和关节销通常借助连杆内的滑油通道进行飞溅润滑。

任务六　气门机构

位于气缸头中的气门实现以下功能：

（1）进气门允许空气/燃油混合物进入气缸；

（2）排气门允许燃烧后的废气从气缸内排出。

1. 气门类型与形状

大多数飞机发动机气门称为提升阀，主要分为以下类型：扁平型（平顶）、蘑菇型（凸顶）和郁金香型（凹顶）。如图 2-6-1 所示。

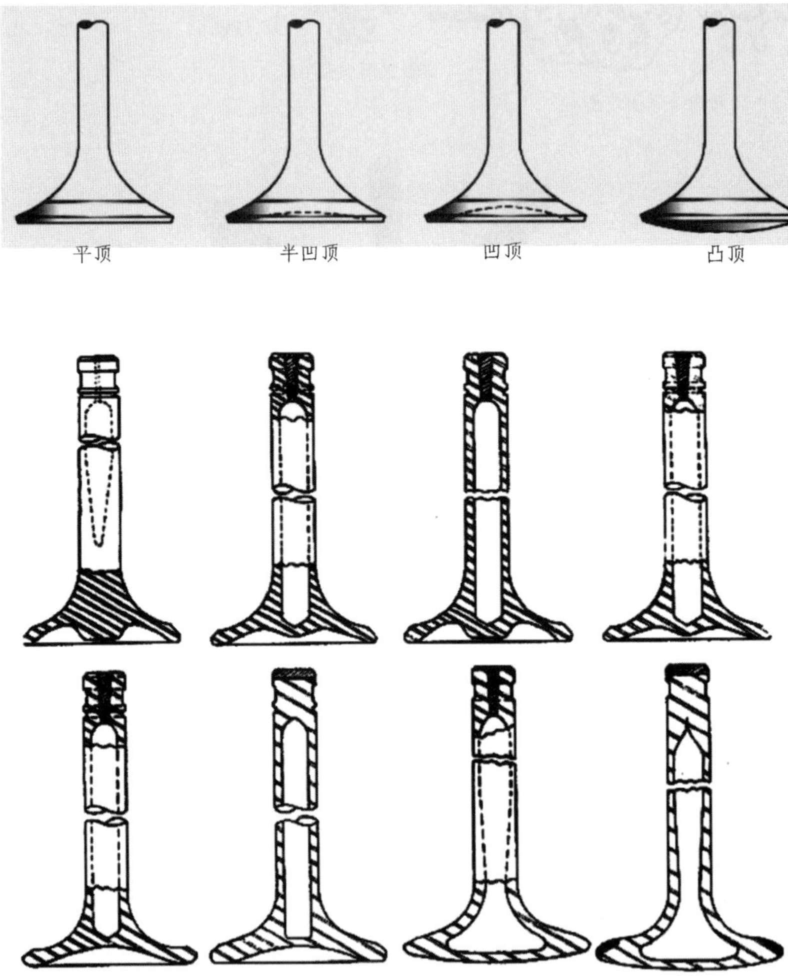

图 2-6-1　气门及气门剖面

由于工作温度的不同，进气门和排气门使用不同的材料制造，例如进气门采用铬镍钢，排气门采用钴铬钢。

进气门由流入的燃油/空气混合气进行冷却，当排气门打开，进气门关闭并密封时，排气门座和排气门头部受到排气高温的影响。

为消除高温的后续影响，在其中空的气门杆中充满了金属钠。金属钠在正常工作温度下会熔化，气门的往复运动将液态金属钠从气门头部沿气门杆方向甩出，通过气门散热鳍片散发气门头部的热量（见图 2-6-2）。

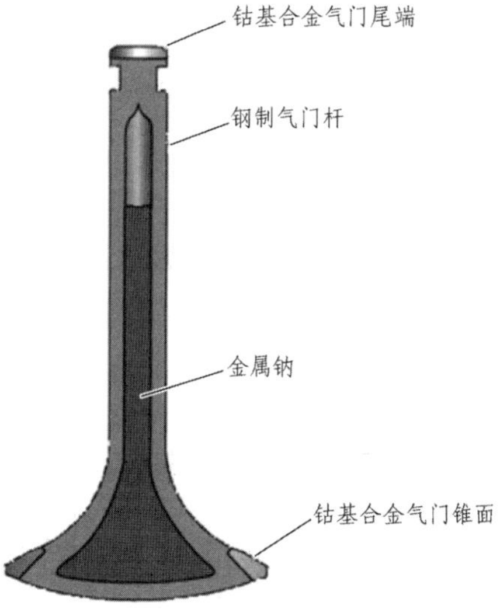

图 2-6-2　钠冷却排气门

气门杆中含有这种金属钠的气门不能切割，因为这可能导致爆炸和人身伤害。

气门需在极端高温区域内工作，因此气门必须由不受这些温度影响的材料制成。气门杆具有硬化处理的表面，以减少气门杆尾端面和摇臂之间的磨损。气门座上焊接有一圈硬化钢，研磨后与气门锥面配合，这将有助于承受气门锥面和气门座之间的连续撞击。

2. 气门座

排气门座和排气门锥面通常研磨成 30°或 45°的气门锥角。正确和错误配合的示例如图 2-6-3 所示。

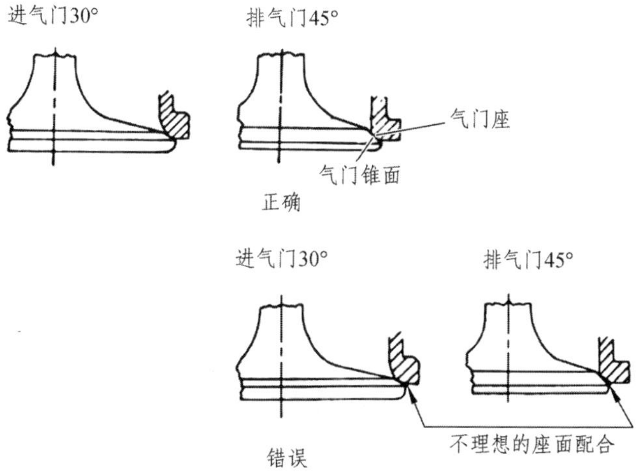

图 2-6-3　气门与气门座的配合形式

3. 气门安装

气门由两个或多个同心安装的线圈弹簧进行闭合，线圈弹簧由不受气缸头中产生的温度影响的优质钢丝制成，不同线圈弹簧以相反的方向盘绕。使用两个或多个振动频率不同的弹簧可防止气门在关闭时在气门座上弹跳，这一点通过破坏单个弹簧的固有振动频率来实现。

气门和气门弹簧通过气门弹簧座固定在气缸头上，该气门弹簧座安装于气门杆和弹簧末端。气门弹簧座通过安装在气门杆尾端凹槽中的锥形半夹头锁定在适当位置，典型安装如图 2-6-4 所示。气门弹簧将弹簧座推到夹头上，使气门保持在气门导管中。

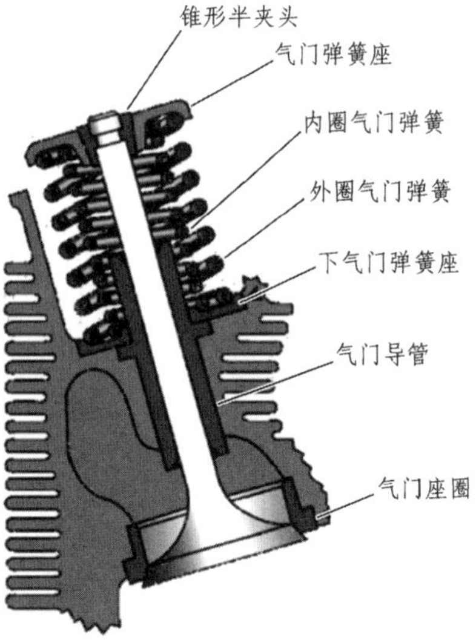

图 2-6-4　气门安装形式

4. 气门机构

如图 2-6-5 所示，凸轮轴由曲轴上的齿轮直接驱动。当凸轮轴旋转，轴上的凸耳与推杆接触，推杆将运动传递到摇臂上。摇臂转动时打开或关闭气门。

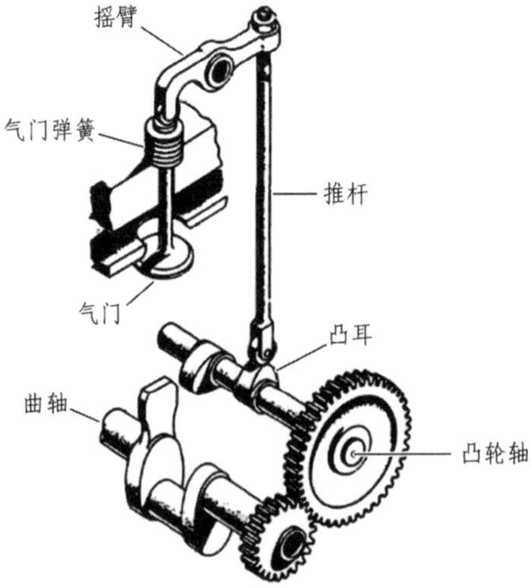

图 2-6-5　典型直列式发动机气门机构

随着凸轮轴继续旋转，凸轮将离开其最大升程点，气门弹簧将气门推回到关闭位置。部分直列式发动机的凸轮轴位于气缸顶部，与汽车顶置凸轮系统的布局非常相似。这类系统的一个优点是气门摇臂直接受到凸轮轴控制，而无须通过一系列推杆传动。

如前所述，通常使用两个不同尺寸的气门弹簧将气门固定在气门座上。这是因为每个弹簧都有一个固有的振动频率，在单弹簧系统上可能会有气门跳动的问题。使用两个气门弹簧，其不同的固有频率会干扰共振并消除气门跳动。

径向发动机气门机构的工作原理与直列发动机相同，但其气门机构中具有一个凸轮盘而不是凸轮轴，如图 2-6-6 所示。

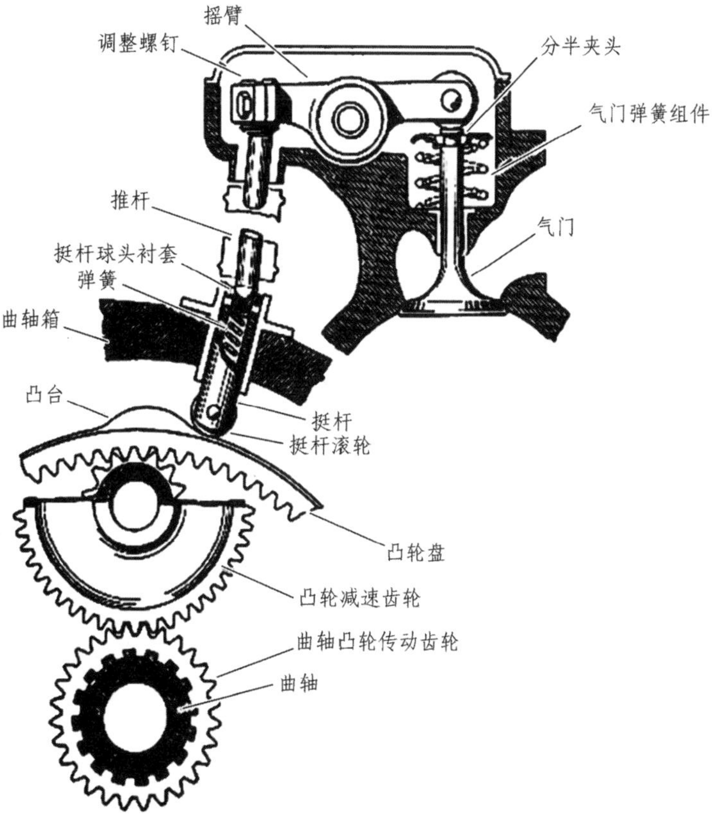

图 2-6-6　气门机构-径向发动机

凸轮盘有一系列凸台，在凸轮盘旋转时，这些凸台与推杆接触，推杆推动摇臂以打开气门，在气门弹簧的作用下关闭。

5. 挺　杆

挺杆的功能是将凸轮的旋转运动转换为推杆的往复运动，以便摇臂在正确的时间打开气门。

从图 2-6-7 可以看出，挺杆与推杆、凸轮轴接触。推杆组件中的弹簧使挺杆紧靠凸轮轴，摇臂紧靠气门。滑油通常通过推杆向上输送至摇臂，以达到润滑目的。

然而，该系统的主要缺点是需要有气门间隙。摇臂和气门杆之间必须保持一点间隙，以确保气门可以完全关闭。

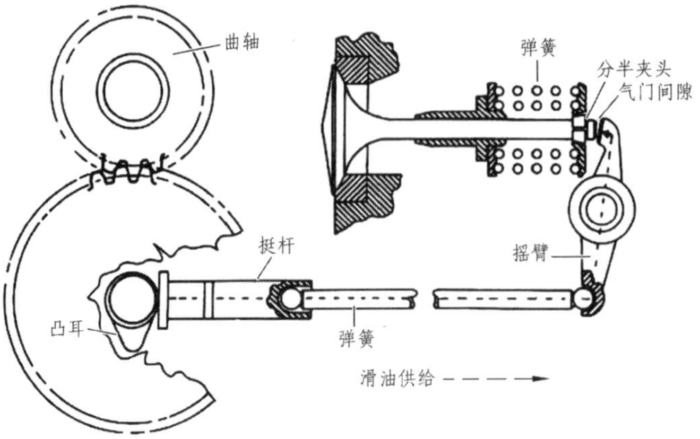

图 2-6-7　挺杆位置与作动

气门间隙在发动机冷态时进行调整，但随着发动机工作升温，其部件发生热膨胀后，气门间隙减小到一定程度，以致气门可能被摇臂保持在打开状态，最终导致气门座损坏。由于进气门（冷空气/燃油进入）和排气门（热气体排出）的气门间隙可能不同，必须采用某种方法确保气门间隙始终保持在规定的范围内。这可以使用液压挺杆来实现。

任务七　螺旋桨减速齿轮箱

一、减速器功能

减速器（见图 2-7-1）的目的是将发动机转速降低到适合螺旋桨高效运行的转速。行星减速齿轮系通常用于径向发动机，直齿轮减速器通常用于直列式发动机，这两种减速器类型都可以用于水平对置发动机。

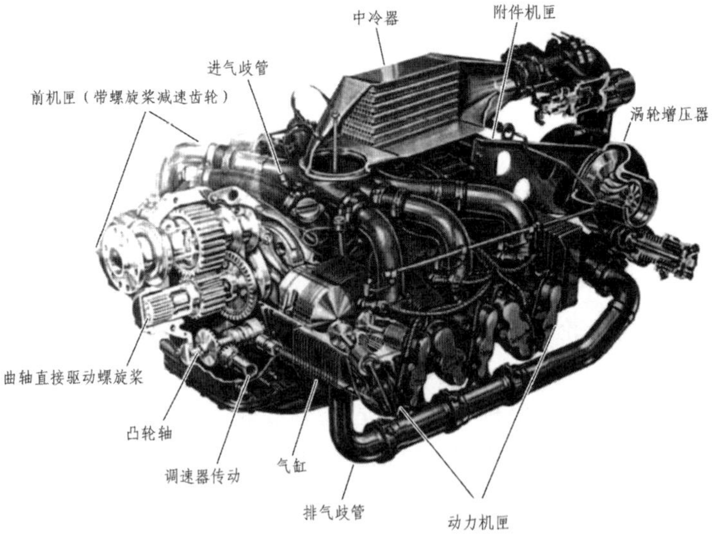

图 2-7-1　带减速齿轮箱的六缸水平对置发动机

二、减速器类型

1. 平行直齿轮

这种齿轮传动系统的优点是结构简单，因此制造成本相对较低。

2. 行星减速齿轮系

行星减速齿轮系由一个恒星齿轮（主动齿轮）与三个或三个以上的等距齿轮（称为“行星齿轮”）啮合并驱动。这些行星齿轮安装在齿轮保持架上，并绕着各自转轴独立旋转。行星齿轮传动装置的外侧是与行星齿轮相啮合的带内齿的“环形齿轮”。如图 2-7-2 ~ 图 2-7-3 所示。

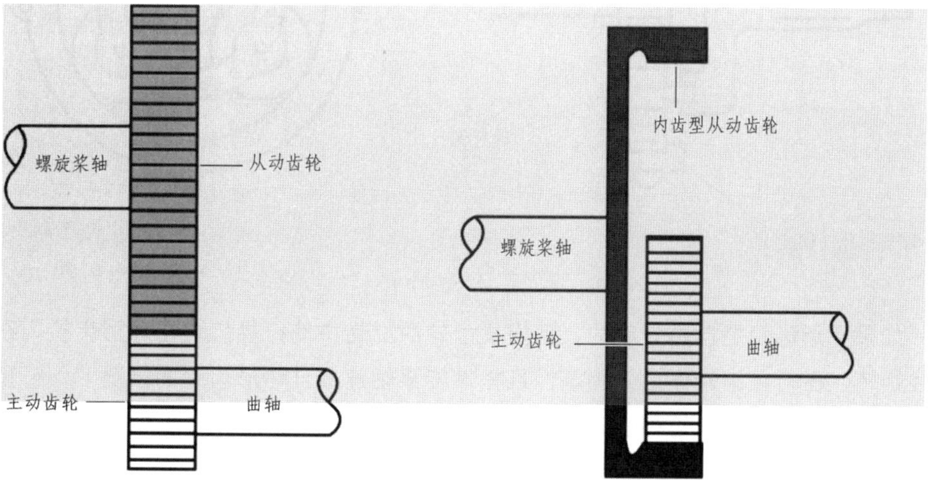

（a）外部　　（b）内部

图 2-7-2　平行直齿轮减速器

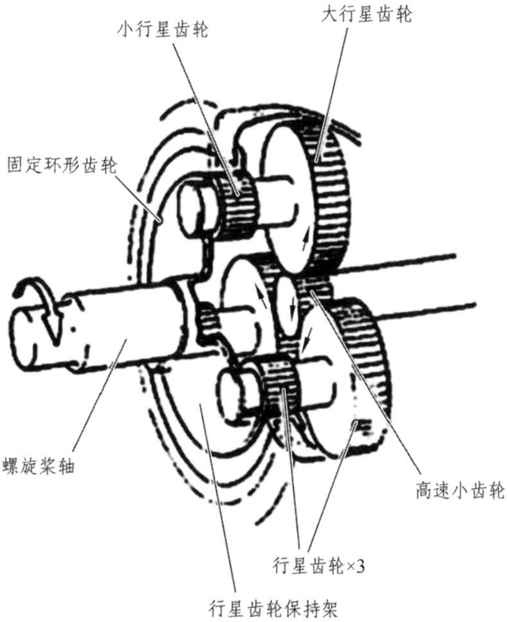

图 2-7-3　行星齿轮减速器结构

如果环形齿轮是固定的，则恒星齿轮的旋转将导致行星齿轮在环形齿轮内绕其轴旋转，这就使得行星齿轮保持架沿着与恒星齿轮相同的方向旋转，而速度较低。将传动轴固定到行星齿轮架上后，发动机轴（输入轴）和传动轴（输出轴）在同一轴线上沿同一方向旋转，即可实现减速。如图 2-7-4 所示。

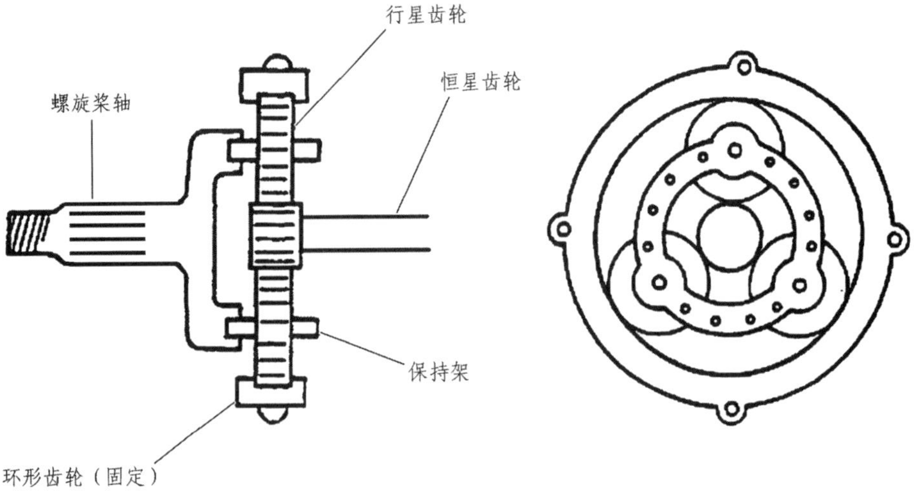

图 2-7-4　带固定环形齿轮的行星齿轮系

如果环形齿轮是自由转动的，则恒星齿轮的旋转将使行星齿轮在环形齿轮内绕其轴线旋转，在行星齿轮保持架固定，且将螺旋桨轴连接至环形齿轮的情况下，行星齿轮的旋转将导致环形齿轮和螺旋桨向与恒星齿轮相反的方向，以降低的速度旋转（见图 2-7-5）。

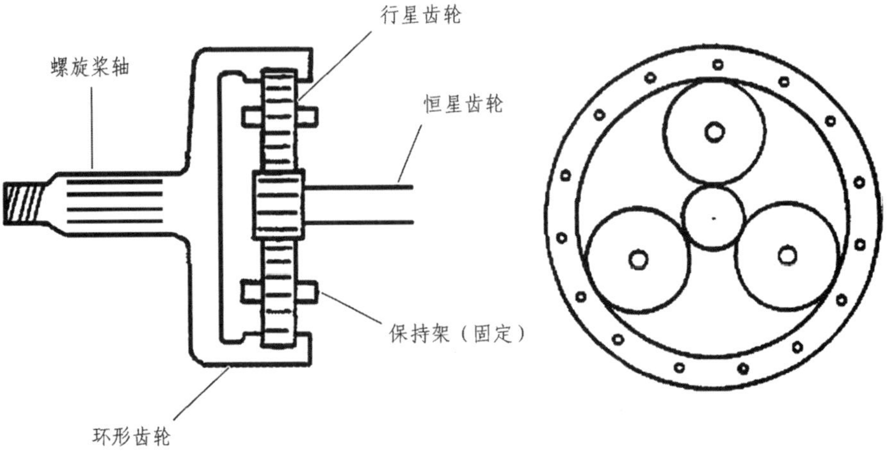

图 2-7-5　带固定行星齿轮架的行星齿轮系

3. 复合行星齿轮

复合行星齿轮减速器能够在不使用较大部件的情况下实现更大的减速。它们可以是固定环形齿轮类型，也可以是自由环形齿轮类型，如图 2-7-6 所示。

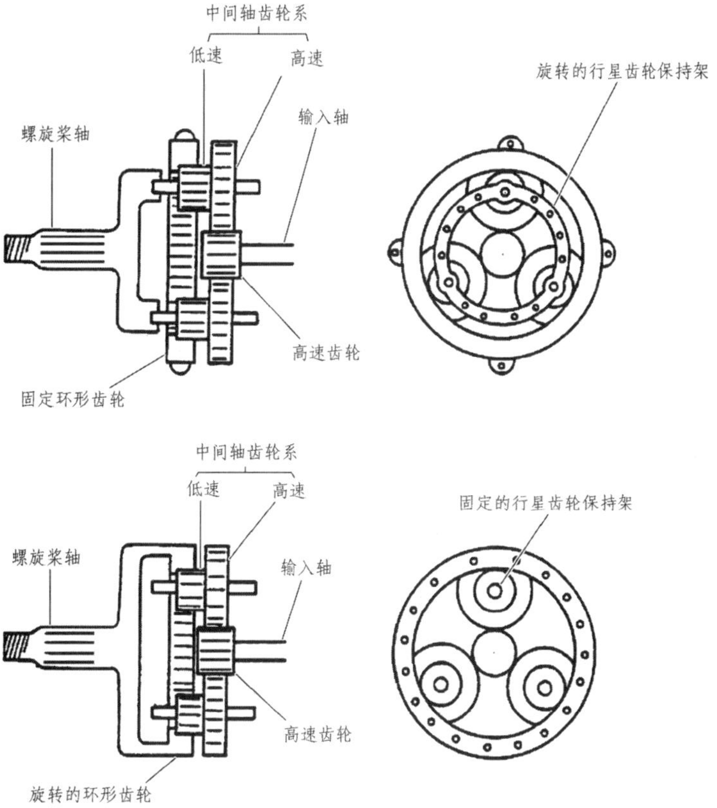

图 2-7-6　复合行星齿轮减速器

4. 直齿轮系/行星齿轮

一些涡轮螺旋桨发动机采用直齿轮系或直齿轮系加行星齿轮的组合的减速装置。典型行星齿轮如图 2-7-7 所示。

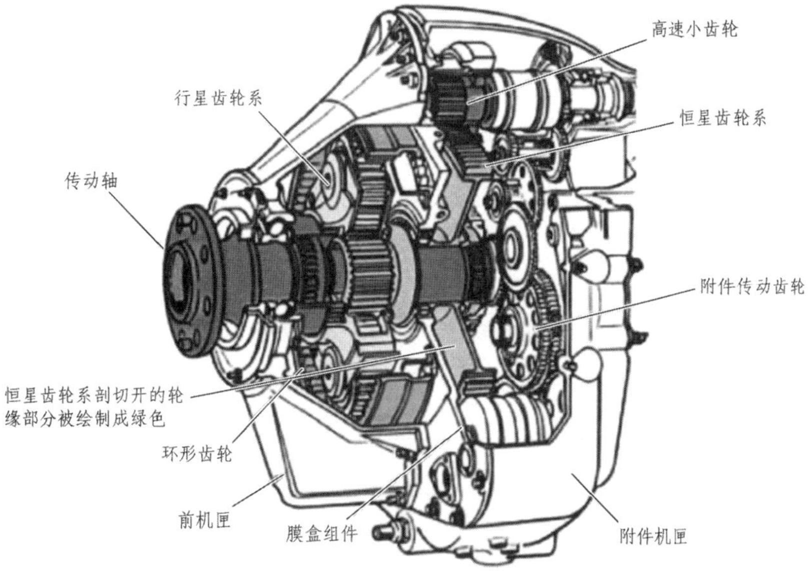

图 2-7-7　典型行星齿轮箱

项目三 活塞发动机燃油系统认识与检查

无人机在不同的飞行阶段（滑跑、起飞、爬升、巡航、下降、进近、复飞等）需要不同的推力或功率，对应发动机不同的工作状态，需要供给发动机不同的燃油量，同时保证发动机工作于安全范围之内。

活塞发动机燃油系统的功能是在各个工作状态下将清洁、计量好的燃油或油气混合气送入发动机气缸中，主要由汽化器（化油器）组件完成此项工作。

通过项目三的学习，学员应完成以下目标：

（1）能够描述典型浮子式化油器的结构特点与工作原理；

（2）能够简单叙述压力喷射式化油器的结构特点与工作原理；

（3）知晓化油器结冰的原因与条件，了解主要的防冰措施；

（4）了解发动机控制和燃油计量系统的概念——FADEC；

（5）能够实施活塞发动机燃油系统检查工作。

工作任务单 3　活塞发动机燃油系统检查

实践任务	燃油系统检查		
工作须知	（1）在执行任何具有潜在危险的操作时，必须佩戴适当的个人防护用品； （2）确保自己已阅读并理解实践任务工作说明； （3）完成每个工作步骤后都必须由操作者与监督者签名		
任务要求	此任务用于评估学员对航空活塞发动机燃油系统组件的了解，必须在指定的时间内完成。任何不遵守安全程序的行为都将被评定为“不合格”		
序号	工作流程	操作人签名	监督人签名
1	确保工具清单中所列的工具可用，并处于可使用的状态		
2	按照恰当的 AMM 规定，拆除发动机整流罩		
3	检查整流罩是否有损坏或无法继续使用的迹象		
4	将燃油选择器旋至 OFF 位置		
5	拆卸、检查、清洗并重新安装燃油滤网		
6	排空并冲洗化油器燃油碗，重新安装放油塞和紧固保险		
7	检查化油器或燃油喷射组件		
8	检查节气门与油气比例混合轴		
9	检查全部燃油管线与附件		
10	将燃油选择器旋离 OFF 位置		

续表

序号	工作流程	操作人签名	监督人签名
11	对燃油系统进行加压吹扫并检查是否存在泄漏		
12	在任务记录表中记录工作过程中发现的任何缺陷与缺失，以及处理措施		

工具清单

序号	描述	取用位置
1	通用手工工具	
2	接油盘	
3		

任务记录表

序号	情况记录	操作人签名	监督人签名

任务一　汽化器

一、浮子式化油器

浮子式化油器用于轻型飞机，这种化油器最简单、最便宜但容易结冰，容易受到飞行操纵的不利影响。

1. 结　构

浮子式化油器的基本结构如图 3-1-1 所示。

活塞的进气行程使进入进气歧管的气流通过节气门体中的文丘里管，文丘里管使气流速度升高，气流压力和温度降低。

与空气混合的燃油存储在浮子室中。浮子室在 U 形管的一侧，其另一侧是喷油嘴，位于进气管喉部（文丘里管最窄的部分）。

从飞机油箱到浮子室的燃油供应由浮子操纵的油针控制，浮子室内油面上方与大气相通。

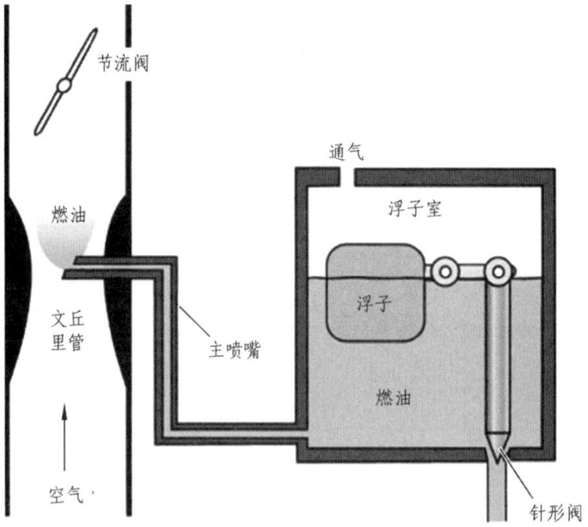

图 3-1-1　浮子式化油器基本结构

2. 工　作

通过文丘里管的空气压力将下降，在浮子室和文丘里管之间产生气压差，从而导致文丘里管喉部相对低压。低压将导致燃油液滴被抽出并从喷油嘴的末端雾化，当其与空气混合时汽化，从而形成燃油空气混合物。

燃油从喷嘴中抽出时，浮子室中的燃油液面将下降，浮子将下降，从而打开油针，允许更多的燃油从飞机进入浮子室，直到有足够的燃油进入浮子室以升高浮子，从而关闭油针。

当发动机运转时，燃油不断地从喷油嘴中抽出，油针将处在一个敏感的平衡位置，在该位置，浮子室将以与所消耗燃油相同的速率进行燃油补充。

3. 节气门和主喷嘴

到目前为止，还没有对供油量或进入发动机的气流速度进行控制，校准后的节流孔或主喷嘴位于从浮子室到喷油嘴的管路中，如图 3-1-2 所示。

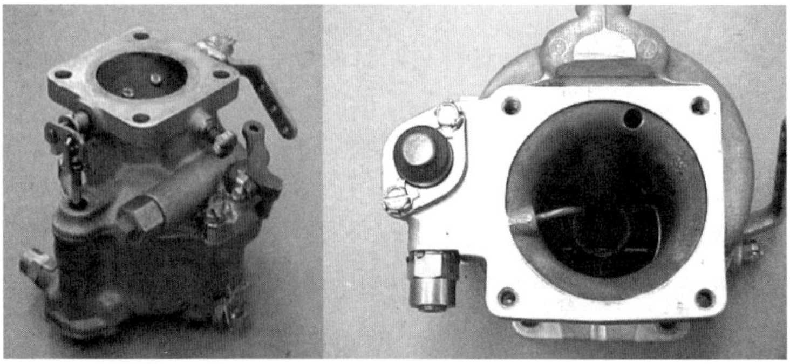

图 3-1-2　节流蝶阀和主喷嘴

巡航状态下校准后的混合物油气比大约为 14∶1。气流通过位于文丘里管下游的节流蝶阀（节气门）调节，并与飞行员的油门杆相连。这样，发动机功率将由蝶阀的位置控制，蝶阀控制通过进气歧管进入气缸的混合气量。

4. 低速、慢车

蝶形阀在发动机怠速或低速运行时几乎处于关闭位置，通过文丘里管的空气量将不足以产生足够大的压降以供应燃油，但节气门体和蝶形阀边缘之间的间隙同时也形成微型文丘里管。在主喷嘴之前，从 U 形管引出一条管线，然后将其引至蝶阀边缘的出口。在这条线路上，还有一个被称为慢车喷嘴的校准孔。节流阀开大时，此处的微型文丘里管将不再存在。如图 3-1-3 所示。

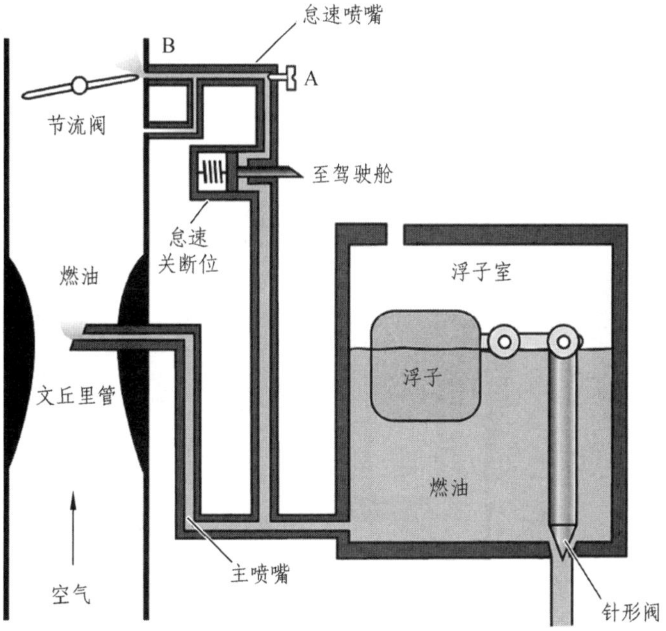

图 3-1-3　慢车喷嘴

蝶形节流阀下方的风道允许空气在进入主气流之前与燃油混合，从而使燃油雾化或乳化并有助于汽化。

调节螺钉（图中 A）允许对来自怠速喷嘴的流量进行微调，以提供低速运转所需的正确空燃比。这个螺钉称为怠速混合气控制螺钉。

作为替代方案，可以在图中 B 处安装一个螺钉，以便调节乳化后的燃油，而不是在 A 处调节纯液态燃油。怠速喷嘴如图 3-1-4 所示。

图 3-1-4　怠速喷嘴

5. 压力平衡管（PBD）

浮子室与发动机罩内相对静止的空气相通。而发动机进气口受高度、飞机姿态和温度的变化影响，所有这些都会通过文丘里管影响并引起压力变化，文丘里管又通过浮子室和进气压力之间的差异来影响空燃比。

为了解决燃油流量变化的问题，采用了压力平衡管，将浮子室通风管延伸至进气口。进气中发生的任何变化都会立即在浮子室中感受到，因此可以保持与进气管中空气流量相对应的正确的燃油流量（见图 3-1-5）。

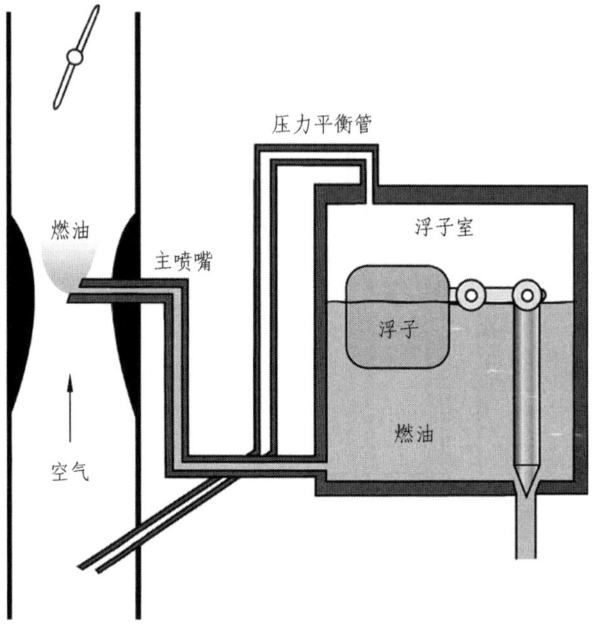

图 3-1-5　压力平衡管

6. 混合比控制

有两个原因需要控制油气混合比：驾驶飞机以获得最佳燃油经济性；补偿飞机高度的变化。

（1）高空混合气控制。

先看看海拔高度。如果飞机以固定的油门来爬升，进入进气通道的空气压力将降低，进而降低发动机的充填量。请记住，空燃比是质量的函数，即巡航时 14 kg 空气与 1 kg 燃油的比值。

尽管空气的质量流量随着海拔的升高而减小，但空气的体积不变。正是由于空气流过文丘里管，导致压差的变化，进而决定燃油供应流量，在这种情况下，混合气将随着海拔的升高而变富油。

为了解决这个问题，空气从压力平衡管道中引出，通过控制阀进入扩散器上方的喷油管。通过控制阀的空气量将直接影响压差，从而导致燃油流量减少，以保持理想的 14∶1 比率。在高空时由于气缸的充填量的影响总体上会降低容积效率，因此，当固定油门爬升到一定高度时，动力就会下降。

混合气控制阀如图 3-1-6 所示。

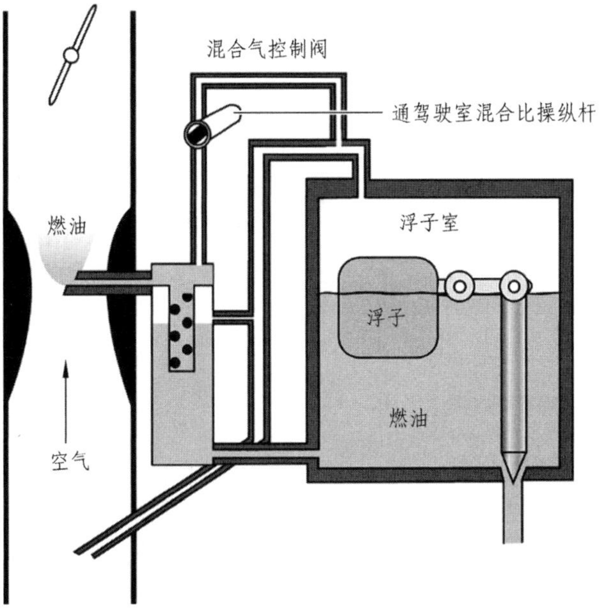

图 3-1-6　混合气控制阀

（2）燃油经济性的混合气控制。

以固定的油门设置和稳定的高度飞行时，飞行员可以选择 14:1 的富油状态巡航、或以 17:1 的贫油状态巡航。巡航时混合比由飞行员使用混合比操纵杆（见图 3-1-7）选择，它允许更多的空气进入喷油管，从而减小压差，进而减少燃油流量。这将导致发动机功率输出的小幅度下降，但作为回报，混合气燃烧温度会更低，耗油率也会更低。

图 3-1-7　混合比操纵杆

7. 完整的汽化器系统

当所有系统组合在一起，汽化器如图 3-1-8 所示。该汽化器包含以下部分：浮子室、节气门（蝶阀）、主喷油嘴、加速装置、节油装置、怠速系统、通气装置。

二、结冰和防冰

1. 汽化器进气通道结冰

结冰是燃油计量装置存在的问题之一，浮子式汽化器是受影响较大的装置。

汽化器结冰导致汽化器进气口积冰逐渐积累，从而限制气流流动，使得空气/燃油混合气比例失衡，进而导致运转不平稳、功率降低，在极端情况下还会导致发动机故障。

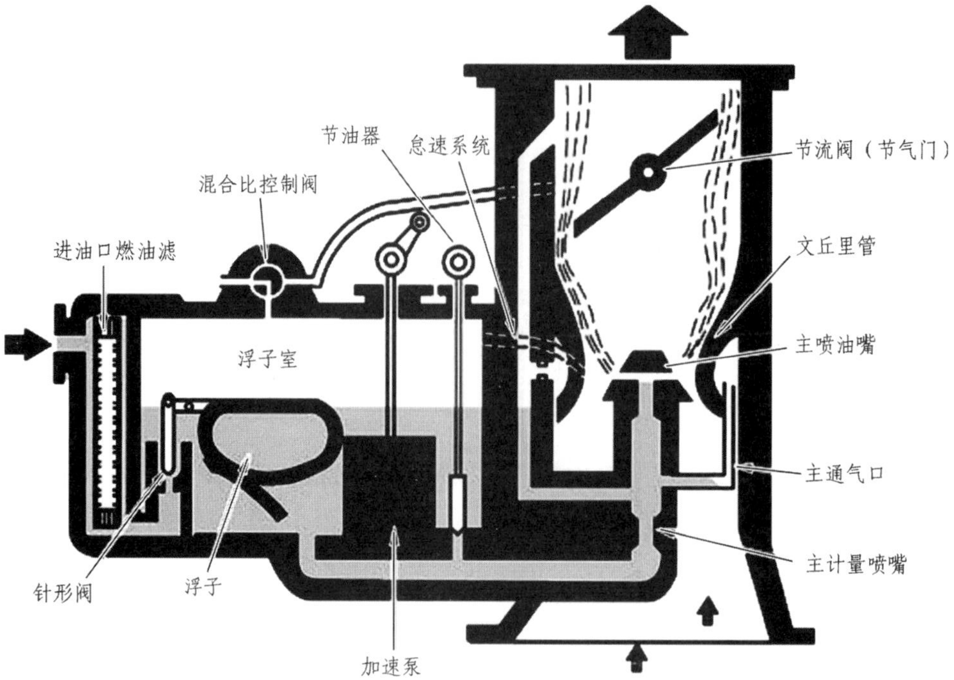

图 3-1-8　完整的汽化器系统

燃油排入汽化器入口文丘里管的低压区时，它会迅速汽化。当汽化发生，将冷却汽化器周围的金属部件。如果空气中的水分含量很高，并且金属部件低于 32°F(0 °C)，那么就有了汽化器结冰的条件。

基本上，燃油计量装置会形成三种类型的冰：冲击结冰；节气门结冰；汽化结冰。

如图 3-1-9 所示显示了三种类型的冰的形成。如图 3-1-10 所示为汽化器结冰现象。

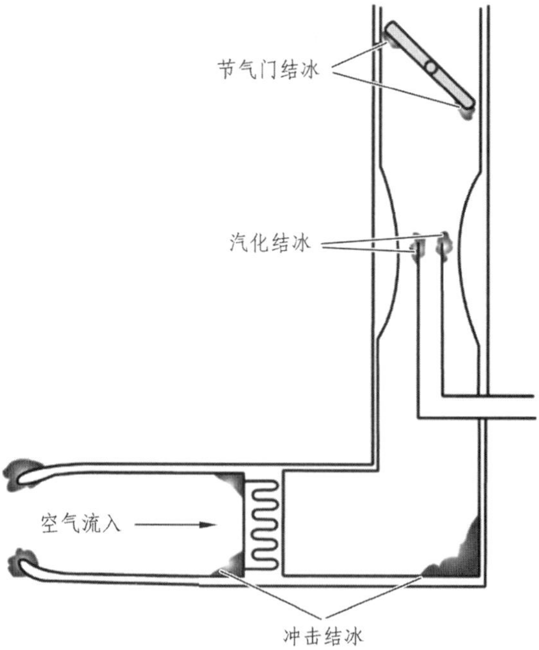

图 3-1-9　汽化器结冰形式

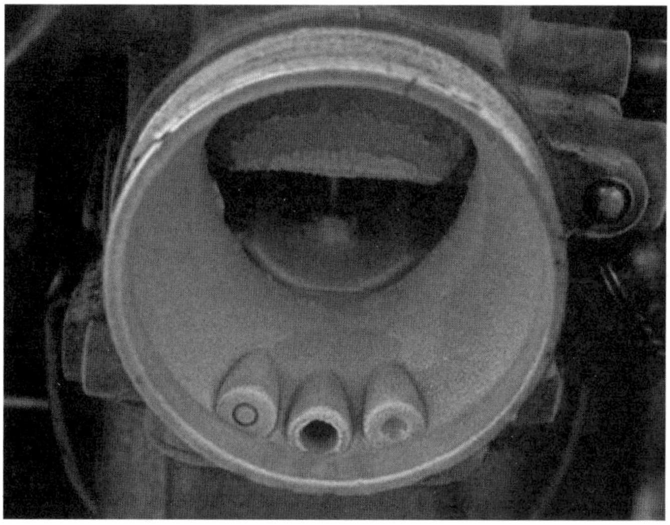

图 3-1-10　汽化器结冰现象

（1）冲击结冰。

冲击结冰基本上由水分引起的，水分悬浮在大气中，与汽化器的冷部件接触而结冰。

这种冰是在气温低、空气含水量高时形成的。空气冲击相对较冷的进气口时，将以类似于在机翼前缘等处形成的方式结冰。在进气唇口、进气滤和管道中的第一个弯曲处形成的冰，对气流造成限制，进而导致发动机功率损失。

（2）节气门结冰。

当节气门处于或接近关闭位置，就会形成这种情况。在节气门边缘和节气门阀体之间形成的文丘里管使空气的压力和温度降低，从而使空气中的水分在节气门阀体边缘形成冰。这个间隙变小，文丘里效应更大，所以会形成更多的冰。

（3）汽化结冰。

这种冰在化油器的喷嘴周围形成。当燃油掺混进气流，燃油发生汽化，汽化所需的热量从周围空气和化油器部件中吸取，这会导致潮湿空气的温度下降，并形成冰。

尽管燃油喷射系统相比其他计量装置更不容易结冰，但它们特别容易受到节气门阀体中冲击结冰的影响，这会影响文丘里管感应管路，进而导致发动机故障。

湿度在 60%以上、气温高于 0 °C 时也会形成汽化结冰。出人意料的是，最可能结冰的温度范围为 5～27 °C，因为此范围内的空气含水量高，再加上文丘里效应，节气门阀体边缘的温度可能下降 25 °C，而由于汽化，温度可能更是下降 27 °C 左右，这意味着空气中的水分很快就会结冰。

2. 防　冰

（1）热空气加热化油器。

在燃油计量系统中，防冰一般使用热空气。在某些情况下，来自发动机周围的空气被发动机加热后送入进气系统，而不使用经冲压效应的冷空气。在其他系统上，来自发动机周围的空气通过安装在排气管周围的加热器加热后用于防冰或除冰。通常热空气引入进气口是通过操纵类似于过滤/未过滤空气的活门或阀门来选择的。如图 3-1-11 所示显示了典型的进气系统，有冷、过滤、热三种选择模式。

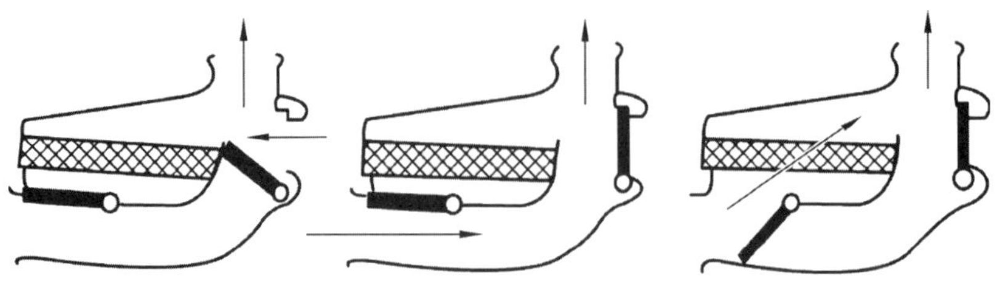

图 3-1-11　热空气、冷冲压空气和过滤空气的进气配置

通常由驾驶舱手动操作备用空气阀门来使热空气进入进气管。在某些安装方式中，它必须完全打开或完全关闭，因为如果温度在前面提到的危险范围内，部分热空气也可能导致结冰。其他一些装置允许不同程度的热空气进入，可选择部分打开备用空气阀门，这仅适用于装有进气温度传感器的系统。备用空气阀上有弹簧加载到关闭或冷空气位置，以便如果冷空气管道被冰堵塞，进气冲程产生的低压将被系统直接感应到，进而备用空气阀在弹簧压力下打开，这与驾驶舱选择无关，从而为燃烧提供空气。大多数轻型飞机的飞行员手册要求每飞行 15 min 就要选择热空气进气几秒钟。

通过备用空气阀从发动机周围获取的热空气通常来自气缸后部。大多数现代活塞发动机通过排气口周围的套筒将空气加热并引至备用空气阀，如图 3-1-12 所示。

然而，持续使用汽化器加热系统确实会产生其他问题，空气温度越高，密度越小，发动机性能随之下降。因此，汽化器加热的使用被限制在短时间内，这段时间只够让热量来除冰。

典型汽化器加热系统工作原理如图 3-1-13 所示。

图 3-1-12　排气管加热套筒

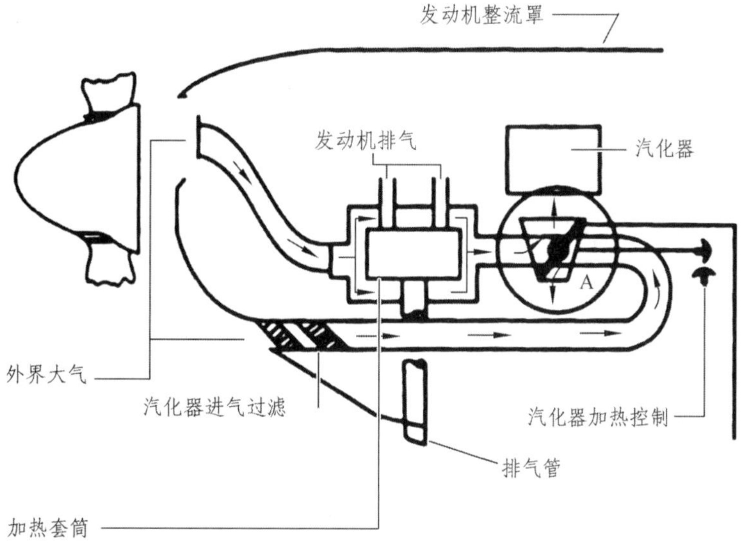

A–汽化器加热开启

B–汽化器加热关闭

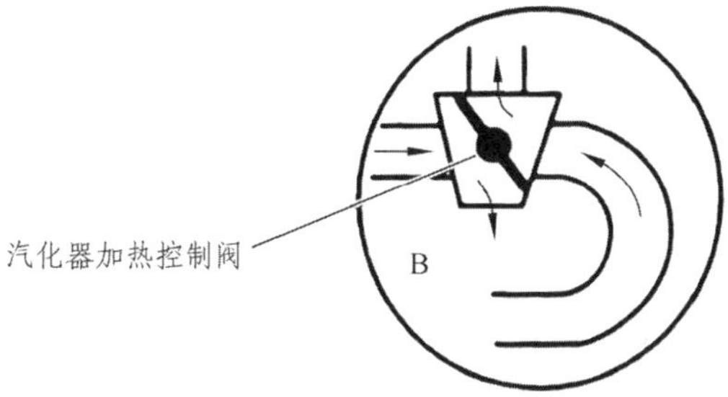

图 3-1-13　典型汽化器加热系统工作原理

（2）除冰液。

虽然不是很常见，但有些飞机装有液体除冰系统，以补充前面所述的空气加热系统。该系统包括：除冰液箱、泵、进气管中的手动或电动喷嘴。

该系统从驾驶舱内进行控制。含醇基的除冰液会加浓油气混合物。在高功率下，这是优势，但在低功率设置下，这可能会使混合物过浓，因此必须小心使用该系统。

任务二　压力喷射式化油器

1. 节气门阀体

该类型化油器节气门阀体的主要部件：节气门、文丘里管、喷油嘴。

飞行员操纵节气门控制通过文丘里管进入发动机的空气流量，文丘里管存在压降，计量好的燃油在节气门之后与气流掺混，如图 3-2-1 所示。

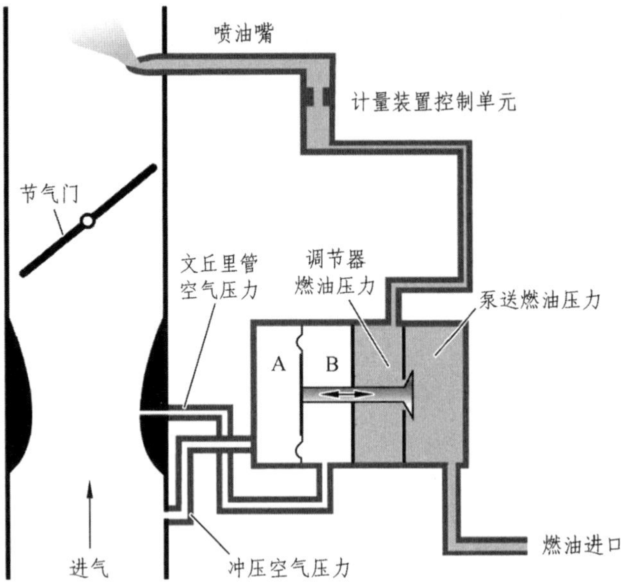

图 3-2-1 节气门阀体

2. 调节器

调节器由两个主要部分组成：一部分含有空气，另一部分里面有燃油。在空气段中，有一个隔膜连接到燃油阀的阀门杆，该阀门杆穿过空气段和燃油段之间的隔板。

大气或“冲压”空气压力从节气门输送到空气段 A 室，文丘里管的压力输送到 B 室。燃油段分为两个室，燃油阀控制两个室之间的开口。经过燃油泵的燃油进入燃油段的右侧腔室，而后通过燃油阀进入左侧腔室，这些燃油形成可调节的燃油压力，然后通过计量装置到达喷油嘴。

3. 工作原理

节气门打开时，通过节气门阀体的气流流量增加，导致文丘里管中的压降增大。

在腔室 B 中感受到较低的压力，导致空气隔膜从方向 A 到方向 B 弯曲。

当燃油阀的阀杆连接到隔膜上时，燃油阀将打开，允许更多的燃油流向调节燃油室，因此流向喷嘴的调节燃油流量将与通过节气门阀体的气流成比例。

当然，关闭节气门会产生相反的效果，导致空气隔膜从 B 到 A 弯曲，从而关闭燃油阀。

4. 混合比控制与空气质量流量

现在需要让压力喷射式汽化器补偿空气密度的变化。在调节器空气段的 A 室和 B 室之间的一个小的排气口使空气从 A 室流到 B 室，这是因为 B 室的压力总是比 A 室低。当空气通过文丘里管时，调节器仍然像以前一样工作，只是在这种情况下，燃油阀的作动幅度不会很大。这问题很容易解决，让阀门的初始开度稍微大一点，以提供和之前相同的燃油流量。

放气由一个对空气密度敏感的阀门控制，由一个膜盒压力传感器作动，这样在空气密度较低的情况下，膜盒膨胀，阀门开度增大，增加了 A 和 B 之间的通气量，从而减小了 A 和 B 之间的压差。然后，燃油阀的运动较小，为密度较低的空气提供较少的燃油。而减少放气量，则可以为更稠密的空气提供更多的燃油（见图 3-2-2）。

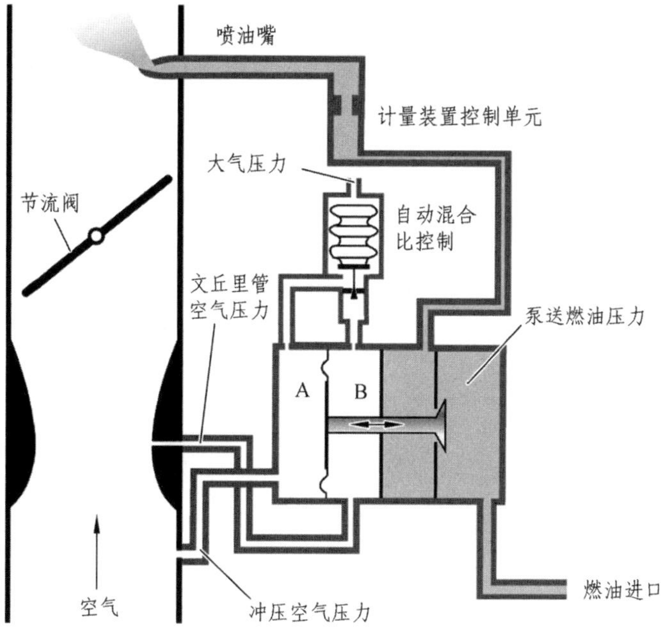

图 3-2-2　自动混合比控制系统示意

任务三　发动机电子控制

1. 发动机全权限数字控制（FADEC）

气缸燃烧室中的燃油空气混合物需要在正确的时刻点火，以确保发动机高效燃烧和提供动力。无论是老式的磁电机还是现代的全数字电子控制系统 FADEC，这都是由点火系统完成。出于安全原因，点火系统不依赖飞机电气系统。它是双余度，每个系统各控制一个气缸内两个火花塞中的一个。

发动机全权限数字控制系统（FADEC）与燃油喷射系统协同工作，只有这样才能发挥其优势。

这是一个复杂的点火系统：FADEC 是包含传感器测量参数（如进气压力 MAP，缸头温度 CHT，排气温度 EGT，发动机转速 RPM，大气压力和滑油压力等）的微处理器控制下的点火系统。它控制燃油喷射和点火正时，以充分优化发动机的输出功率。

因为需要备用电源，这些系统在原来的电气系统基础上增加了相当复杂和更多的电缆。该备用电源在飞行过程中必须通过特殊的肖特基二极管（低压降型）以保持完全充电状态，并始终监控充电情况。

系统增加了驾驶舱控制装置，并为燃油泵、初级和次级 FADEC 电源和保险丝提供了额外的开关来进行保护。因为由 FADEC 来控制混合气的燃油喷射和正时，所以不再需要混合比控制装置。

配备 FADEC 的发动机如图 3-3-1 所示。

图 3-3-1 配备 FADEC 的发动机

2. FADEC 的优势

（1）计算机控制。

发动机控制单元（ECU）使用 3D 内存映射来控制燃油喷嘴在不同环境条件下喷射正确燃油量，每秒进行若干次调节。电子控制单元感受测量大气压并以此补偿喷油量，混合比控制是自动完成的。

（2）调节点火时刻。

火花塞的点火正时（提前点火）也可根据发动机的转速和节气门设置进行调节。这种可变点火正时可以使发动机在可变负载下更快起动和更平稳工作。

起动 FADEC 发动机只需要按下起动按钮，不会产生起动卡滞和不间断地耗电。电子控制单元会考虑所有的变量来延迟点火，并调节每个气缸的喷油量，以便于更容易起动。

（3）燃油喷射。

使用这个系统可以取消化油器。这是很大的优势，因为不会再出现化油器结冰的现象。

（4）无气塞。

由于采用高压燃油系统，因此不会产生气塞，即使热起动燃油喷射发动机也没有问题。

（5）节省燃油。

依托 FADEC，发动机每个气缸获得正确的燃油量，火花塞在正确的时刻——如 RPM、油门设置、环境温度和压力——点燃。这样可以节省高达 15%的燃油，使发动机更容易起动，运转也更平稳。

3. 典型 FADEC 布局

电子控制单元（ECU）独立控制通道。

（1）双通道。

FADEC 系统完全冗余，围绕两个独立的控制通道来构建。双输入、双输出和从一个通道到另一个通道的自动切换避免产生任何停车故障。

（2）通道选择。

ECU 将始终根据故障优先级列表选择“最健康”的通道作为激活通道。故障优先级列表包含严重故障，如处理器、存储器或电源故障。在发动机运行状态期间，ECU 内的每个通道将根据其自身的健康状况和交叉通道健康状况的比较，每隔 30 ms 确定是处于激活状态还是待机状态。如果某个通道的运行状况比另一个通道的运行状况好，则该通道可以变为激活通道；同样，如果其运行状况不如另一个通道的，则该通道也将变为备用通道。如果两个通道具有相同的运行状况，则将在每次发动机停车时进行主/备用通道之间的交替，备用通道将在下次起动时变为主通道。如图 3-3-2 所示。

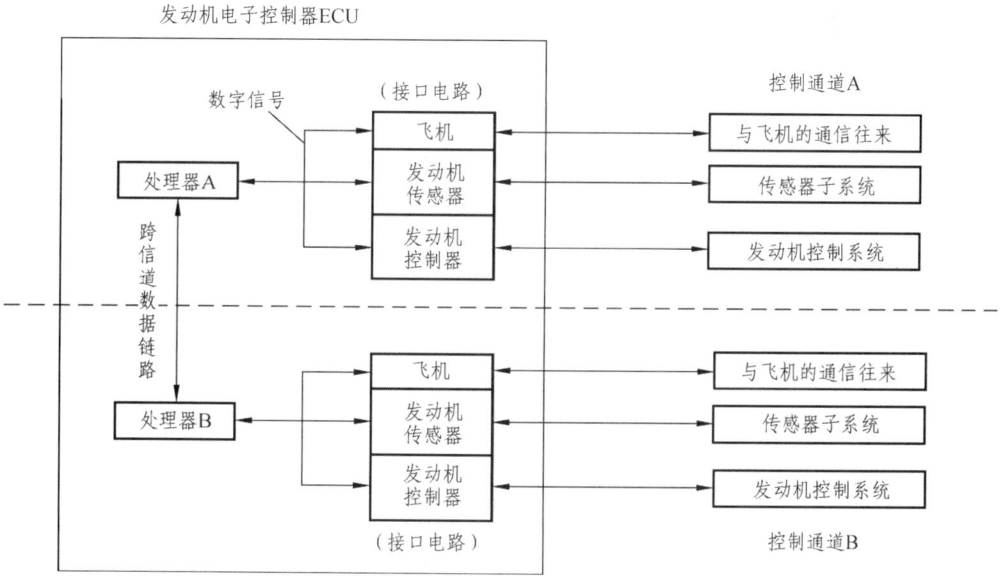

图 3-3-2　电子控制单元双通道原理

（3）通道切换。

假设另一个通道具有相同或更好的运行状况，则在发动机停车后进行主/备用通道切换。

（4）双输入。

FADEC 系统的所有指令输入都是双余度的，为了提高系统的容错性，会在两个控制通道之间交换数据参数。

（5）硬接线输入。

飞机计算机和 ECU 之间通过数字数据总线传输来交换信息。此外，计算机不工作时信号也可以从飞机上直接接线来获取。

（6）双输出。

所有的 ECU 输出都是双余度的,但只有激活通道将发动机控制信号提供给各种作动器，如转矩电机、执行机构或电磁阀。

（7）故障安全控制。

如果备用通道出现故障，且激活通道无法确保一台发动机正常工作，则将进入故障安全控制模式。

（8）主要接口、传感器和发动机限制。

ECU 为了执行其所有任务，直接或通过发动机接口监控单元（EIMU）与飞机计算机连接，利用了飞机左右侧大气数据计算机提供的数据，特别是环境温度、大气总温、静压和总压。所有这些都需要确定下来以确保设定的功率在各种环境条件下能保持恒定，并且不超过功率和温度的限制。

项目四　起动和点火系统认识与检查

活塞发动机的曲轴在外力作用下开始转动到发动机自动怠速运转的全过程，称为发动机的起动过程。

为了保证发动机能够良好起动，需要两套独立的系统。首先，应有设备对曲轴进行带转，使活塞能够上下运动，气缸内吸入可燃混合气，活塞将其压缩并使用点火系统点燃，混合气燃烧膨胀产生强大的动力，推动活塞运动并带动曲轴旋转，发动机才能自发进入工作循环。这便是本次任务所需要认识的起动系统与点火系统。

通过项目四的学习，学员应完成以下目标：

（1）能够描述电气起动系统的结构与运行过程，了解典型故障及处理方法；

（2）了解磁电机系统的结构特点和工作原理；

（3）能够描述典型点火线束与火花塞的结构特点，知晓火花塞的一般检查和维护流程；

（4）了解活塞发动机点火系统的地面检查概念；

（5）能够实施活塞发动机点火系统检查工作。

工作任务单 4　活塞发动机点火系统检查

实践任务	点火系统检查		
工作须知	（1）在执行任何具有潜在危险的操作时，必须佩戴适当的个人防护用品； （2）确保自己已阅读并理解实践任务工作说明； （3）完成每个工作步骤后都必须由操作者与监督者签名		
任务要求	此任务用于评估学员对航空活塞发动机点火系统组件的了解，必须在指定的时间内完成。任何不遵守安全程序的行为都将被评定为“不合格”		
序号	工作流程	操作人签名	监督人签名
1	确保工具清单中所列的工具可用，并处于可使用的状态		
2	按照恰当的 AMM 规定，拆除发动机整流罩		
3	拆下火花塞进行清洁和表面缺陷检查，测量火花塞电极间隙并执行功能测试。如果有必要可更换新的火花塞		
4	检查火花塞高压导线和陶瓷绝缘部分		
5	检查磁电机外壳		
6	检查触点断路器腔体及凸轮从动件		
7	检查断点间隙，磁电机正时和同步情况		

续表

序号	工作流程	操作人签名	监督人签名
8	检查节气门与油气比例混合轴		
9	检查磁电机开关和接地线		
10	重新安装并拧紧火花塞和高压导线		
12	在任务记录表中记录工作过程中发现的任何缺陷与缺失，以及处理措施		

工具清单

序号	描述	取用位置
1	点火正时灯	
2	E 型缺口工具	
3	火花塞插座	
4	火花塞间隙校正工具	
5	火花塞清洁剂	
6	通用手工工具	

任务记录表

序号	情况记录	操作人签名	监督人签名

任务一　起动系统

活塞式发动机起动机可分为两种类型：惯性起动机；直接驱动式电起动机。

1. 惯性起动机

（1）手摇惯性起动机。

虽然惯性式起动机的设计相当老旧，但它非常有效。主要部件由电动机和一个手摇曲柄组成，因此发动机可以通过手动曲柄起动。这种起动机后来被直驱电起动机所取代。然而，仍有少数类型的飞机带有惯性起动系统。这种类型起动机典型示例如图 4-1-1 所示。

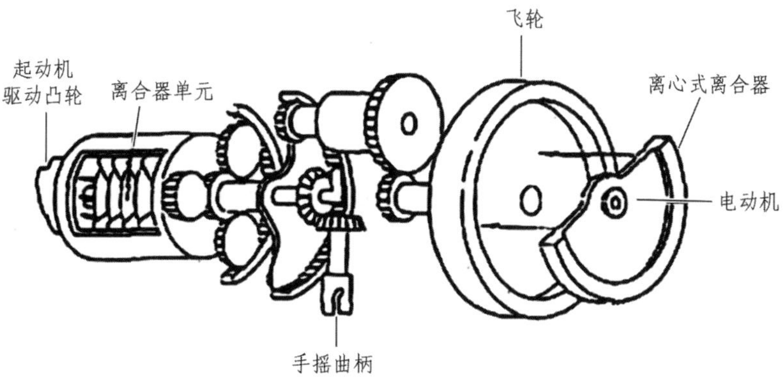

图 4-1-1　手摇惯性起动机

图例中，电机通过离合器驱动飞轮。当电机转动飞轮，手摇曲柄也转动。手摇曲柄转动时，离合器与飞轮分离，使曲柄继续转动，而不影响电机。

（2）电动惯性起动机。

这种类型的起动机与手摇惯性起动机原理相同，尽管仍保留手动操作，但在这种情况下，电机已取代了手摇曲柄。飞轮由电机加速至最大速度，发动机曲柄的啮合与手摇惯性起动机相似。

2. 直接起动

目前大多数小型往复式发动机采用直接起动法起动。该系统由两部分组成：电动机；齿轮部分。

与惯性系统的主要区别在于，直接起动法不需要飞轮总成，这是因为发动机是由电动机直接起动的。

一个简单的发动机起动电路如图 4-1-2 所示。

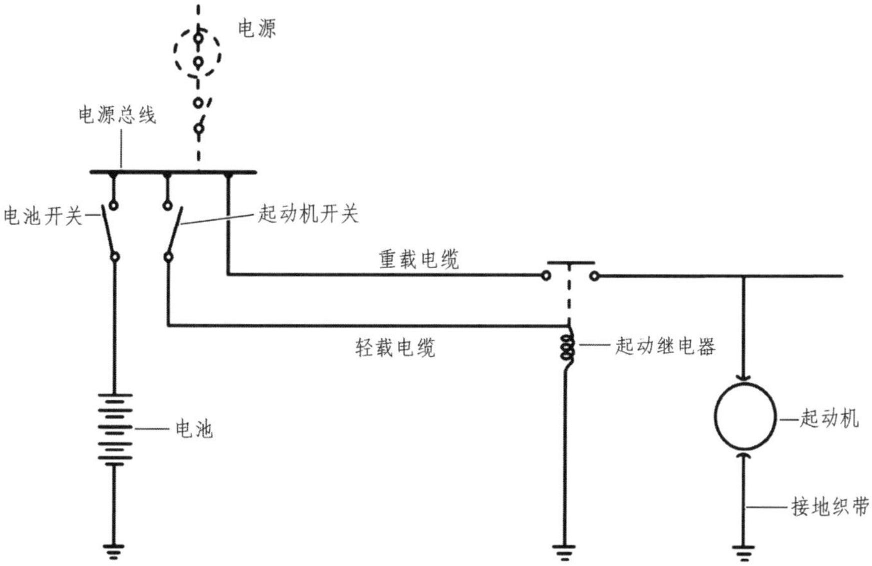

图 4-1-2　典型发动机起动电路——直接起动

此系统中的主要组件包括电池开关、起动开关、起动继电器、电起动机。

电源基本源于外部接地电源插头或飞机电池。地面电源可以是一系列独立的电池或地面电源单元（GPU），连接到飞机的直流汇流条，以防止使用飞机电池。但此时，电源仅提供给直流汇流条，这样就带动了起动继电器。

（1）起动继电器。

从蓄电池到起动机的主电缆负荷很重，根据发动机的起动扭矩，在某些情况下，主电缆的电流可能超过 300A。把这样的电缆接到起动开关上是不切实际的，因为会使整个系统的电负荷加重，并产生较大的电路电压降。

通过使用起动继电器，只需将负载较轻的电缆布线到起动开关中。这些电缆仍然接收直流电源，但操作一个远程继电器，该继电器闭合大负荷电缆上的触点，从而允许电源直接从直流总线传输到起动机。

如图 4-1-3 所示，起动继电器可以看作一个低电流控制电路运行或激发一个电磁线圈，该线圈吸引可移动接触器向下移动，从而闭合高功率电路上的触点，允许电源通过起动机。一旦起动循环完成，低电流电路断开，脱开的线圈在弹簧的辅助下，允许触点断开，从而防止电流流入起动机。

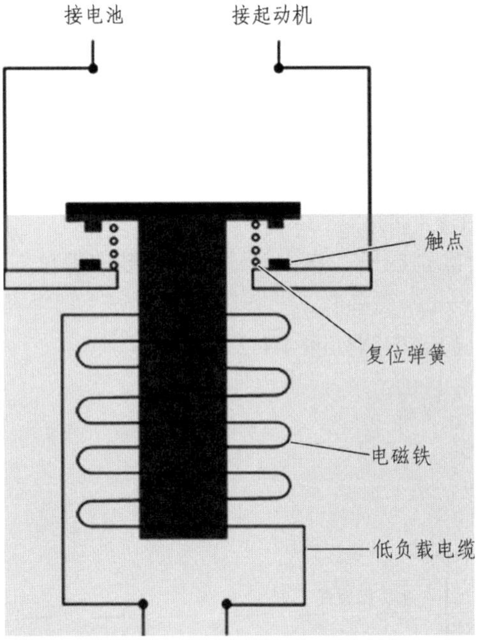

图 4-1-3　起动继电器

然而，经验表明继电器触点有时会卡在闭合位置，有可能也会产生轻微的火星，一旦起动电缆过热，起动电机就会烧坏。为了解决这个问题，采用一些其他方法来禁用起动电路：在起动继电器触点串联手动起动隔离开关；提供两个串联起动继电器。

（2）接地线。

在大多数情况下，机身在典型的电气系统中被当作负极。为了使起动机有效地工作，它必须与飞机结构连接起来。这是通过使用接地装置或接地线实现的。如图 4-1-4 所示。

实际上，接地线要保持最短：通常将引线从起动机主体连接到机身上的相邻点来实现，起动机仅连接到发动机上的螺栓并不足够。

选择正确的接地线材料非常重要，使用无害材料可能会由于接地接头处的电化学作用而导致局部腐蚀。使用中最常见的接地部件由铝合金制成，铜合金则可用于将不锈钢、铜、黄铜或青铜制成的部件接地。

为确保进行有效的低电阻连接，在连接接地端之前，应清除导线的绝缘表面、油漆和阳极氧化膜。接地点的高电阻将在起动系统中产生不良的影响，导致电缆和起动电机过热。

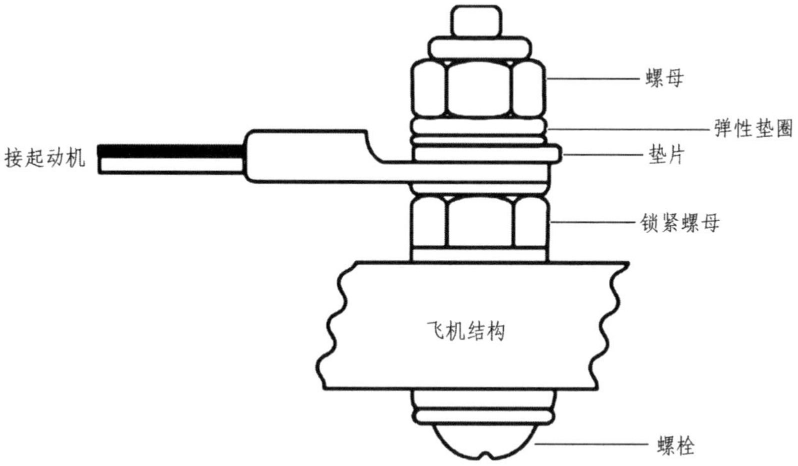

图 4-1-4　电起动机接地

必须注意的是，在接地连接完成后，已还原为裸金属的导线表面必须涂上某种形式的保护涂层，通常使用蓝色油漆来覆盖受影响区域，也用作接地点的标识符。

3. 故障排除和维护

这些信息在本质上必须被视为一般信息，并不反映任何特定类型的发动机。发动机起动系统的检查和维护应始终参考飞机维修手册。

起动系统不能正常工作可归因于以下原因：电源，即电池状态；起动控制开关；起动继电器；电气线路；起动电机-机械或电气故障或接地不良。

蓄电池必须充满电，以确保起动马达运转良好。起动机转动缓慢也表示电池电量低。对于这种情况，最明显的补救办法是更换电池，如果飞机有相应设备，则连接外部电源。

如果涉及起动机控制开关、起动机电磁阀和电路，则应由合格人员对这些部件和接线的完整性进行调查。如果所有的部件和电路都被证明没有问题，那么故障就在起动电机本身。

电起动机中最常见的故障是电刷磨损或起动机电机内的换向器脏污。起动电刷通常在磨损一半时更换，并在定期维护检查期间检查电刷的状况。

脏污的换向器可以用非常细的砂纸仔细清洗，注意不要损坏换向器上的绝缘层。不过，最好的办法是把电动机送到检修机构进行全面检修。

电气元件和电子电路不是唯一的故障来源。机械部件也可能磨损，磨损超出限制等也可能是故障的原因。

任务二　磁电机的类型、结构和工作原理

一、磁电机类型

每个磁电机都有一个旋转部件，用于改变流经电枢的磁通量。这种类型的磁电机以其旋转部件的形式命名，主要有两种类型：旋转电枢式和旋转磁铁式。

1. 旋转电枢式

一种应用广泛且可靠性高的磁电机，其中电枢在固定马蹄形磁铁两极之间磁场中旋转，触点断路器和电容器固定在电枢上并随之旋转，如图 4-2-1 所示。

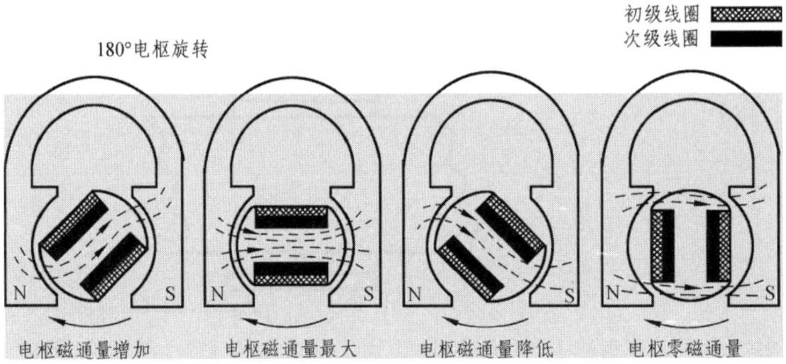

图 4-2-1　旋转电枢磁电机

缺点：

（1）每旋转一周产生两次电火花，不能改变，因此只适用于小型发动机。

（2）绕组、电容器和断路器都要旋转，因此会受到离心力的影响。

（3）高压电必须用碳棒从转子上的滑环中输出，并通过第二个电刷输出到分电器。

除了在发电上的差异，使用这种类型磁电机的点火系统的操作和维护与旋转磁铁式的相同。

2. 旋转磁铁式

旋转磁铁式磁电机的永磁体在电枢铁心（称为极片）的延长部分之间旋转，其他部件都固定，这是现在使用最广泛的一种磁电机。这里以一个基本的两极磁铁来描述旋转磁铁的工作过程，如图 4-2-2 所示。

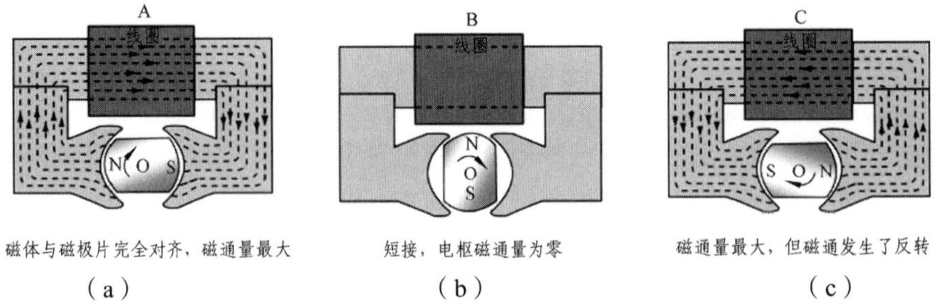

图 4-2-2　旋转磁铁式磁电机工作过程

假设磁铁顺时针旋转，（1）在图 4-2-2（a）中，磁铁与极片完全对齐，从 N 极通过电枢铁心到 S 极的磁通量最大，并且电枢周围的磁场最大。

（2）在图 4-2-2（b）中，磁铁已转动 90°（至中性位置），磁力线通过极片短接，电枢磁场为零。

（3）在图 4-2-2（c）中，磁铁通过中性位置旋转时，其磁极开始与极片对齐，磁通开始通过磁心，但方向相反，即磁通发生了反转。磁通量随着磁体的转动而增加，直到在下一个周期重新开始，它再次处于最大值。

很明显，磁铁旋转一圈会产生两次磁通反转。这些磁通反转非常重要，因为此时会产生最大的一次电流。磁线圈与磁铁如图 4-2-3 所示。

图 4-2-3　磁线圈与磁铁

二、磁电机部件

1. 点火开关

开关一般安装在仪表板比较明显的位置，以便飞行员或无人机地面站工作人员操纵发动机。

配装单台发动机的飞机，通常采用两个单独的拨动开关或单个旋转开关的形式。拨动开关被标记为 L 和 R，拨动开关在“ON”时，开关打开，而旋转开关有四个位置，清楚地标记为“OFF-L-R-BOTH”，如图 4-2-4 所示。除了控制相关的点火系统外，开关还用于起动和运行发动机时的系统检查。

现代飞机发动机要求有一个双点火系统，即两个独立的磁电机为每个气缸中的两个火花塞提供电流。一个磁电机系统向一组火花塞提供电流；另一个磁电机系统向另一组火花塞提供电流。因此，点火开关有四个位置：OFF、L、R 和 BOTH。

图 4-2-4 磁电机点火开关

当开关处于“L”或“R”位置时，只有一个磁电机提供电流，每个气缸中只有一组火花塞点火。当开关处于“BOTH”位置时，两个磁电机都提供电流，两个火花塞都在点火。

当开关处于除了“OFF”位以外的任何位置时，磁电机是“带电”的，此时很危险，特别是在发动机关闭一段时间后，仍处于热车状态并且可能存在燃油蒸气。这就是为什么在对磁电机开关位置进行物理检查之前，切忌用手扳转螺旋桨的原因。

2. 触点断路器（CB）

该组件是点火系统中电荷负载最大的组件，由安装在底板上的一对触点组成。一个固定在磁电机体上并接地，另一个是可移动的，与磁电机绝缘，通过将触点固定在一起的钢板弹簧与一次绕组相连。尖端镶有铂，可抵抗点蚀、燃烧和连续快速操作的机械敲击。如图 4-2-5 所示。

凸轮固定在磁轴上，它有两个凸起，因为旋转一周有两次磁通反转，因此需要两次 CB 点分离。CB 组件安装在凸轮附近，以使凸轮在旋转时能够接触到固定的非金属块，从而克服钢板弹簧的压力将触点分离。这种分离发生在磁铁过了中性位置之后。

凸轮的进一步旋转允许这些点在磁体的全通位置闭合，直到下一个凸轮凸起位置。

假设一台六缸发动机以 3 000 r/min 的转速旋转，CB 必须以 9 000 次/min 或 150 次/s 频率进行。在弹簧和触点表面上产生的应力非常高。

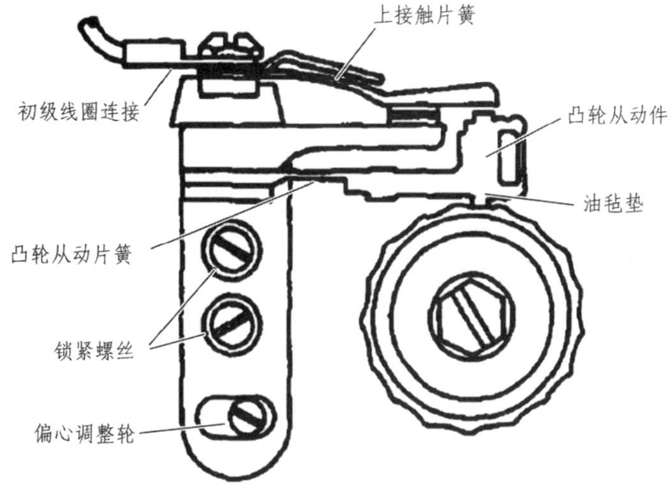

图 4-2-5　触点断路器结构

3. 分电器

该组件包括两个部件（转子和壳体），均由非导电材料制成，设置在转子内的是从中心到电刷的金属导电通道。对于多气缸发动机，有许多等间距的金属部分围绕着壳体，并处于同一平面上。组装时，转子电刷的凸耳也位于同一平面，旋转时，转子电刷依次通过但不接触每个部分。每个部分都连接到模块外部的电路，正是通过这些电路上的电缆将高压电引至火花塞。

在磁电机的作用下，转子在一个旋转过程中，将火花分布到发动机的每个气缸。在此期间，四缸发动机的曲轴必须旋转两圈。由于分电器由曲轴驱动，这意味着分电器转子总是以发动机转速的一半旋转。

简单的两极磁电机及分电器部件如图 4-2-6 所示。旋转臂固定在齿轮的中心，齿轮与安装在磁铁轴上的另一个齿轮啮合。选择这些齿轮的传动比，从而使转子转速无论磁铁轴相对于发动机的转速如何，都是发动机转速的一半。这就是为什么转子齿轮通常被称为“半速轮”的原因。

图 4-2-6　简单两极磁电机

三、磁电机使用注意事项

1. 磁电机通风

磁电机及其部件在飞行过程中会受到温度和压力变化的影响，因此它们很容易因水蒸汽冷凝而结冰。如果磁电机内部变湿，转子/磁极间隙上的高压电流就可能传递到别处或磁电机外壳。这种现象称为“电机跳火”，当火花蒸发水分并燃烧分布在非导电表面的污垢颗粒时，通常会留下细小的碳迹。碳迹是导致哑火和功率损失的原因。

在分电器部件上的正常放电导致其表面产生不可避免的腐蚀。在潮湿的环境中，放电也会产生腐蚀性气体，腐蚀金属并留下高电阻的沉积物。

为了减少这些影响，所有的磁介质都应通风和排水。通风必须考虑到发动机罩内存在易燃蒸汽的可能性。通过细孔纱网覆盖通风口，可防止因磁火花引起的火灾。

2. 磁电机转速

四冲程发动机的每个气缸中，曲轴每转两圈就需要点火一次。气缸的数量越多，磁电机旋转的速度就越快。

四、磁电机安装

磁电机位于发动机后部，通过法兰或“安装座”安装，其位置和驱动方法取决于发动机类型。水平对置发动机常见的布局如图 4-2-7 所示。

磁电机连接到曲轴上，该轴由发动机机匣中的轴承支撑，曲轴通过一定传动比的齿轮传动，确保磁电机转速正确。

图 4-2-7　磁电机安装位置

机匣的每一侧都有一个加工面（或衬垫），磁电机每侧都有一个相隔 180 °C 的弯曲槽法兰。槽与衬垫中的两个螺柱啮合，并由螺母和一些锁定装置来固定磁电机。

五、点火正时

点火正时用于确定在混合气点火时活塞的正确位置，一般在上止点（TDC）之前点火。火焰通过燃烧室传播时，剧烈的热量使气缸内的压力增大到峰值，峰值位置超过 TDC 约 10°。这个压力推动活塞向下运动，这个过程称为四冲程循环的做功冲程。因此，火花塞在每个循环中产生电火花点火的正确时刻很重要。

如果在点火时刻之前达到峰值压力，曲轴产生的扭矩很小，但轴承承受的负荷很重。如果在这一点之后达到峰值压力，不仅由于活塞上方容积的增加，造成气体压力损失，而且实际工作行程（功率）也会减小。

在分析点火正时的时候，其他必须考虑到的因素分别是发动机转速；歧管压力；混合比。

（1）发动机转速。

发动机运转得越快，在进气燃烧所需的时间内曲轴转动的弧度就越大。因此，随着发动机转速的增加，正时需要逐步提前。随着发动机转速的降低，点火正时应推迟。

（2）歧管压力。

气体的压力越大，燃烧越快。因此，在歧管压力高的情况下气缸中混合气比在低歧管压力下燃烧更快。为了防止此峰值压力位置随着歧管压力的增加而移动，点火正时应逐步推迟。

（3）混合气的贫富油程度。

恰当混合比会使混合气燃烧得快，与最佳混合比相比，混合比的任何变化都需要提前点火正时。

然而，这些因素有相互抵消的趋势（例如，高发动机转速通常意味着高歧管压力和富油混合气），但抵消量并不能准确确定。在低功率发动机运行期间对点火正时进行轻微调整所获得的增益通常太小，因此不必考虑。然而，在更大的发动机上，这种增益值得考虑，点火正时可以通过改变点火时刻以适应所有这些条件。

为了确保在正确的时间点火，大多数发动机都在曲轴箱中做正时参考标记。这些参考标记可以是槽口、箭头或普通划线的形式。旋转的曲轴或螺旋桨法兰也将有一个相应的标记，用于指示上止点，同时有一个标记指示活塞（通常为 1 缸活塞）的正确位置，以便点火。

两个参考标记对齐时，称为点火正时，可表示为 TDC 之前的 x°转角。TDC 前的实际位置将由制造商确定，经过许多严格的测试，以确保点火正时使发动机产生最大输出功率。点火正时标记的示例如图 4-2-8 所示。

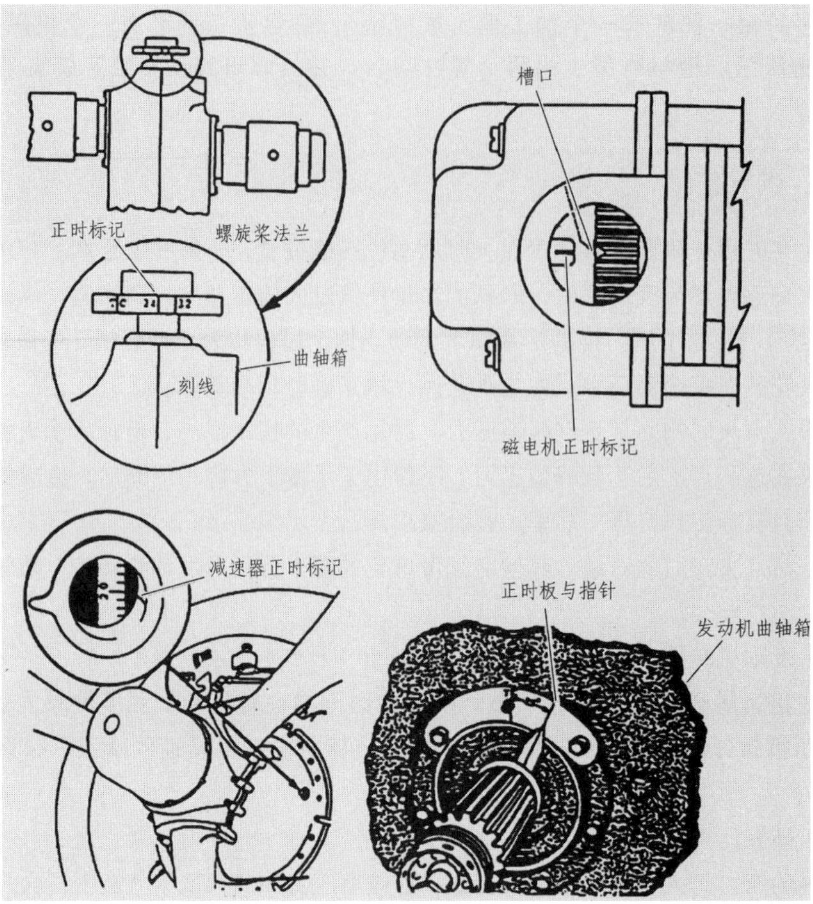

图 4-2-8　典型点火正时标记

任务三　点火线束、火花塞

一、点火线束

这类电缆包含一根绝缘的单芯电缆，可承载 12 000 V 的电压。结构因制造商和设计年限而异，但通常按如图 4-3-1 所示制造。

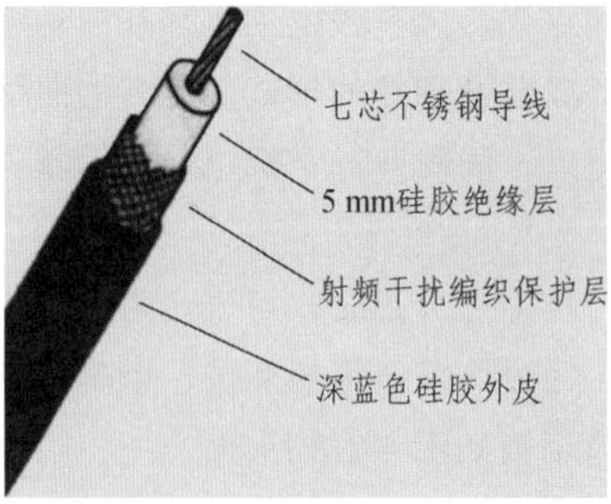

图 4-3-1　典型点火线束结构

二、火花塞

1. 结　构

航空发动机火花塞有很多种形状和尺寸，它们都是相似的结构。典型的形式如图 4-3-2 所示。

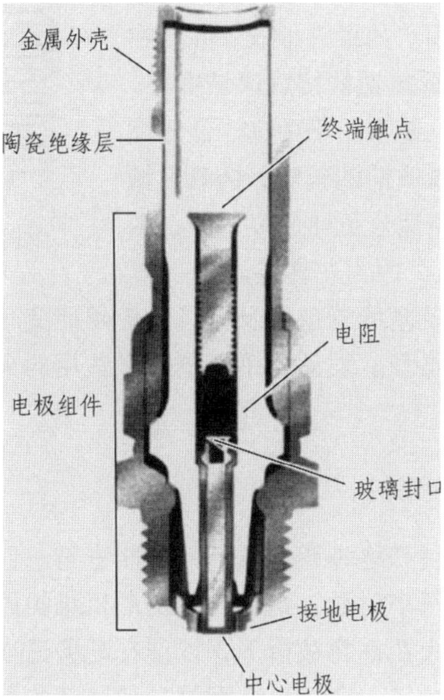

图 4-3-2　典型火花塞结构

（1）塞体，由高强度钢制成，有时镀铜以防腐蚀，并采用标准六角形套筒或旋转扳手进行拆卸。

（2）塞体螺纹，采用紧配合公差螺纹，直径以 mm 表示，例如 12 mm、14 mm 或 18 mm。

（3）密封垫圈，确保了螺纹的气密性，而且通常由铜制成。

（4）隔波套管，这是火花塞的附属部件，用于对高压导线的屏蔽。

（5）接头螺纹，用于连接将高压引线固定至火花塞的套筒螺母。

（6）接地电极，有一个或多个，可以是镍合金，也有可能是铂或铱合金制成。

（7）中心电极，将高压脉冲从套管内的触点传导到火花塞头。

设计时要考虑热膨胀。下端通常是镍合金。有时它包含一个电阻，有助于减少电极腐蚀和调节点火峰值。

（8）陶瓷绝缘体，支撑和隔离中心电极。

在制造过程中，将其固定并密封在火花塞体中。在外端延伸时将火花塞导线与周围的金属套管绝缘。陶瓷是非常易碎的耐热材料。

（9）火花塞进入气缸的距离。

“触及范围”的定义：从密封垫圈底面到火花塞头部的距离。它确保电极处于点燃燃烧室内混合物的最佳位置。

一些老旧的火花塞可能为“可拆卸”的火花塞。也就是说，出于便于清洁目的，可以从塞体上拆下套管。套管绝缘材料可以是云母或陶瓷。

术语“热值”也常用于火花塞，用于衡量火花塞将热量从中心电极和绝缘体传递到火花塞体和气缸头的能力。火花塞必须在足够高的温度下工作，以烧掉在前端形成的污垢沉积物，但温度不能太高，否则可能导致提前点火。绝缘体前端的长度决定了这个“热值”的范围。如果它很长，并且在绝缘体和火花塞体之间传导热量的接触区域很短，那就是所谓的“热”塞头，通常用于中速、低压缩比发动机。相反，如果绝缘体前端较短，接触区域较长会形成“冷”塞头，更适合更热的发动机。图4-3-3 展示了一个相当“热”的火花塞头。

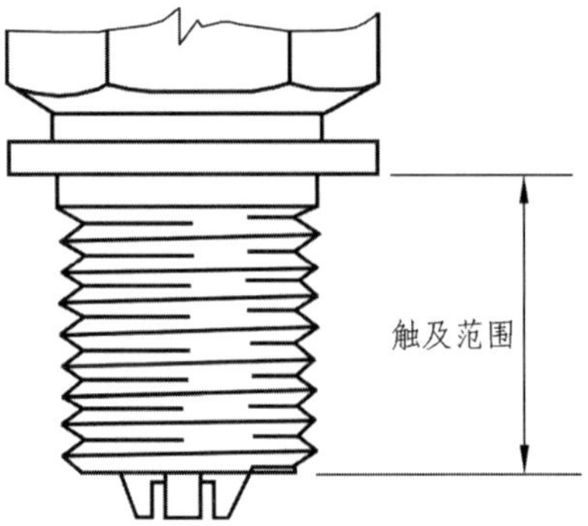

图 4-3-3　火花塞触及范围

所有这些因素都随火花塞的制造商及其具体应用而变化，因此只能安装经批准用于该发动机系列的火花塞类型。发动机手册指定了适用的火花塞，在火花塞体上刻有标识。

2. 火花塞的检查和维护

火花塞的维修维护始终严格按照制造商的说明进行。假设没有计划外的拆卸，整套的使用寿命为特定的飞行小时数，这通常与发动机维护周期的某个时间点重合，当满足发动机的翻修周期，火花塞将被拆下，以便在配备适当的插头托架中进行维修。通常制造商在发动机上安装了一套经过全面维护和认证的装置，并在发动机运行时检查其功能。

以下是适用于不可拆卸火花塞维护的详细信息，更多内容将在其他参考资料中找到。这七个阶段，必须按照正确的顺序执行：检查；去油脂；清洁；二次检查；火花塞间隙设置；测试；储存。

（1）检查。

目视检查有无明显损坏、变形、绝缘体开裂、电极故障、腐蚀等。任何这些故障都将导致火花塞不能工作。

（2）去油脂。

使用批准的溶剂，但不完全浸没，这和清洁不一样。

（3）清洁。

只能在完全没有润滑脂的火花塞上进行，并且只能用于清洁火花塞头部。三种清洁方法：喷砂；化学清洗；振动清洗。

具体使用哪种方法取决于制造商的建议。完成此步骤后，检查火花塞内部并清洁套管绝缘体。

（4）二次检查。

针对初始检查发现的缺陷，尤其是电极松动和腐蚀，进行二次检查。任何缺陷或过度腐蚀都将导致火花塞不能工作。

（5）火花塞间隙设置。

在对火花塞进行电气测试之前，必须测量电极的间隙并将其与手册中规定的数字进行比较。根据电极结构，间隙用塞尺或通用量规测量。除径向电极外，仅在接地电极上仔细调整间隙，直到其在限制范围内。在使用中，火花塞间隙总是趋向于变大，因此工作的时候以最小值为目标，将间隙保持在极限范围内，使火花塞有更长的运行时间。如果径向电极的间隙大于上限，是不允许的。

如果间隙过窄，可能导致火花微弱，从而使得火花塞结垢和缺火。

（6）测试。

所有火花塞必须通过绝缘测试后才能使用。

（7）储存。

如果在维修过程中任何一套火花塞失效，则必须用相同类型的合格火花塞进行更换。然后整套设备进行防腐保护，并在一个可加热除湿的柜中短期存放。

长期储存或运输要求对火花塞单独包装，并在密封前用透明塑料管贴上识别标签，从中抽出空气。通常包装于坚固的盒子里，外面有标识和经过认证的可使用标签。

3. 火花塞安装

与火花塞拆卸一样，这是一项定期维护操作，只能在冷却的发动机上进行。这样可以避免损坏火花塞或气缸头。

（1）安装前工作。

① 清洁火花塞前端的防锈剂，擦拭滤网绝缘体，擦干火花塞并检查间隙。

② 确保安装了可维修且类型正确的密封垫圈。

③ 将防咬合剂（如石墨润滑脂）轻轻涂抹在火花塞上，避免涂在电极和垫圈表面。安装前避免污染。

④ 确保气缸头螺纹清洁。

（2）安装。

① 用手将火花塞拧入气缸头，直到垫圈接触到盖面。如果做不到，请确认螺纹的清洁度。

② 使用合适的扳手和扭矩扳手，将火花塞拧紧至手册中规定的力矩。为确保火花塞上没有侧向负载，需要支撑住扳手端。

③ 安装所有火花塞后，清洁导线端及其螺母螺纹，并确保滤网仍然干净。将导线端压入火花塞，将螺母安装到套筒上，仅用手指拧紧——很快就会感觉到交叉螺纹。使用合适的扳手进行最终拧紧时，确保弯头不会扭曲。如图 4-3-4 所示。

图 4-3-4　火花塞外部结构示意

（3）安装注意事项。

① 将火花塞安装到热发动机上会导致锁紧力矩随着发动机冷却而改变。

② 过度拧紧火花塞可能导致火花塞损坏。

③ 拧紧力不足可能导致火花塞松动、漏气和发动机效率低下。

④ 即使目视检查未发现任何缺陷，也不得安装掉落在坚硬表面上的火花塞。应将其退回进行适当检查：因为绝缘体可能已经破裂。

⑤ 切勿使用开口扳手拆卸或安装火花塞。

⑥ 在极少数情况下，如果必须更换火花塞，并且没有扭矩扳手可用，则应使用合适的套筒扳手或梅花扳手。

任务四　点火系统的地面检查

在大多数发动机维护工作被证明已正确进行之前，必须进行地面运转。有关适用于发动机的地面运行程序和预防措施的详细信息，请参阅维护手册，并且必须始终遵守这些规定。由于发动机在这些要求上有所不同，这里描述一个相当标准的程序，它适用于带有固定螺距螺旋桨的非增压发动机。按照操作顺序，将对新安装的火花塞和相关点火部件的功能进行全面检查。

第一次检查是在发动机起动并以推荐转速预热后进行：

（1）关闭一个磁电机，发动机应继续运转，但转速应稍有下降，再打开该磁电机。

（2）关闭另一个磁电机，其效果应与第一个磁电机相同，再打开该磁电机。

（3）短暂关闭两个磁电机，然后重新打开，发动机应该熄火，然后再发动起来。不要关得太久，否则会导致未燃烧的混合气积聚，当最终打开磁电机时，这种混合气可能会发生危险的爆炸现象。

在检查了两个磁电机都在工作，接地正常，并且开关工作正常之后，现在必须进行所谓的磁电机检查。这可确保火花塞在全油门操作的高压和高温条件下工作。

当达到滑油和气缸头的最低工作温度时，程序如下：

（1）观测节气门稳定地打开到最大值时发动机转速是否稳定。

（2）关闭一个磁电机，转速将降低，当转速稳定时，记录下降的转速，开关重新回到 ON 位。

（3）当转速再次稳定时，对另一个磁电机执行相同的程序。

只有一个磁电机运行时会导致功率和转速损失。制造商对可接受的发动机转速下降量设定了限制，如果检查结果超出这些限制，则要求进行调查。有时，通过进一步的发动机运转，可以减缓过大的转速下降。如果不成功，则怀疑一个或多个火花塞有问题，而且很难确定某个特定的故障火花塞，因此需要更换半套火花塞，然后重新运行发动机。

如果功率损失持续存在，则需要进一步调查。可能是发动机而不是点火故障造成的。即使在短暂地面运行后，拔出的火花塞中的绝缘体和电极上的沉积物颜色和类型也常常能提供故障的线索。

项目五 进气、排气与冷却系统认识与检查

活塞发动机的进气系统的主要功能是为发动机输送清洁、干燥、足量和稳定的空气以满足发动机的运行需求，防止空气中的杂质及大颗粒粉尘进入气缸燃烧室引起非正常磨损。

活塞发动机排气系统主要功能是排放气缸内的废气，同时也能减低排气污染，减小排气噪声。在某些活塞发动机中，这些废气也承担着加热空气、给进气增压的功能。

通过项目五的学习，学员应完成以下目标：

（1）能够描述发动机进气系统的结构与运行过程；

（2）能够描述发动机排气系统的结构与运行过程；

（3）知晓活塞发动机气缸冷却的主要手段；

（4）能够实施活塞发动机进气系统和排气系统检查工作。

工作任务单 5　活塞发动机进气系统检查

实践任务	进气系统检查		
工作须知	（1）在执行任何具有潜在危险的操作时，必须佩戴适当的个人防护用品； （2）确保自己已阅读并理解实践任务工作说明； （3）完成每个工作步骤后都必须由操作者与监督者签名		
任务要求	此任务用于评估学员对航空活塞发动机进气系统组件的了解，必须在指定的时间内完成。任何不遵守安全程序的行为都将被评定为“不合格”		
序号	工作流程	操作人签名	监督人签名
1	确保工具清单中所列的工具可用，并处于可使用的状态		
2	按照恰当的 AMM 规定，拆除发动机整流罩		
3	检查整流罩是否有损坏或无法继续使用的迹象		
4	拆下空气过滤器进行清洁与检查，之后重新安装或进行更换		
5	检查进气加热和备用空气系统的密封性，以及阀门、轴、轴承、磁铁和铰链的可用性		
6	检查进气歧管和软管的状态		
7	在任务记录表中记录工作过程中发现的任何缺陷与缺失，以及处理措施		

工具清单		
序号	描述	取用位置
1	通用手工工具	

续表

序号	描述	取用位置
2		
3		

任务记录表			
序号	情况记录	操作人签名	监督人签名

工作任务单 6　活塞发动机排气系统检查

实践任务	排气系统检查		
工作须知	（1）在执行任何具有潜在危险的操作时，必须佩戴适当的个人防护用品； （2）确保自己已阅读并理解实践任务工作说明； （3）完成每个工作步骤后都必须由操作者与监督者签名		
任务要求	此任务用于评估学员对航空活塞发动机排气系统组件的了解，必须在指定的时间内完成。任何不遵守安全程序的行为都将被评定为“不合格”		
序号	工作流程	操作人签名	监督人签名
1	确保工具清单中所列的工具可用，并处于可使用的状态。		
2	按照恰当的 AMM 规定，拆除发动机整流罩。		
3	检查整流罩是否有损坏或无法继续使用的迹象		
4	检查排气歧管		
5	拆下消声器护罩，检查消声器并重新安装护罩		
6	检查消声器内部的挡板锥体是否安全		
7	检查机舱加热软电缆的状态		
8	在任务记录表中记录工作过程中发现的任何缺陷与缺失，以及处理措施		

工具清单		
序号	描述	取用位置
1	通用手工工具	
2		
3		

续表

任务记录表			
序号	情况记录	操作人签名	监督人签名

任务一　进气系统

进气系统由通向化油器/喷油器的进气导管以及连接上述部件到活塞气缸的进气歧管组成。

1. 系统组件

（1）进气口，包括位于发动机整流罩顶部或底部的进气导管，借助冲压效应将冷空气输送到发动机后部的空气节气门。飞机在清洁空气中飞行时，进气系统能够利用冲压效应增加进气量。

但大气中总是存在灰尘，除此以外，进气系统还存在低温和高湿度条件下结冰的问题。

（2）过滤器。

尽管会导致进气冲压效应的损失，现在大多数进气系统在进气口处设置空气过滤器用于清除空气内的灰尘与颗粒，如图 5-1-1 所示。

空气过滤器的组成各有不同：

① 干燥滤纸，类似于汽车发动机；

② 浸有酚醛树脂的滤纸；

③ 乙二醇浸渍的聚氨酯泡沫；

④ 在一些老旧的发动机上，采用黏在金属丝网框架上的涂油的纤维材料。

所有空气过滤器都应按规定进行清洁或更换，其时间间隔取决于发动机及其工作环境。有的过滤器可以用洗涤剂清洗并干燥，有的可以用燃油清洗后再上油。有些过滤器只能通过轻拍以除去松散的污垢，而有些过滤器则可以通过反向吹入压缩空气进行清洁。

进气导管除了向化油器/喷油嘴供气外，还为其他组件提供空气。例如，在某种情况下过滤器一侧的空气管道将冷空气供应给发动机配件——交流发电机或滑油散热器，而另一根管道则通往机舱空调系统的热交换器。

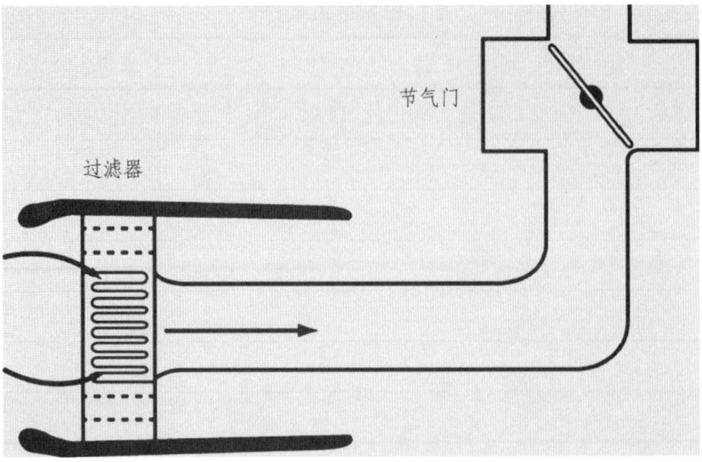

图 5-1-1　进气过滤系统

进气口通常与飞机蒙皮保持齐平，这类进气口被称作 NACA 导管，如图 5-1-2 所示。

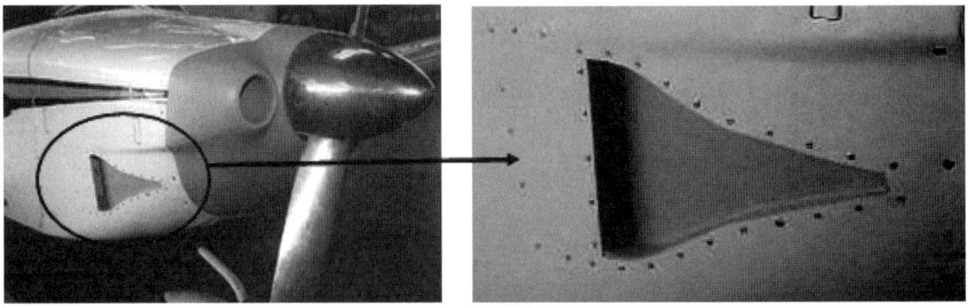

图 5-1-2　NACA 导管

（3）备用进气口。

某些设备为了在两方面都获得最佳性能，对进气口进行修改使其包含两个入口：一个直通入口可利用冲压效应；其上方或下方则是另一个包含空气过滤器的入口。座舱根据需求操作瓣阀选择过滤或未过滤的空气。如图 5-1-3 所示。

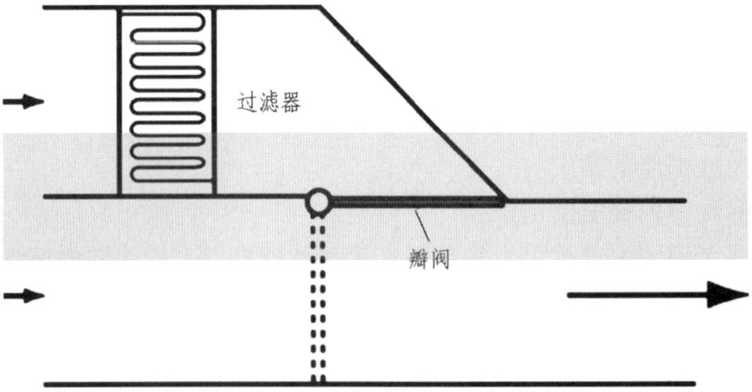

图 5-1-3　备用进气口结构示意

在极端情况下，顶部整流罩内置备用进气口，以便瓣阀可以选择冲压空气或过滤空气。备用进气口启用后，带有灰尘的空气必须旋转 90°才能进入进气口，较重的灰尘和颗粒往往会直接流过去，然后由过滤器从气流中除去剩余的颗粒物。如图 5-1-4 所示。

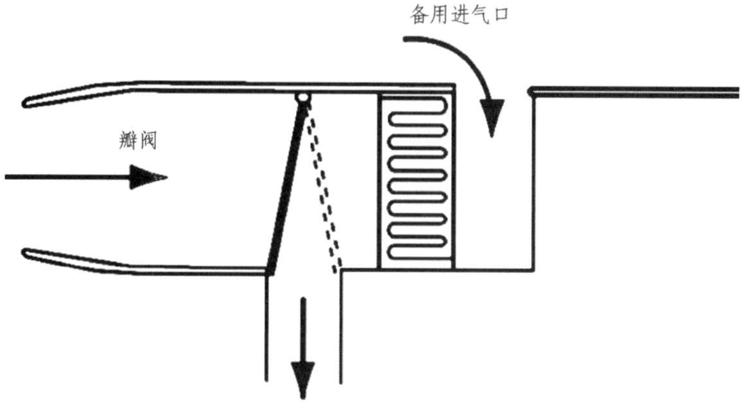

图 5-1-4　备用进气系统

2. 进气歧管工作过程

进气歧管将空气或混合油气送入气缸（在喷油器系统中为空气，在化油器中为混合油气）；燃料空气分配对于汽化器来说一直是个问题，这就是为什么混合油气必须比理想情况的富油，确保每个气缸中都有足够浓度的混合油气以防止爆震。注意，在大多数情况下节气门后的进气压力小于大气压，所以进气歧管必须密封以防止外界气体流入降低混合油气的油气比。

一些进气歧管穿过发动机油槽，油槽内高温滑油的热量帮助混合油气汽化，同时冷却滑油。在大陆系列六缸水平对置发动机内，歧管分为两个分支，每个分支供应三个气缸的进气。在发动机前端安装压力平衡管，以确保每个进气歧管分支中的压力相等。如图 5-1-5 所示。

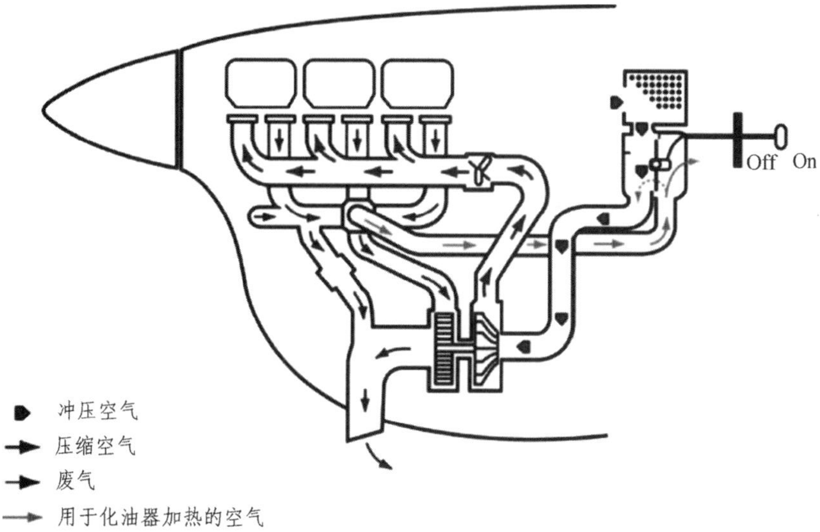

图 5-1-5　大陆系列六杠水平对置发动机进气系统

任务二 排气系统，发动机冷却系统

1. 排气系统

排气系统可分为两类，分别用于直列发动机和径向发动机。采用直列式布局时，排气管通常直接用螺栓固定在气缸上，并连接起来形成排气歧管（见图 5-2-1）。

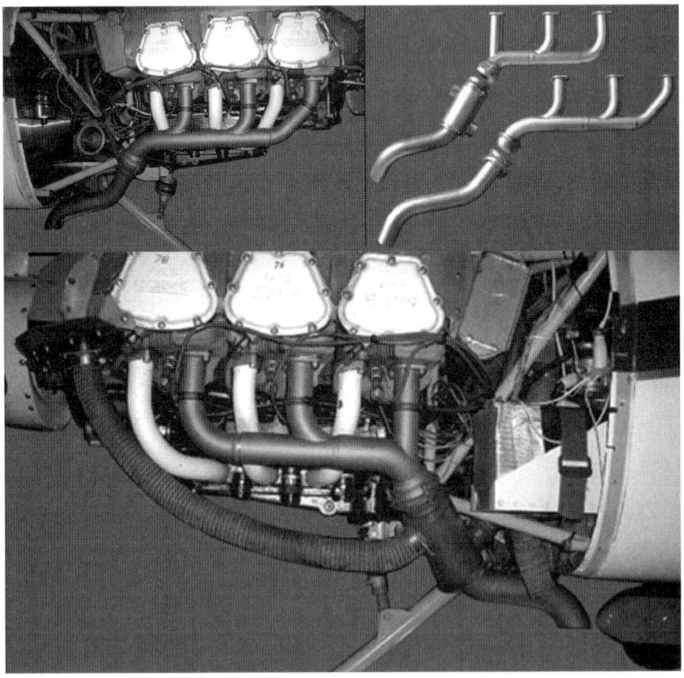

图 5-2-1 直列式发动机排气系统

径向发动机排气系统的布局与直列式发动机排气系统略有不同。在径向发动机中，每个气缸都有自己的排气管，该排气管与发动机周围的排气管相连。然后将废气通过发动机整流罩内的口盖排出机外。

排气系统可包含机舱空气加热器。将不锈钢罩围绕于排气歧管、排气管或消音器之上，即构成最简单的空气加热装置。环境空气流入加热器，环绕于高温排气组件周围，然后通过导管进入飞机机舱。驾驶舱中可以控制一个简单的通/断阀，以切断环境空气进入加热器。这类系统必须进行定期检查，以确保没有废气进入机舱的可能。

2. 气缸冷却

发动机可按冷却方法可分为：风冷发动机；液冷发动机。

气缸过热是不允许的，因为它会影响油气混合及其燃烧，其他影响还包括发动机金属部件在高温下迅速损坏，以及滑油润滑性能降低。

（1）风冷发动机。

对于这种类型的发动机，冷却是通过使用散热片实现的，散热片增加了气缸头的散热面积。此外，风冷式气缸还配备导流板，以引导来流围绕气缸流动，确保均匀的冷却气流。如图 5-2-2 所示。

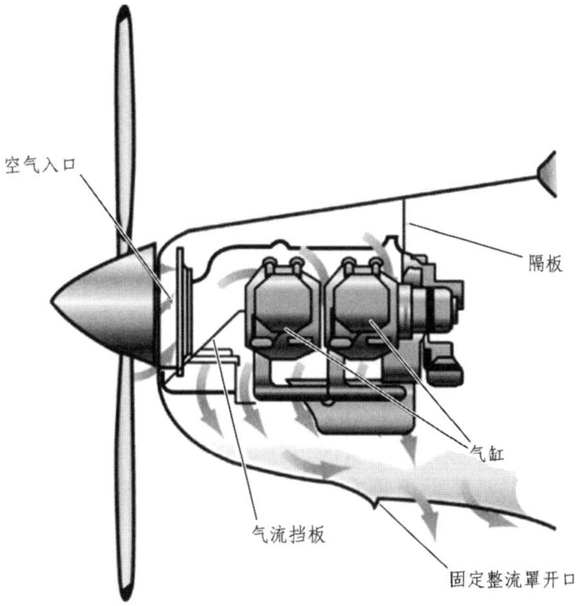

图 5-2-2　活塞发动机风冷系统

所有气缸都暴露在气流中的径向发动机特别适合这种类型的冷却，如图 5-2-3 所示展示了使冷却气流能够接触到所有气缸散热片的两排气缸布局。而单排气缸布局的径向发动机则在相邻气缸之间设置一系列气流挡板，将冷却来流引入导流板，以确保最大程度利用冷却气流。

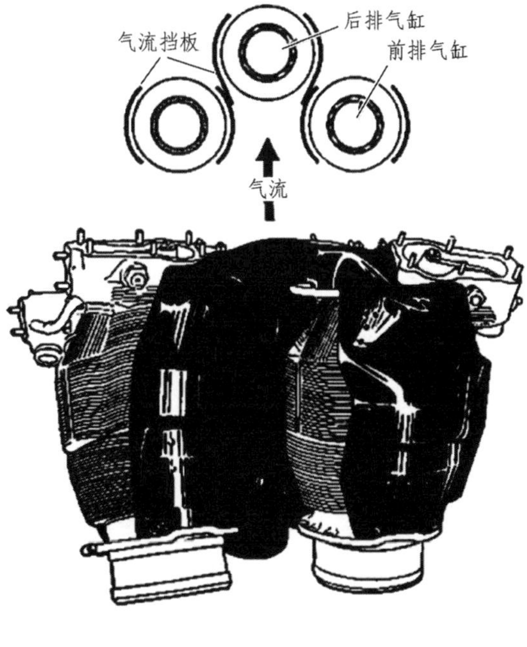

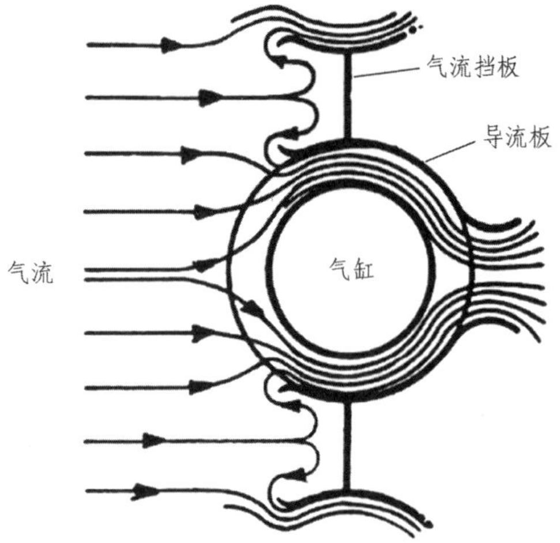

图 5-2-3　风冷发动机气缸散热设计

（2）液冷发动机。

尽管空气冷却可能最简单、成本最低，但它不是最有效的冷却方案，特别是对于直列气缸发动机而言。在不少气缸布局形式中，液体冷却比空气冷却更高效。

空气冷却依赖于迎风气流实施热量转移，液冷方案则利用液体来带走气缸的热量。

如图 5-2-4 所示液冷系统使用水和乙二醇的混合物作为冷却液，由安装于齿轮箱的水泵泵送，在发动机气缸夹层内循环流动。冷却通道被设计成确保向发动机的所有部件提供计量好的冷却液，以减少局部热点形成的可能性。

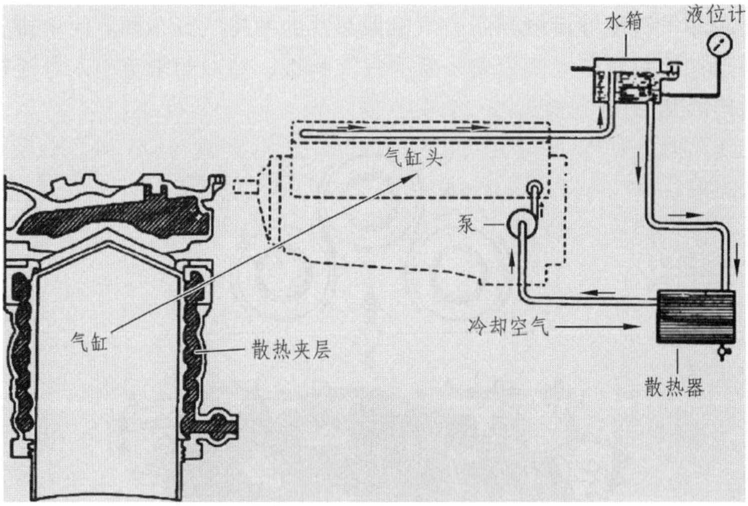

图 5-2-4　典型液冷系统示意

通过安装由冲压空气冷却的散热器，实现冷却液散热。乙二醇比纯水具有更低的冰点和更高的沸点，因此在寒冷的天气中也能工作。乙二醇的使用允许发动机工作得更高效，也能在更高的温度上使用更小的散热器，从而减少阻力问题。冷却对发动机的高效运转很重要，但过度冷却也会产生有害影响。液冷系统具备可调节的散热器格栅，该格栅控制散热空气进气量，以确保达到并保持正确的温度。

项目六　增压/涡轮增压系统认识与检查

航空活塞发动机的进气增压主要是为了提高进入发动机空气的密度（对空气进行压缩），增加发动机的进气（氧含）量，以达到增加发动机功率和输出扭矩的目的。无人机运行于高海拔地区或高空环境时，大气稀薄，含氧量低，如果不进行进气增压，发动机的动力会明显不足乃至熄火。

活塞发动机的进气增压有不同的方式，目前应用较为广泛的是废气涡轮增压技术。

通过项目六的学习，学员应完成以下目标：

（1）能够描述活塞发动机进气增压的目的及其对性能的影响；

（2）能够描述典型的涡轮增压系统的结构和运行原理；

（3）了解涡轮增压系统的控制与系统保护相关概念；

（4）能够实施活塞发动机涡轮增压系统检查工作。

工作任务单 7　活塞发动机涡轮增压系统检查

实践任务	涡轮增压系统检查		
工作须知	（1）在执行任何具有潜在危险的操作时，必须佩戴适当的个人防护用品； （2）确保自己已阅读并理解实践任务工作说明； （3）完成每个工作步骤后都必须由操作者与监督者签名		
任务要求	此任务用于评估学员对航空活塞发动机涡轮增压系统组件的了解，必须在指定的时间内完成。任何不遵守安全程序的行为都将被评定为“不合格”		
序号	工作流程	操作人签名	监督人签名
1	确保工具清单中所列的工具可用，并处于可使用的状态		
2	按照恰当的 AMM 规定，拆除发动机整流罩		
3	检查整流罩是否有损坏或无法继续使用的迹象		
4	拆下隔热罩，检查涡轮增压器外壳是否存在裂纹，以及进出油口是否漏油		
5	检查扩压器与涡轮离心叶轮的状态		
6	检查转子轴承是否有端部浮动		
7	检查涡轮增压器安装支架的状态		
8	检查转换组件、进气和排气部件以及夹具		
9	检查上层压力歧管和软管		
10	润滑废气旁通阀的连杆机构与阀门		
11	检查供油软管		

续表

序号	工作流程	操作人签名	监督人签名
12	检查进气增压控制器与执行机构		
13	检查涡轮增压器旁通活门		
14	重新安装隔热罩		
15	在任务记录表中记录工作过程中发现的任何缺陷与缺失，以及处理措施		

工具清单		
序号	描述	取用位置
1	通用手工工具	
2	手电筒	
3	平面镜	

任务记录表			
序号	情况记录	操作人签名	监督人签名

任务一　增压原理与目的

根据发动机的进气方法，其分为两类：吸气式发动机；增压发动机。

1. 吸气式发动机

自然吸气发动机通过化油器入口吸入空气至化油器内，空气在化油器内与燃油正确混合形成可燃油气。

然而，从先前的学习中可知，发动机输出的功率取决于给定时间和气缸中空气/燃油混合物的质量（密度）。

每次活塞在四冲程循环中下移时，气缸内产生负压，因此进入气缸的空气量将取决于进气歧管内的空气压力。

在自然吸气发动机中，进气歧管空气压力将由飞机飞行高度处大气压力以及节气门的打开量来控制，因此当飞机爬升时，随着节气门开度的恒定，进气大气压力会降低，导致入口大气压力降低，最终导致功率降低。为了防止飞机爬升时的功率损失，有必要向发动机进气歧管内供给更多空气，这可以通过进气增压来实现。

2. 增压发动机

进气增压压气机本质上是一个由发动机驱动的风扇，通常位于进气歧管和化油器之间。压气机可以选择由排气系统通过涡轮驱动，也可以选择由发动机曲轴带动一系列齿轮直接驱动。

为了增加起飞和爬升初始的动力，并在高空作业期间保持动力，必须人为提升歧管压力（进气），这是由压气机完成。但是必须注意，气缸内产生的压力过大可能导致爆震，因此应该始终保持正确的操作程序。如图 6-1-1 所示。

进气增压提升了进气歧管中气压，通过两种方式提升发动机的功率：

① 增加每次进气行程中输送至气缸的气体填充量，即提供更多的用于燃烧的燃料和氧气。

② 实际压缩压力增大，这意味着 MEP（平均有效压力）会更大，从而提供更大的功率。

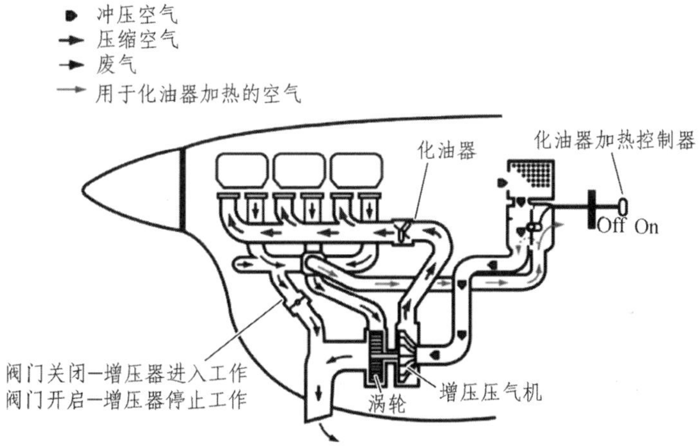

图 6-1-1　发动机进气增压——排气驱动

随着飞机爬升，空气密度降低。增压器通过增加进入进气歧管空气的体积来弥补空气密度的下降。如果增压器设计为飞机爬升到某个最大高度时提供最大功率，则在此高度以下时，增压器会提供超过发动机承受能力的进气压力。

因此需要一种控制增压器出口压力的方法。这种控制通过降低进口压力来实现，即通过关闭节流蝶阀来引发整个节气门的压降。进气压降后将满足增压器所需的压力。

发动机于任意时长时间段内可承受的最大压力称为额定增压。起飞时可以使用更高的助推设置，称为起飞助推，在紧急情况下可以使用大约 5 min。假设一台增压发动机的压力比为 2:1，额定增压为 4 psi（1 psi 约为 6 895 Pa），进气歧管中的实际压力将为 18.7 psi，也就是大气压力为 14.7 psi，加上 4 psi 的额定增压。增压器会将输入的任何压力加倍，因此要输出 18.7 psi，则必须输入 9.35 psi。

海平面上的大气压力为 14.7 psi，输送到增压器将导致进气歧管中的压力为

29.4 psi。这 14.7 psi 的增压，远远超过了发动机的承受能力。为了降低增压器进口压力，节流蝶阀关闭成一个较小的开口，从而在节气门处提供较大的压降。当节气门关闭至提供 9.35 psi 的增压器进口压力时，增压表上的读数将为 + 4 psi，如图 6-1-2 所示。

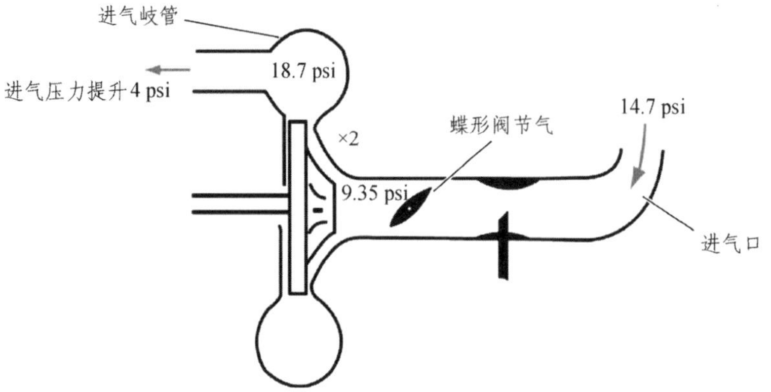

图 6-1-2　进气增压的出口压力控制

在爬升的过程中，大气压力会降低，如果节气门保持在相同的位置，较低压力的空气进入增压器时，增压将下降。要将增压器进口压力恢复到 9.35 psi，必须将节流阀打开，直到在增压表上重新建立 + 4 psi 为止。飞机飞得越高，大气压力随之降低，节流阀必须逐步打开以保持 4 psi 的增压。

最终，飞机将达到节流阀完全打开的高度，即额定高度。高于这个高度时，发动机功率下降的方式与正常吸气的发动机功率在海平面飞行时，下降的方式相同。

3. 涡轮增压

涡轮增压器是一种外部驱动的增压器，直接由机械驱动。在进气系统中安装一个小型离心式叶轮，该叶轮可增加流入气缸的气流流量，从而提供更大的填充量并提高容积效率，从而使发动机产生更大的功率。叶轮与位于排气系统中的小涡轮由公共轴进行连接，当废气流过涡轮时，涡轮驱动公共轴，从而带动叶轮。如图 6-1-3 所示。

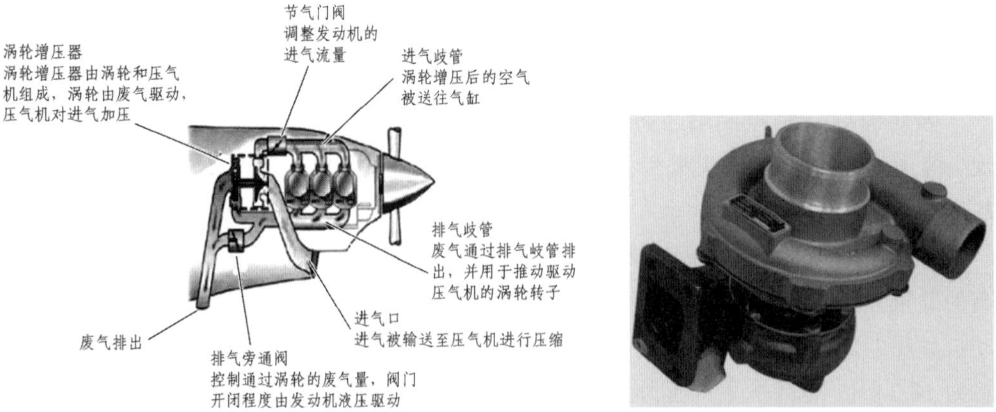

图 6-1-3　典型涡轮增压系统与增压器

涡轮增压器分为两类。

（1）高空涡轮增压器，设计用于在给定高度能保持海平面高度的气压进气，发动机无需加强，因为它只承受海平面气压（14.7 psi）。

（2）地面增压涡轮增压器，设计用于所有姿态下提供高于海平面的进气压力。带有地面增压涡轮增压器的发动机必须进行结构加强，或者已经具备足够强度承受燃烧带来的更大压力。

随着发动机转速的增加，废气流量将增加，涡轮将被加速，涡轮反过来驱动叶轮，从而导致流向气缸的空气流量增加。涡轮的转速是通过控制排气流量来控制的。排气系统由一根“Y”形管进行分隔。“Y”形管的一端直接通向大气，另一端则穿过涡轮。一个被称为排气旁通阀的选择活门安装于通往大气的一端。

排气旁通阀决定了废气行经的路径。排气旁通阀可以选择部分打开或关闭，这样通过涡轮的废气量可以控制于全流量、无流量或两者之间。排气旁通阀的作动受由活塞和弹簧组件构成的作动器的影响。

排气旁通阀通过排气旁通阀执行器的连杆控制于关闭位和打开位之间。该执行器由连接到阀门操作连杆的活塞和杆组成，活塞上方的弹簧将连杆顶升至排气旁通阀打开位，即无涡轮增压驱动。

滑油在发动机润滑系统的压力下，通过节流阀到达执行器活塞的底部，进而关闭排气旁通阀。该压力油迫使执行器活塞克服弹簧压力向上运动，关闭排气旁通阀，使涡轮增压器工作。排气旁通阀的关闭量取决于活塞底部的滑油压力（见图 6-1-4）。

通过将压力滑油排回发动机油底壳可以改变活塞的压力，排回发动机的滑油量由不同类型的控制器决定。

一些最简单的涡轮增压器具有绝对压力控制器，该控制器设计为限制来自涡轮增压器出口的最大压力。

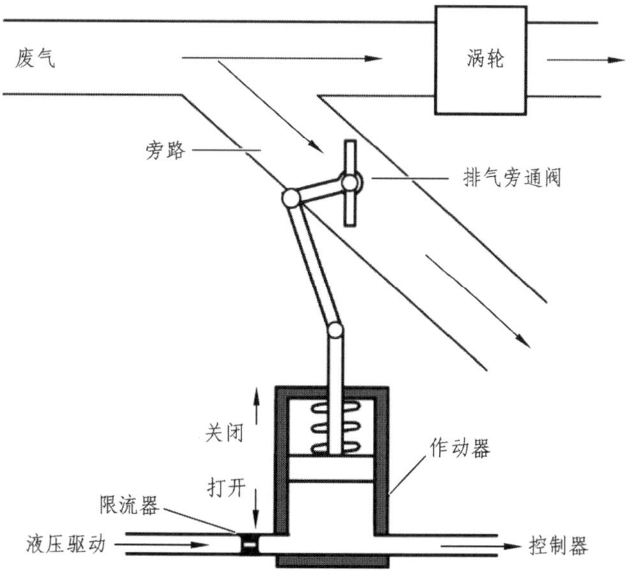

图 6-1-4　排气旁通阀的操纵

任务二　涡轮增压系统的结构和工作过程

1. 增压器结构

最常见的增压器使用离心叶轮和扩压器来增加空气压力。

（1）叶轮和扩压器。

离心式叶轮由发动机曲轴通过齿轮传动以数倍于发动机的转速进行驱动。空气进入叶轮的中心，并在离心力的作用下向外甩出。随后，空气进入扩压器，扩压器是叶轮外围的外壳。在此外壳中，固定叶片的排列方式如图 6-2-1 所示。

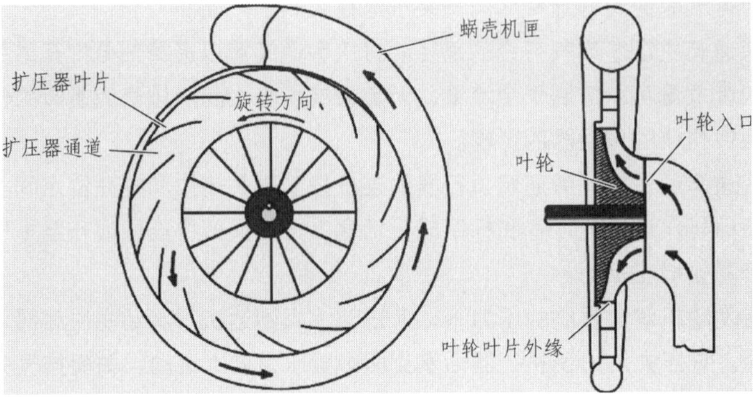

图 6-2-1　离心增压器结构

扩压器的作用方式与喷管相反，当空气进入扩压器逐渐变宽的流道后，速度降低，压力增加，空气的温度升高。加压后空气被送入进气歧管。

叶轮通常是单面的，它与相邻机匣之间的间隙保持在最小，以避免气流由叶尖间隙流入曲轴箱的压力损失，并防止滑油被吸入叶轮的孔眼。相邻叶轮叶片形成扩张流道，将气流速度转换为压力能。当空气以与叶轮旋转方向呈直角的角度流入叶轮时，抖振会发生，采用弯曲的导向叶片能够克服这一问题。某些叶轮被罩住以减少空气和旋转叶片之间的摩擦。两种类型的叶轮如图 6-2-2 所示。

叶轮和扩压器组件位于节流阀之后与进气歧管之前。

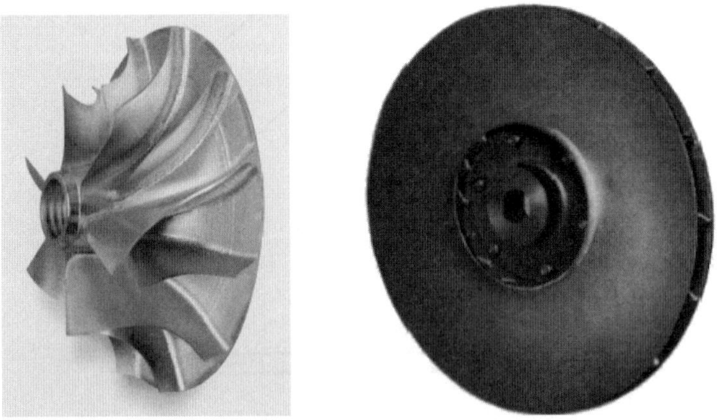

图 6-2-2　典型涡轮增压器叶轮结构

（2）双速增压器。

如果要求发动机在 3 000 m 飞行高度时仍能输出海平面功率，此高度下空气密度仅为海平面空气密度的 75%，则必须以 12 倍的发动机转速驱动增压器，并消耗约 150 kW 来完成该需求。而在 1 500 m 飞行时，仅需 15 kW 即可满足需求。某些增压器能够以两种不同的速度驱动，例如 6 倍和 12 倍发动机转速，仅使用 15 kW 时 6 倍速可保持在 1 500 m 高度输出海平面功率，使用 150 kW 时 12 倍速可保持在 3 000 m 高度输出海平面功率。转速切换可以通过飞行员操作的选挡杆进行，也可以通过真空膜盒自动进行。有时称这两个速度为 M 和 S 挡。

（3）两级增压器。

对于更高高度的飞行，一些大型发动机上装有两级增压器，实际上是两个串联增压器。第一级或第一级叶轮将提升空气压力或燃料空气混合物压力，然后将该加压气体送入第二级的孔眼，然后进入进气歧管。

2. 增压器类型

航空发动机中常用的增压器有以下三种（见图 6-2-3）：回转式机械增压式；叶片式增压式；离心增压式。

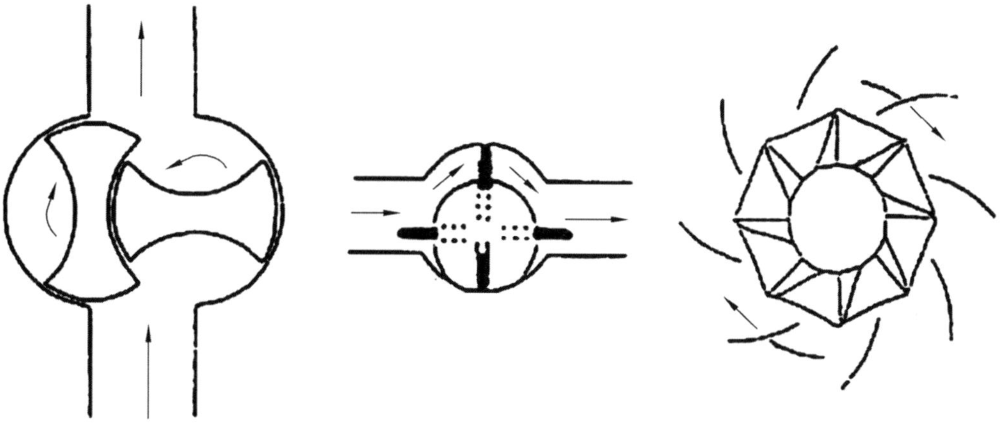

（a）回转式　　（b）叶片式　　（c）离心式

图 6-2-3　典型进气增压器类型

（1）罗茨增压器——回转式机械增压。

两个双瓣叶轮沿相反方向旋转，增加了进入气缸的空气流量，从而提高容积效率。该增压器由发动机驱动时，随着发动机转速的上升而增加转速。它相当有效，但质量很大且容易遇到润滑问题。

（2）叶片式增压器。

叶片式增压器通过叶片的桨叶作用增加空气流量，适用于某些发动机，但效率不如其他两种类型。

（3）离心增压器。

离心增压器是目前最常用的一种。空气进入叶轮的孔眼或中心，通过离心力将其甩向外侧，离心力使空气速度增加，进入扩压器或蜗壳机匣，空气动能或速度能通过扩压器叶片形成的扩张通道转换为压力能。

在所有情况下，额外的空气都通过进气歧管输送到气缸，压力上升部分归因于气缸中活塞提供的流动阻力。压力升高的区域温度也会升高。最初，气体温度升高是一件好事，因为它将有助于燃料的蒸发。但气体温度升高过大也会产生不利影响，因为它将导致空气密度降低，从而使进气增压的目的无法实现，气缸内发生爆震的可能性也更大。

当压缩冲程产生的温升达到自燃温度时将发生爆震，跃升至 300 m/s 的火焰传播速度将取代约 60 m/s 的火焰传播速度。燃烧实际上变成了爆炸，因此会损坏活塞、气缸壁、连杆、轴承等部件。因此，某些发动机需要在混合油气进入气缸之前先对其进行冷却。

根据增压器的尺寸及其相对于发动机转速的速度，增压器可以达到 1.5∶1 至 3∶1 的增压比。举个例子，假设有一个离心式增压器以 6 倍发动机的转速进行驱动，这将提供 2∶1 的增压比，这意味着增压器与进气歧管都将承受双倍压力。这种设置使发动机能够将海平面功率保持至 1 500 m 飞行高度左右。进气歧管压力被取样并反馈至驾驶舱中的压力表，以使飞行员能够监控发动机功率。

项目七 滑油系统认识与检查

活塞发动机工作时，摩擦表面（如曲轴轴颈与轴承、凸轮轴轴颈与轴承、活塞涨圈与气缸壁、正时齿轮副等）之间以很高的速度做相对运动，金属表面之间的摩擦不仅增大发动机内部的功率消耗，使零部件工作表面迅速磨损；摩擦所产生的热量还可能使某些工作零件表面熔化，导致发动机无法正常运转。因此为保证发动机的正常工作，必须对发动机内相对运动部件表面进行润滑，也就是在摩擦表面覆盖一层润滑剂（机油或油脂），使金属表面之间形成薄的油膜，以减小摩擦阻力，降低功率损耗，减轻磨损，延长发动机使用寿命。

通过项目七的学习，学员应完成以下目标：

（1）了解活塞发动机内不同类型的滑油分配方式；

（2）能够描述湿槽式与干槽式滑油系统的工作原理和结构特点；

（3）能够描述滑油系统部件的结构特点和运行方式，并知晓它们在滑油系统中的位置；

（4）简单了解滑油系统的典型故障现象；

（5）能够实施活塞发动机滑油更换工作。

工作任务单 8　活塞发动机滑油更换

实践任务	滑油更换		
工作须知	（1）在执行任何具有潜在危险的操作时，必须佩戴适当的个人防护用品； （2）确保自己已阅读并理解实践任务工作说明； （3）完成每个工作步骤后都必须由操作者与监督者签名		
任务要求	此任务用于评估学员对航空活塞发动机滑油系统组件以及油料处置流程、规章的认识，必须在指定的时间内完成。任何不遵守安全程序的行为都将被评定为“不合格”		
序号	工作流程	操作人签名	监督人签名
1	确保工具清单中所列的工具可用，并处于可使用的状态		
2	排空滑油油槽或滑油箱，并根据恰当的AMM重新安装放油塞		
3	排空滑油散热器，重新安装并固定软管		
4	拆卸、打开、检查以及更换或清洁滑油滤		
5	检查滑油散热器、温度控制阀、滑油箱及其他附件		
6	检查所有油管、配件、通气管和用于滑油散热的百叶窗		

续表

序号	工作流程	操作人签名	监督人签名
7	用推荐等级与牌号的滑油重新加注油槽或滑油箱		
8	在任务记录表中记录工作过程中发现的任何缺陷与缺失，以及处理措施		

工具清单		
序号	描述	取用位置
1	接油盘	
2	滑油滤拆卸工具	
3	通用手工工具	

任务记录表			
序号	情况记录	操作人签名	监督人签名

任务一　系统工作过程、布局与组件

一、润滑过程

润滑是在紧密配合的运动表面之间保持一层油膜以使两者不直接接触的过程。油膜可能很薄，但是如果油的黏度恰当，薄油膜也能持续提供这种隔离效果。

润滑可分为两种状态：油膜润滑和边界润滑。滑油润滑的不同阶段如图 7-1-1 所示。

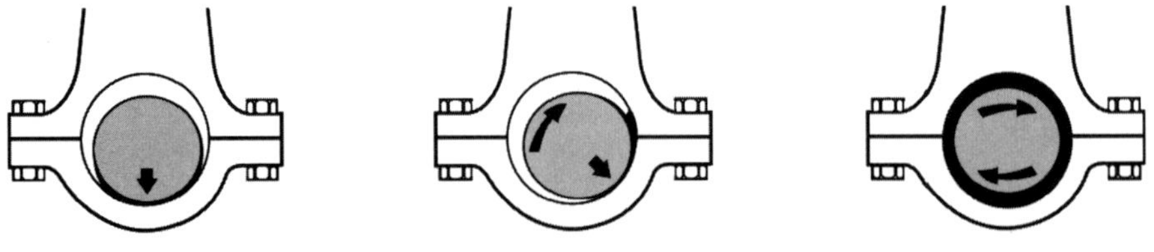

（a）　　（b）　　（c）

图 7-1-1　滑油润滑的不同阶段

图 7-1-1（a）中转轴位置固定，其箭头处有金属与金属的直接接触。

图 7-1-1（b）轴的位置开始移动，沿轴承向上升，接触点已经移动，但现在已出

现部分滑油提供边界润滑。

图 7-1-1（c）轴承已达到最高转速并实现油膜润滑，且轴承周围的滑油均匀分布。在高轴承负载状态下，如做功行程期间，可能会产生短暂的边界润滑情况。

1. 油膜润滑

润滑的理想状态，为轴承表面保持大量滑油的阶段，且所有表面都受到保护。这是通过油泵确保滑油流动并保持足够压力以在工作部件之间形成良好油膜来实现的。滑油黏度必须保证在高温状态下不会以比油泵补充更快的速度从轴承间流出。

2. 边界润滑

当油膜润滑不均匀或发生故障，或配合件开始工作时，例如发动机起动，可能会出现这种情况。该情况如果持续发展 ，将导致润滑故障或部件卡死。造成这种情况的因素有很多，包括轴承负载过高；滑油温度过高；滑油缺失；油压不足；滑油污染。

许多运动部件的磨损是在润滑油通过滑油系统循环之前造成的，这种情况很难完全避免。有些滑油比其他滑油可以在更长的时间内防止这种情况的发生， 这就是为什么一定要使用发动机指定的滑油的原因之一。

二、滑油的其他功能

1. 冷　却

滑油流经轴承时克服流体摩擦产生热量，同时，滑油还会从循环工作期间所接触到的发动机部件（尤其是活塞和气缸壁）吸收热量。由于实际循环使用的滑油比实现润滑效果所需的油要多，且滑油循环速度较快，所以滑油在重新循环工作之前能够冷却下来，从而使其温度保持在可接受的水平。

2. 密　封

到达活塞底面并覆盖气缸内壁的滑油有助于防止气缸泄漏和漏气。

3. 清　洁

每隔一段时间，滑油均会被细小颗粒污染。这些细小颗粒部分是燃烧的副产品，也可能是发动机部件磨损的结果。这些油中颗粒物一部分处于悬浮状态，另一些则在滑油再循环之前被带到油滤处进行去除。

三、系统布局

1. 湿槽式滑油系统

湿槽式滑油系统在活塞式发动机中较常使用，并更多应用于轻型航空发动机中，如图 7-1-2 所示。

由发动机驱动的滑油泵从发动机底部的油底壳内吸油，在压力驱动下将滑油通过油滤送至滑油循环管路。该管路是滑油通过发动机到达轴承和阀门操纵齿轮的路径，当滑油通过泼溅与喷油润滑的方式润滑发动机其他部件，由轴承处渗出后，滑油滴落回油底壳，准备进行再循环。

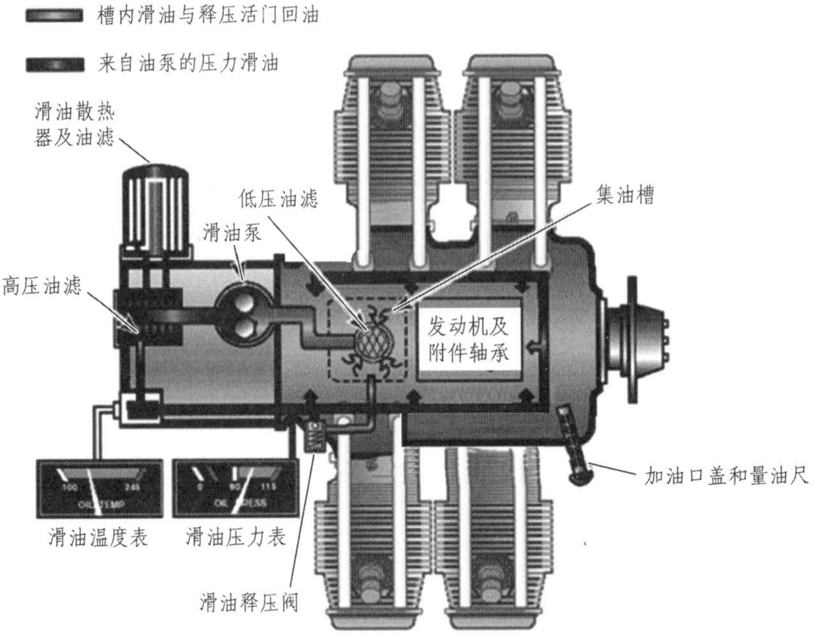

图 7-1-2　湿槽式滑油系统布局

为了防止滑油系统压力过大，在滑油泵的出口一侧安装了释压阀。此外，管路中还装有一个传感装置，用于指示滑油压力在发动机规定的极限范围内。

2. 湿槽式滑油系统组件

（1）曲轴箱油底壳。

曲轴箱油底壳可以是曲轴箱的一部分，更多时候是将一个金属冲压件或轻合金铸件直接连接到曲轴箱的底部。它是滑油系统的储油容器，油底壳的大小与油底壳中容纳的滑油量之间需要平衡：滑油过多会影响发动机的预热，而滑油量太少则会导致滑油迅速被污染。该油底壳允许滑油中残留的空气从滑油中逸出，且油底壳深度足够让水和其他污染物沉积在油底壳底部。如果需要对滑油进行冷却，则可以使气流通过油底壳外部进行散热。油底壳需要保持规定的油位，通常在飞行前通过量油尺进行检查。出于维护目的，油底壳的最低点安装了一个放油塞。

（2）滑油泵。

滑油泵及其进油管浸没在滑油中并由发动机驱动。通常在其进口处安装防护网以防止油泵吸入异物。

（3）释压阀。

释压阀是一个简单的弹簧阀，设置在预定的压力下“释放”。释压阀通过控制滑油最高压力，为油泵、驱动装置及系统的其他部分提供保护。释压阀可以安装在滑油泵外部或滑油泵临近的曲轴箱中。

（4）滑油滤。

将滑油由滑油泵输送至发动机其他部件之前，必须进行比滑油泵进口等级更高的过滤。

（5）滑油回路。

过滤后，滑油通过曲轴箱中的管道（廊道）供应到主轴颈轴承。它通过带孔曲臂到达曲柄销，润滑曲轴连杆大端的轴承，然后从那里喷射、泼溅到活塞底、活塞销和气缸壁。轴颈处的滑油通过攻丝送至凸轮轴轴承、摇臂组件、液压挺杆（如果已安装）和辅助驱动装置。最终，所有滑油都回收至油底壳中。

（6）压力传感器。

最常用的做法是将传感器安装于滑油泵的出口，它指示滑油在轴颈通道内的实际压力大小。如前所述，释压阀可以保证滑油不会超过最大压力限制，而对于发动机的安全运行而言，操作者判别滑油系统压力是否过低同样重要。

3. 干槽式滑油系统

我们通常面对的都是高功率、大发热量、在空间三轴上均可自由运动的发动机，湿槽式滑油系统的性能较差，其原因是

（1）滑油供应量受油底壳容量限制；

（2）滑油冷却的布置很难实现；

（3）由于滑油不断受到发动机传热的影响，滑油温度通常较高；

（4）机动飞行与倒飞时会导致滑油大量涌入发动机。

这些缺点在很大程度上被干槽式滑油系统所克服，其典型布局如图 7-1-3 所示。该系统对发动机实际润滑的过程与湿槽式滑油系统相同，两者之间主要的区别在于：

（1）油底壳容积更小，且槽内滑油被系统中第二个油泵——回油泵不断抽取。

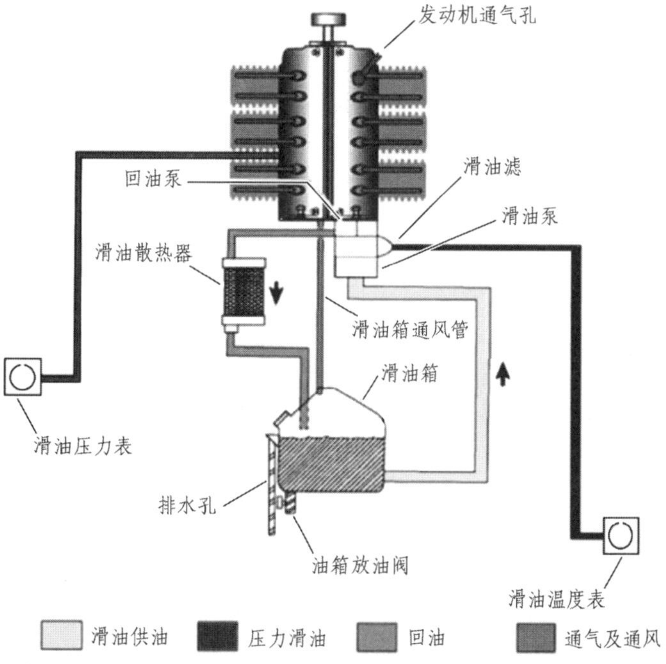

图 7-1-3　干槽式滑油系统布局

（2）滑油存储于独立的滑油箱中。

（3）在回油泵与滑油箱之间安装有一个滑油散热器。

4. 干槽式滑油系统组件

（1）滑油箱（见图 7-1-4）。

① 安装位置。

通常安装在防火舱壁后面的机身上，其位置要求能够向滑油泵进口提供重力效应。这是因为正齿齿轮泵的抽油不算太高效，因此需要在发动机静止时使油泵进油管充满滑油。

在油箱设计时，油滤嘴的位置决定了其可以容纳的滑油量，这是滑油全部进入循环并使用的最大数量。油箱内的滑油上方始终留有空间，是为了满足以下需求：

a. 发动机起动期间，油底壳内积累的滑油回油流量增加；

b. 随着温度升高，滑油体积增加；

c. 油气掺混后形成泡沫；

d. 螺旋桨变距时的排油。

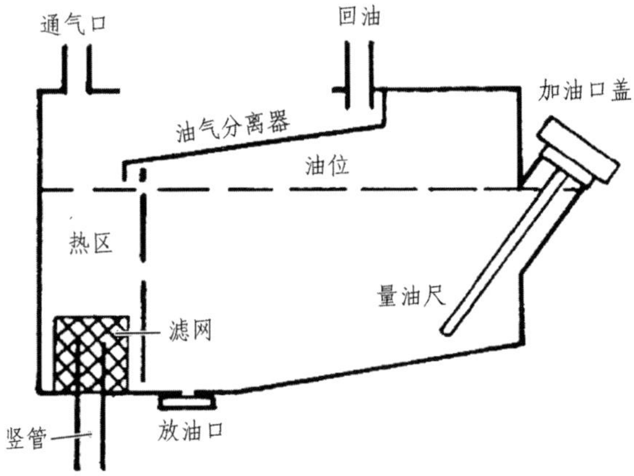

图 7-1-4　滑油箱的部件及其功能

② 油位指示。

有多种方法用于指示滑油箱内的油量：

a. 附于旋入式加油口盖或独立口盖上的量油尺；

b. 目视油位指示（观察窗）；

c. 电气指示系统。

③ 通气口。

油箱必须与大气连通，以允许因油位和高度变化而引起的压力变化。 通常，通气口连接到发动机曲轴箱，可以防止滑油从通气孔流失。曲轴箱有自己的通气孔，其中装有某种集油器。

④ 热区。

发动机冷起动后，将装满滑油的油箱加热到工作温度可能需要很长时间。因此通过一个单独的隔间——滑油箱中的热区，也就是在滑油循环回路中，让大约 10%的滑油在发动机里循环。这种油能迅速达到工作温度。剩余的滑油在运行过程中逐渐升温。

⑤ 竖管。

进油管入口突出到滑油箱底以上的位置，使用丝网式油滤将竖管包围，可防止滞留于滑油箱内的污水和污泥进入滑油循环。

⑥ 油气分离器。

因为滑油回油中始终存在空气，会产生泡沫，所以回油泵比供油泵拥有更大的工作容积。如果将这些泡沫送入发动机，将导致油泵无法维持其供油流量，轴承处可能存在滑油缺失。为了减少滑油中的泡沫，滑油被送至油气分离器使其扩散，将气泡逸出。

有些发动机之所以没有安装油气分离器，是因为滑油的体积和循环速率使得空气在滑油再循环之前有时间从回油中逸出。

（2）滑油泵。

供油泵和回油泵通常都是正齿轮类型，如图 7-1-5 所示。

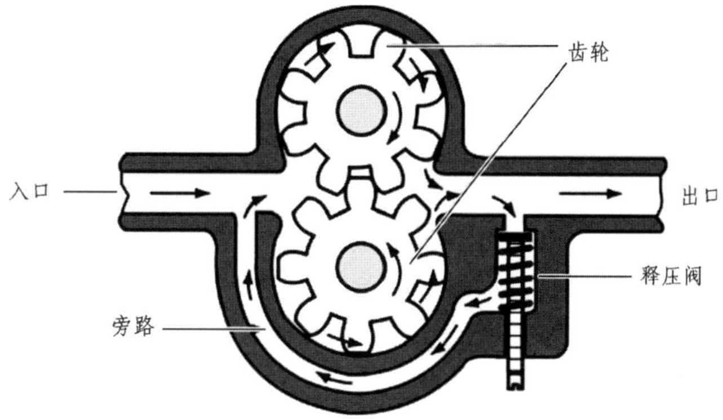

图 7-1-5　正齿轮滑油泵结构

两个直径相等的啮合齿轮安装于密闭的腔室中，其中一个齿轮由发动机驱动。齿轮旋转时，通过进油管进入泵内的滑油就会被截留至齿轮的齿和腔室内壁间，随后被带至出口排出。啮合的齿可防止滑油回流至泵的入口。与湿槽式滑油系统相同，泵的输出压力在驾驶舱仪表上进行显示。

泵的排量以 L/h 为单位进行计量，其大小取决于齿轮尺寸，固定或变化的转速。例如，怠速运行时，泵的排量比巡航与起飞转速时要小得多。回油泵拥有与供油泵相同的转速，但具有更大的齿轮尺寸，因此回油泵具备更大的排量。这意味着回油泵从油底壳中吸取滑油的速度比供油泵向油底壳中注油的速度更快，因此称为“干槽式滑油系统”。如图 7-1-6 所示。

通常情况下，两个泵都在一个共同的机匣中，回油泵齿轮与供油泵齿轮安装在同一根轴上，但两者间有一道隔断以提供两个独立的腔室。为了获得更大的工作容积，回油泵齿轮在拥有供油泵齿轮相同直径的前提下，其长度要比供油泵尺寸更长。

（3）油箱止回阀。

为了避免发动机停车状态下滑油从油箱中渗出并涌入发动机，在供油泵之后需要安装一个止回阀。止回阀为弹簧阀，其强度足以抵御油箱内的滑油静压。

当供油泵开始工作，阀门从阀座上移开，允许滑油无限制地流入发动机。

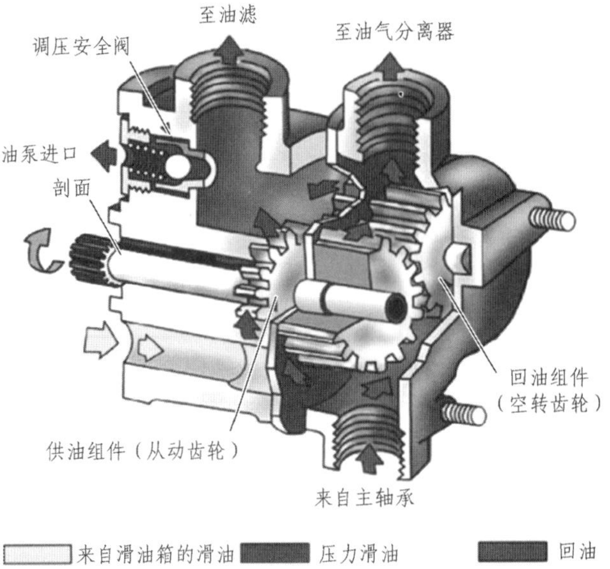

图 7-1-6　滑油供油泵与回油泵

（4）油温感应与指示。

滑油过热会失去黏度，影响润滑性能。知道何时滑油达到了制造商规定的温度极限，并采取措施来纠正这种情况是非常重要的。

在滑油箱和供油泵进口之间的油路上装有温度感应灯泡。这个灯泡连接至驾驶舱仪表，使发动机操作员能够监控滑油油温。湿槽式滑油系统的航空发动机系统也同样适用。

（5）滑油散热器。

滑油冷却是一种将滑油冷却到发动机制造商规定限度的方法。它可以确保滑油的黏度保持在所需的水平，以产生足够的润滑。

滑油散热器在润滑系统中的位置可以不同。如图 7-1-7 所示，展示了包含从滑油泵到发动机的供油管线上的散热器的湿槽式润滑系统布局。

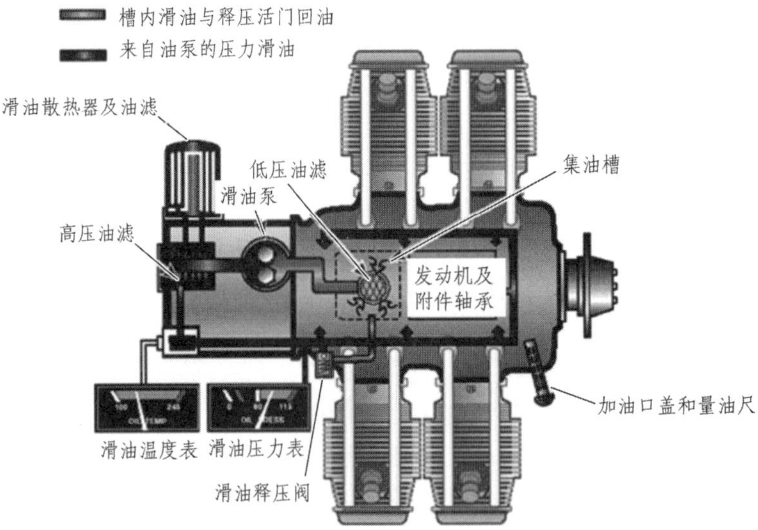

图 7-1-7　带散热器的湿槽式滑油系统

在干槽式润滑系统中，滑油散热器布置在油箱的回油管路上，如图 7-1-8 所示。

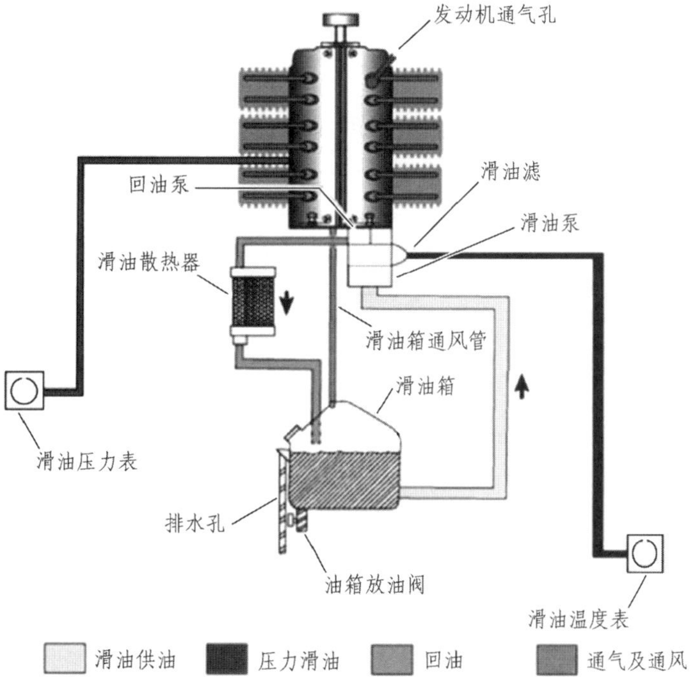

图 7-1-8　带散热器的干槽式滑油系统

任务二　干/湿槽式滑油系统通用组件

1. 滑油冷却（散热）器

滑油冷却可以通过两种方式来实现：冲压空气冷却；燃油冷却。

冲压空气冷却对活塞式发动机来说最有效，因为在飞行过程中可以持续供应冷却空气。另一方面，燃油冷却则依赖于持续供应燃油通过散热器，这种系统一般在活塞式发动机上不存在。

典型的滑油散热器组件由一系列空心管组成，以构成散热器的核心。这些空心管支撑在一个双壁外壳内。滑油能够在管子周围流动，而冲压空气通过管子，使得滑油在流经冷却空气管周围时可以冷却。

滑油散热器组件中包含两个部件，用于控制油液通过散热器的流量。一个部件是温度调节器，另一个是旁通阀。

如图 7-2-1 所示显示了滑油散热器的三种运行模式或阶段：旁路模式；非冷却流动方式；冷却流动方式。

（1）旁路模式。

在这种情况下，我们必须假设滑油的黏度很高，以至滑油系统中产生了极高的压力，例如在极冷条件下运行。如果滑油散热器堵塞，可能会在滑油通道中产生较大的反压，导致散热器损坏。

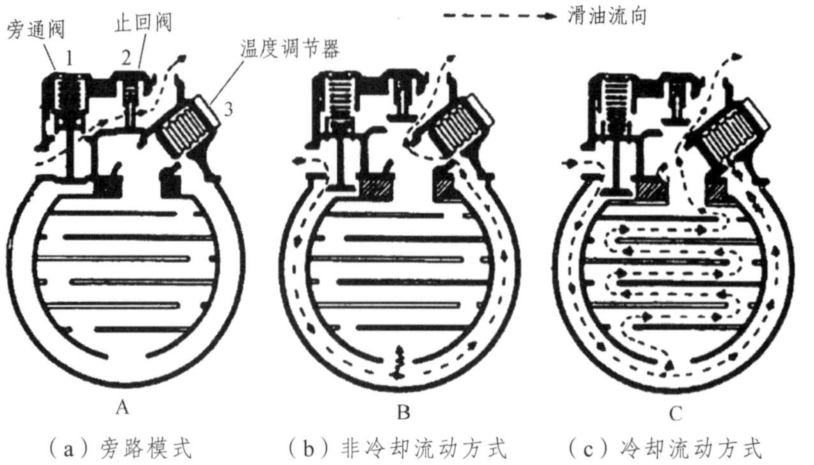

图 7-2-1　滑油散热器典型结构及工作模式

在高压状态下，旁通阀打开阀座，让油通过阻力最小的路径绕过散热器。 这种压力将在止回阀上感受到，并保持阀门关闭。然后滑油会绕过散热器，从而保护滑油散热器不被损坏。

（2）非冷却流动模式。

温度调节器在组件中包含对温度敏感的膨胀元件。当温度升高时，波纹管伸展，反之亦然。因此该模式无需冷却，即处于正确的工作温度油液通过打开的温度调节阀走阻力最小的路径流经滑油散热器，而不允许滑油流过冷却管。

（3）冷却流动模式。

随着滑油温度的升高，波纹管在热敏伺服元件的作用下延伸。波纹管的这种运动关闭了油路，迫使滑油通过滑油散热器中的冷却组件。

2. 滑油滤组件

滑油的第二个功能是清洁发动机的内部零件，以确保从滑油系统中清除所有污染物。污染物的典型示例：铁锈颗粒；灰尘；碳沉积；内部运动部件产生的金属微粒。

清除这些污染的一个简单方法是更换滑油。然而这是一项费时费力且成本高的工作，因此希望通过其他方法去除这些颗粒——过滤是最好的方法。如果不加以处理，滑油污染可能会导致润滑系统的故障，造成油路堵塞、滑油射流受阻、球轴承、滚子轴承和外壳等部件中的紧密公差间隙降低，从而导致润滑系统故障。

滑油的污染不仅仅是由外来颗粒造成的，在正常使用过程中也会造成滑油的污染。除了携带悬浮在滑油中的颗粒物外，滑油在发动机的循环过程中会发生两个重要的化学变化：一是氧化，由滑油与燃烧产生的腐蚀性铅盐混合在一起而发生氧化；二是水蒸气在发动机内部凝结，然后与滑油混合的化学反应。这两种影响都无法从系统中过滤掉，只能通过定期更换滑油除去。

滑油滤的设计有多种形状和形式，最合适的设计由系统要求决定。如图 7-2-2 所示为典型的基本滑油滤。

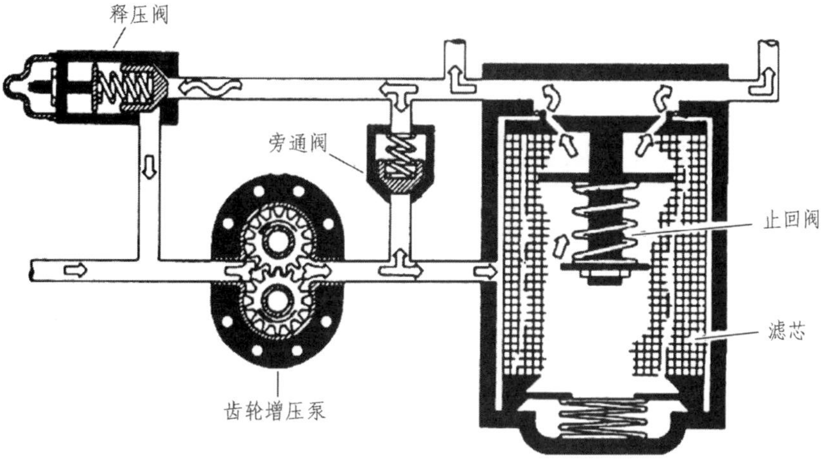

图 7-2-2　典型滑油滤结构

注意：滑油滤位于滑油供油泵的下游，即压力侧，这是为了确保油液以正压通过油滤。

滤芯组件通常由织物或纸制成，并通过金属丝网类型的装置进行加固。

滑油流过滤芯并通过打开的止回阀组件。在这一阶段，滤芯上会有轻微的压降，但不会对系统造成危害。

在预定的设定值下，旁通阀打开，允许未过滤的滑油进入润滑系统。并在止回阀的顶部产生压力，于是阀门关闭，防止滑油进入油滤内部。这样可以防止怠速回路的产生，并减少了污染物被迫通过旁通阀返回的可能性。然而，随着污染物在滤芯的外壁上堆积，滤芯的流量减少，在旁通阀处产生反压效应。

按照维修计划中的规定，每隔一段时间，应拆下滑油滤滤芯并进行检查。在清理滤杯之后更换滤芯是明智的。应检查滤杯中发现的所有颗粒，如果发现大量金属颗粒，则应对发动机进行更全面的检查。

滤网式过滤系统是一种常见且有效的过滤方法，但是在大多数情况下，尤其是湿槽式润滑系统，还必须对滑油齿轮泵进行保护，防止任何可能导致泵卡死的污染物。

为了保护油泵免受这种情况的影响，在油底壳内的滑油泵入口处安装了一个金属滤网或过滤器。这个滤网可以过滤任何可能对油泵造成损害的大颗粒物。虽然过滤程度不如滤芯，但它可以阻留大颗粒，这是唯一目的。

3. 滑油压力控制

滑油系统通过释压阀来避免系统中滑油压力过高。

释压阀有一个弹簧柱塞，在正常工作状态下弹簧柱塞可使阀芯保持在阀座上。弹簧张力由调节螺钉调节到预定的压力。当保持在阀座上时，阀芯让滑油流向发动机。滑油压力大于弹簧压力时，阀芯被滑油压力推离阀座。 然后滑油流过释压阀，流回油泵入口。滑油系统压力降到弹簧张力以下时，释压阀关闭，恢复正常供油。如图 7-2-3 所示。

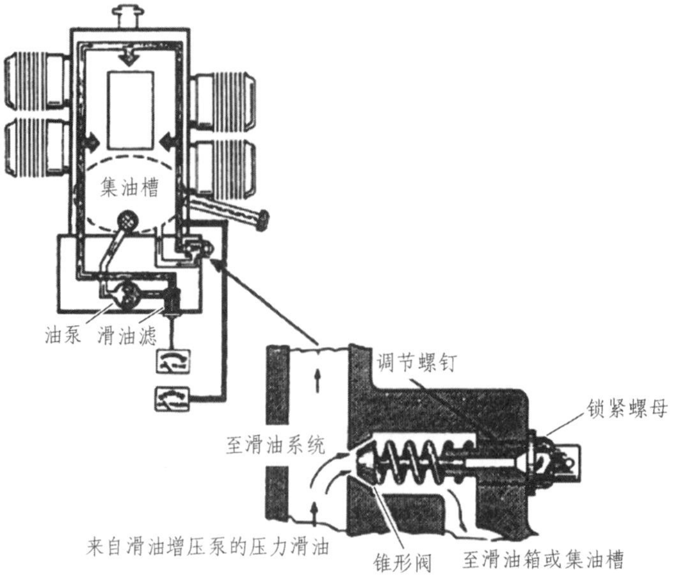

图 7-2-3 滑油释压阀结构

这种类型的释压阀有许多缺点，例如它仅设计于释放最大的油压，而不是作为压力调节器。当阀门开启以释放油压时，系统压力会瞬间下降，然后压力再次上升，滑油返回到泵中。这将使阀芯在弹簧的帮助下猛然回弹到阀座上。如果释压阀阈值设置得太低，那么阀门就会颤振（不断地打开和关闭），从而导致阀门损坏。阀门张力由检修机构校准，在正常操作期间切勿调整。

任务三　滑油供给

往复式活塞发动机内的滑油供给可通过以下三种方式实现：压力供油；飞溅式润滑；飞溅式润滑与压力供油兼有。

为确保发动机的某些部件得到充分的润滑，必须使用高压滑油，曲轴和大端轴承是典型的例子，而发动机气缸壁接受飞溅的滑油供应，以确保气缸内的活塞得到充分的润滑。因此大多数发动机采用飞溅供油和压力供油的组合。主轴承、连杆轴承、凸轮轴轴承、气门挺杆和推杆采用压力滑油润滑；活塞、活塞销、凸轮、气缸壁、气门杆等内部运动部件采用飞溅润滑。

使用压力供油的明显优点：

（1）在所有飞行高度上都能提供满意的润滑。飞溅供油则不能在不同高度下都提供足够的润滑。

（2）泵的输出可确保为轴承和曲轴提供足够的滑油。在大多数情况下，泵的输出功率大于润滑要求，因此可以提供大量的滑油，获得了更大的冷却能力。

1. 压力润滑

来自油泵的压力滑油通过带孔的曲轴通道供油，该通道将油供应到曲轴主轴承和凸轮轴轴承。连杆轴承通过曲轴中的内部通道进行压力润滑。气门机构通过空心推杆进行润滑，空心推杆从曲轴箱的油道中供油（见图 7-3-1）。

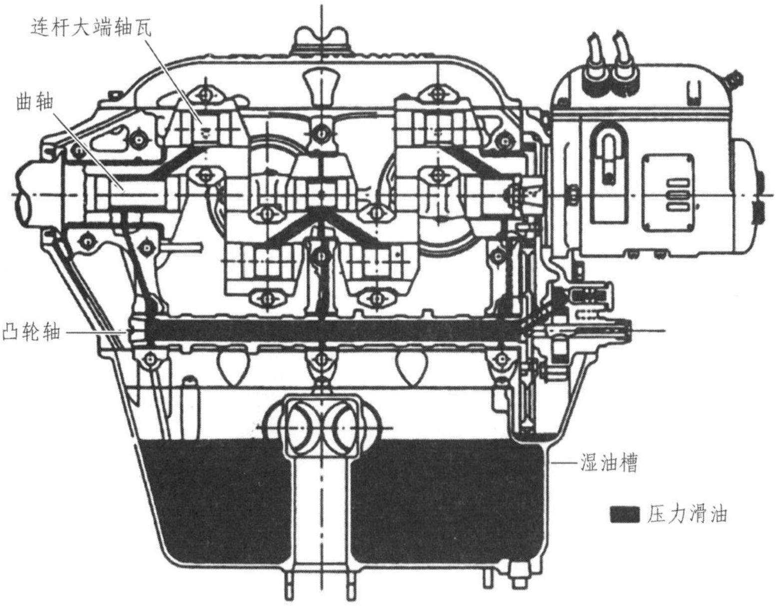

图 7-3-1　压力润滑油路布局

2. 飞溅式润滑

气缸壁和活塞销通过从连杆轴承中逸出的滑油进行飞溅润滑，装有释压阀以在较高的发动机转速下保持正确的滑油压力。如图 7-3-2 所示为飞溅润滑区域。

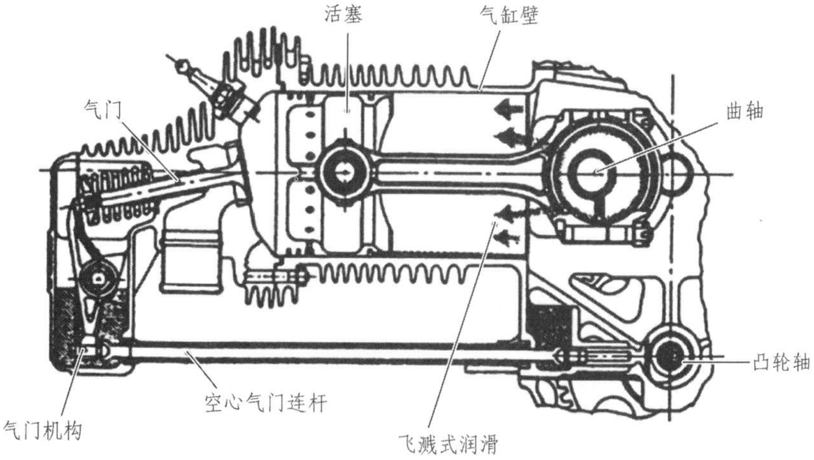

图 7-3-2　飞溅式润滑的主要部件与区域

一旦滑油润滑了指定部位，它就流入底部油底壳。湿槽式滑油系统中，滑油供油泵收集滑油，然后重新开始整个润滑过程。在干槽式滑油系统中，油底壳内的回油泵将用过的滑油抽回滑油箱。

3. 曲轴密封

无论发动机的配置类型如何，都必须将滑油保持在曲轴箱区域内。轻型飞机发动机的制造商都采用相同的方法，即使用 O 形圈密封法和密封板法。

（1）O 形圈密封法。

将 O 形密封圈安装在曲轴箱体的机加工槽内，或通过固定板固定在原地的 O 形密封圈来实现密封。此时曲轴箱是通过飞溅润滑（湿槽润滑方式）或干槽润滑方式中轴颈轴承处喷射滑油来实现润滑。

（2）密封板法。

虽然滑油被引导到密封区域，但发动机装有连接到曲轴上的甩油环，可将大部分滑油抛回油底壳中，从而使用校准后的滑油量来进行润滑密封。这种方法减少了曲轴密封处发生重大漏油的可能性。如图 7-3-3 所示。

图 7-3-3　甩油环式曲轴密封

任务四　滑油系统故障诊断

滑油系统故障可归类为以下方面：无油压；低滑油压力；高滑油油耗；滑油温度异常；滑油渗漏；滑油管路弯曲或变形；滑油滤堵塞。如图 7-4-1 所示为某典型故障。

图 7-4-1　典型故障——表显滑油温度无示数

1. 低滑油压力

低滑油压力可能与许多因素相关，但主要可以从两个方面考虑：

（1）滑油供应；

（2）发动机中的机械故障。

2. 高滑油消耗量

高滑油消耗量即滑油量降低较快。滑油量可以在驾驶舱内显示，但更常见的是用油尺测量滑油量（见图 7-4-2）。如果滑油消耗量没有得到控制，那么滑油压力将下降到可能触发警告的水平。

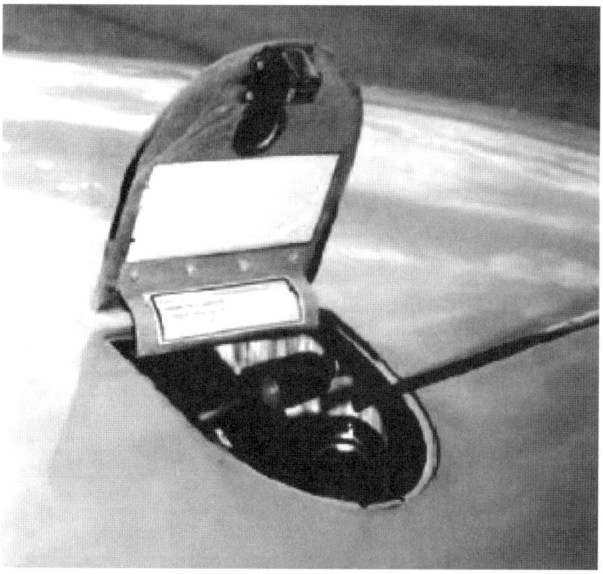

图 7-4-2　滑油油量监测——油尺测量

导致高油耗的典型机械故障同时也会导致滑油压力偏低：活塞涨圈磨损；磨损的大端轴承腔。

（1）活塞涨圈磨损。

在发动机运行过程中，从排气管排出的蓝色烟雾可表明这一点。滑油可能阻塞其中一个曲轴箱通气孔，因为燃气通过活塞环逸出，进入曲轴箱并吹出滑油。

（2）大端轴承腔磨损。

滑油泄漏到曲轴箱中，也将导致滑油压力降低。

3. 高滑油油温

滑油油温高主要是由于滑油流动限制所致，通常归因于：

（1）内部油路、油孔堵塞或部分堵塞；

（2）滑油系统内滑油量缺失；

（3）滑油散热器流量受限。

项目八　发动机监控和地面运行

无论是全新航空活塞发动机的研制，还是现有型号航空活塞发动机在维修或大修后重新使用，都必须通过严格的地面试验对发动机性能进行详尽考核和极限探索，以确认发动机的性能及稳定性符合相关标准。发动机为了在使用中尽可能地保证良好的状态，需要进行定期或不定期检查和保养工作。

通过项目八的学习，学员应完成以下目标：

（1）能够描述活塞发动机起动和地面运行的一般程序；

（2）能够描述用于活塞发动机及发动机部件的检查方法，使用发动机制造商规定的标准、公差和数据来评估检查结果；

（3）能够实施活塞发动机气缸更换工作；

（4）能够实施活塞发动机气缸压缩性测试工作；

（5）能够参与实施活塞发动机地面运行工作。

工作任务单 9　活塞发动机气缸更换及测试

实践任务	气缸更换与测试		
工作须知	（1）在执行任何具有潜在危险的操作时，必须佩戴适当的个人防护用品； （2）确保自己已阅读并理解实践任务工作说明； （3）完成每个工作步骤后都必须由操作者与监督者签名		
任务要求	此任务用于评估学员对航空活塞发动机气缸更换的操作技能水平，必须在指定的时间内完成。任何不遵守安全程序的行为都将被评定为“不合格”		
序号	工作流程	操作人签名	监督人签名
1	确保工具清单中所列的工具可用，并处于可使用的状态		
2	按照恰当的 AMM 规定，拆除发动机整流罩		
3	检查整流罩是否有损坏或无法继续使用的迹象		
4	断开点火线束并拆下火花塞		
5	确保要更换的气缸的活塞位于上死点		
6	拆除气缸外围附件（排气歧管、进气歧管、油管、导流板等），获得操作空间		
7	拆下气缸摇臂		
8	拆下气缸和推杆		
9	如果有必要，更换活塞涨圈与活塞		
10	按照发动机制造商的指示安装气缸和推杆		

续表

序号	工作流程	操作人签名	监督人签名
11	重新安装摇臂		
12	根据需要重新安装排气歧管、进气歧管、油管和导流板		
13	重新安装火花塞和点火线束		
14	进行地面运行以检查性能		
15	在任务记录表中记录工作过程中发现的任何缺陷与缺失，以及处理措施		

工具清单

序号	描述	取用位置
1	气缸安装工具	
2	活塞环压紧器	
3	通用手工工具	

任务记录表

序号	情况记录	操作人签名	监督人签名

工作任务单 10　活塞发动机气缸压缩性检查

实践任务	气缸压缩性检查		
工作须知	（1）在执行任何具有潜在危险的操作时，必须佩戴适当的个人防护用品； （2）确保自己已阅读并理解实践任务工作说明； （3）完成每个工作步骤后都必须由操作者与监督者签名		
任务要求	此任务用于评估学员对航空活塞发动机系统维护知识与技能，必须在指定的时间内完成。任何不遵守安全程序的行为都将被评定为“不合格”		
序号	工作流程	操作人签名	监督人签名
1	确保工具清单中所列的工具可用，并处于可使用的状态		
2	按照恰当的 AMM 规定，拆除和检查发动机整流罩		

续表

序号	工作流程	操作人签名	监督人签名
3	检查并记录每个气缸的压缩性		
4	在任务记录表中记录工作过程中发现的任何缺陷与缺失，以及处理措施		
工具清单			
序号	描述	取用位置	
1	压缩测试仪		
2	通用手工工具		
3			
任务记录表			
序号	情况记录	操作人签名	监督人签名

工作任务单 11　活塞发动机地面运行

实践任务	发动机地面运行		
工作须知	（1）在执行任何具有潜在危险的操作时，必须佩戴适当的个人防护用品； （2）确保自己已阅读并理解实践任务工作说明； （3）完成每个工作步骤后都必须由操作者与监督者签名		
任务要求	此任务用于评估学员对航空活塞发动机地面运行流程的认识与操作，必须在指定的时间内完成。任何不遵守安全程序的行为都将被评定为“不合格”		
序号	工作流程	操作人签名	监督人签名
1	确保工具清单中所列的工具可用，并处于可使用的状态		
2	按照恰当的 AMM 规定，拆除发动机整流罩		
3	检查整流罩是否有损坏或无法继续使用的迹象		
4	用轮挡锁定飞机机轮并检查制动操作，设置驻车制动器，起动发动机并执行以下检查项目，确定发动机性能是否达到制造商要求		

续表

序号	工作流程	操作人签名	监督人签名
5	检查发动机温度和压力		
6	检查低转速下，怠速、混合比例控制与磁电机开关的操作运行		
7	检查化油器运行情况		
8	检查陀螺仪或真空压力指示		
9	检查（交流）发电机		
10	检查任何异常的发动机振动或噪声		
11	检查发动机对油门操纵的响应		
12	检查每个磁电机和螺旋桨调速器的运行情况		
13	检查发动机静态转速、歧管压力和燃油流量之间的关系		
14	检查发动机怠速关断功能		
15	在任务记录表中记录工作过程中发现的任何缺陷与缺失，以及处理措施		

工具清单

序号	描述	取用位置
1	地面运行项目清单	
2		
3		

任务记录表

序号	情况记录	操作人签名	监督人签名

任务一 起动和地面运行程序

一、发动机地面运行准备和注意事项

在发动机起动之前，或进行了全面飞行前检查和安全检查之后，必须从机场气象部门获得气象报告，以确保在整个起动和地面运行过程中天气良好。

地面运行期间必须有发动机运行检查表来记录发动机参数，必须取得合适的 ISA 图，用于与 ISA 标准大气下的发动机效率进行对比。

所有的飞机发动机都有一定的起动程序，必须严格遵循。不同的动力装置有不同的操作程序，因此在起动发动机时，应遵循每种特定飞机《飞行员操作手册》（POH）或《飞机飞行手册》（AFM）中的说明。

发动机起动是一项地面操作，会给人员带来安全隐患，并可能损坏飞机和周围设备，因此，必须采取一定的预防措施。例如：

（1）所有发动机起动都应在指定的区域进行。

（2）飞机应停放在清洁的水平面上，使螺旋桨转动时不会将污染物吹到机库或其他飞机上。

（3）在发动机功率检查时，不能仅依靠飞机的刹车系统，应使用轮档固定机轮，或将飞机系留，以防止其移动。

（4）地面保障设备，如地面动力设备或液压作动车应远离螺旋桨旋转平面，并将其轮子固定。

（5）附近应有足够的消防设施，要保证人员和灭火器远离螺旋桨区域。

（6）发动机操作人员和地面人员之间应建立可靠的通信连接。

1. 液　锁

液锁是径向发动机在停车后可能出现的一种情况，是指滑油或液体燃油在下部气缸或下部进气管中积聚的现象。

由于液体是不可压缩的，任何试图起动处于液锁状态的发动机都会对活塞、连杆、气门或气缸造成严重损坏。因此，在尝试起动任何已关车超过 30 min 的径向发动机之前，应检查是否出现液锁状态。如图 8-1-1 所示。

检查时，确保点火开关处于关闭状态，然后将螺旋桨沿旋转方向转动至少两圈。如果旋转螺旋桨需要异常大的力量，说明气缸中存在液体。如果已出现液锁阻止运动的情况，切勿用力扳动螺旋桨。

要消除液锁，可拆下前部或后部火花塞，并按正常旋转方向旋转螺旋桨，从而让活塞排出液体。切勿试图通过向相反方向旋转螺旋桨来清除液锁，因为这可能会将气缸中的液体注入进气管，从而增加在随后起动时出现完全或部分液锁的可能性。

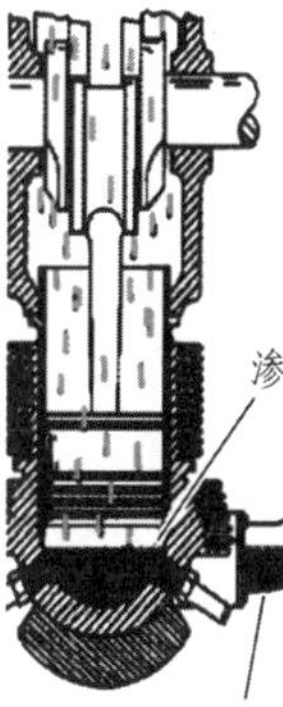

图 8-1-1　活塞发动机液锁

2. 发动机着火

在起动飞机发动机时，有可能发生发动机着火，如图 8-1-2 所示。

如果发动机难以起动，燃油混合气会进入进气系统，如果发生回火就会使进气系统内的混合气燃烧。

起动大型径向发动机时，需在发动机旁派驻一名合格的消防员，并配备合适的灭火器。大多数通用航空飞机的作业都不用专人担任消防员，但无论何时起动发动机，都应该知晓最近的灭火器位置。

当进气系统发生回火，应继续驱动发动机使其尽可能起动，这样就能把火焰吸进发动机气缸。如果上述操作不能消除着火情况，且发动机无法起动，就应该关闭燃油，使用二氧化碳灭火器对准进气滤网进行灭火。

图 8-1-2　发动机着火

二、发动机运行

1. 起动浮子式化油器的发动机

按照以下步骤可以成功起动发动机。

（1）飞机准备。

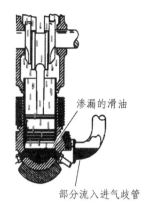

① 将飞机放置在没有松动砾石的位置。

② 将轮挡放在主起落架机轮前面并设置刹车。

③ 找到最近的灭火器。

（2）发动机准备。

① 将电源主开关打开。

② 将油箱选择器设置为满油箱。

③ 将化油器加热控制设置为冷态（COLD）。

④ 如果飞机配备的是恒速螺旋桨，将螺旋桨桨距控制设置为低桨距（高转速）。

2. 起动燃油喷射式发动机

燃油喷射式发动机的起动方式与浮子式化油器的发动机略有不同。

飞机以相同的方式进行准备，发动机则按照以下步骤进行准备工作：

① 将主电源开关打开。

② 将燃油箱选择器转向《飞行员操作手册》（POH）和《飞机飞行手册》（AFM）中指定的油箱。

③ 将备用空气控制设置为 DIRECT。

④ 将螺旋桨桨距控制设置为低桨距（高转速）。

⑤ 稍微打开油门（大约是油门行程的 1/8）。

⑥ 将混合比控制设置为“完全富油”。

⑦ 检查是否有人站在螺旋桨附近。大喊“人员远离”，警告所有人员远离螺旋桨。

⑧ 将增压泵转向 HIGH，并观察燃油流量计。到达指定流量时，将点火开关移动到“起动”位置。

⑨ 待发动机起动后，松开点火开关，回到 BOTH 位置。注意观察滑油压力的指示，将节气门调整到发动机运转最平稳的位置，一般是在 1 000 转左右。

如果在 30 s 内没有滑油压力指示，立即关闭发动机并找到压力不足的原因。

3. 发动机停车程序

根据安装的化油器或燃油喷射系统的类型，关闭发动机的程序有所不同。因此，应严格按照制造商提供的停车说明进行操作。通常情况下，大多数发动机的关闭方法是将混合比控制器置于“怠速关断”位置。

这一程序有助于确保气缸和进气系统中的燃油全部燃烧。如果所有的燃油都燃烧完毕，那么由螺旋桨运动引起的意外起动的几率就会降到最低。发动机停车后，关闭点火开关，并将钥匙从点火开关中拔出。

三、地面运行相关部件的检查

活塞式发动机的地面运行检查（见图 8-1-3）有助于了解其状态，运行检查应在干净的地方进行。

将飞机摆放好位置，确保产生的气流不会吹到其他飞机或任何建筑物上，并使机头迎风，有助于冷却。起动发动机，并暖车，直到滑油温度到达指定范围。

完整的地面检查包括以下项目：

（1）发电机检查。

检查电流表、负载表或电压表，确保发电机工作正常。

（2）点火开关地面检查。

发动机以最低转速运转时，将点火开关置于 OFF 位置。此时两个磁电机应停止点火，发动机应停止转动。在停止转动之前，将开关退回到 BOTH 位置。

（3）燃油流量检查。

发动机以磁电机检查的转速运行时，注意燃油流量指示，并与该转速下的规定流量进行比较。

（4）螺旋桨调速器检查。

将转速增加到 2 200 ~ 2 300 r/min，然后慢慢地将螺旋桨桨距控制装置向高桨距（低转速）方向移动。让转速下降约 50 r/min，然后加大油门。转速应保持稳定，歧管压力应增加。

（5）静态转速检查。

将油门推到最大，检查转速和歧管压力，应该符合 POH 中规定的数值。

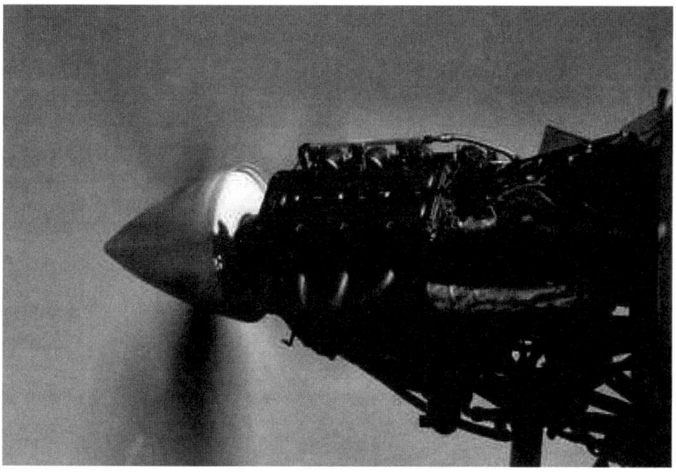

图 8-1-3　发动机静态转速检查

（6）磁电机检查。

航空活塞发动机需要有两套点火系统。两套系统的安全余度非常重要，通过两个电火花塞点燃气缸内的混合气，也可以提高发动机的工作效率。以这种方式点燃油气混合物可确保燃烧完全，并使发动机产生最大功率。

飞行前检查的一个重要部分是确定所有气缸都使用两个磁电机点火。当发动机仅用一个磁电机点火时，燃烧将不完全，转速也将降低。因此，磁电机检查是一种对比检查，以确保发动机在单独使用任一磁电机时运行状态不变。

单磁电机点火时，转速的实际下降量不一定很大，因为它受湿度、空气温度和机场高度等变量的影响。但是，下降幅度应为 POH/AFM 中特定飞机规定的限制范围内，并且单独使用两个磁电机其中之一时，发动机转速的下降幅度应该几乎相同。

如果磁电机检查结果显示使用单个磁电机时，转速都没有下降，则可能是点火开关没有将磁电机接地。如果任何一个气缸没有点火，发动机就会运转异常，必须确定其原因。

典型的磁电机检查应按以下方式进行：

① 起动并运转发动机，直到滑油和气缸头温度稳定在正常工作范围内。

② 将螺旋桨桨距控制杆置于低桨距、高转速位置。

③ 将发动机转速提高到 1 700 rpm（r/min）。

④ 将点火开关移到 RIGHT 位置，记录转速下降量。

⑤ 将开关返回到 BOTH 位置，让转速恢复。

⑥ 将点火开关移到 LEFT 位置，注意转速下降，然后将其返回到 BOTH 位置。

⑦ 使用任何一个磁电机的转速下降不应超过 150 rpm，单独使用两个磁电机时的转速差也不应超过 50 rpm。

转速平稳下降超过正常值通常表明混合气过浓或过稀。转速急剧下降超出正常值可能是由火花塞污染、线束故障或磁电机正时错误引起的。使用一个磁电机的转速过度下降和使用另一个磁电机时的正常下降可能表明磁电机内部或发动机的正时不当。如果磁电机检查时对发动机状况有任何疑问，则在转速较高或混合气较稀的情况下进行检查，通常可以确认是否确实存在故障。

任务二　发动机和部件检查

一、飞行前检查

（1）确认点火开关已关闭且混合气处于怠速关断位置。

（2）彻底检查发动机的最佳方法是打开整流罩。

（3）发动机暴露在外时，从靠近防火墙的附件机匣后部开始，检查所有的油管。

（4）确认管路无松动、摩擦、过度磨损或老化迹象。

（5）如果所有液体管路状况良好，检查滑油油位，确保其处于规定的工作油位。

（6）如果油底壳已完全注满滑油，多数发动机都有将滑油从曲轴箱通气孔中排出的趋势，因此许多飞机是在滑油未装满的情况下运行。

（7）检查磁电机的所有接线，确保没有松动或磨损的电缆。

（8）检查火花塞导线的一般状况，以及它们与火花塞连接处是否有松动迹象。

（9）此外，确保所有导线都已固定，以免被排气烧毁。

（10）检查发电机和电压调节器的所有接线。

（11）如果蓄电池和主继电器在防火墙的前方，也要检查它们。

（12）检查发动机下方是否有燃油或滑油泄漏迹象。

（13）如果在下整流罩或前支柱上可以看到蓝色燃油污渍或滑油积聚，则表明发动机某处存在泄漏。

（14）检查发动机挡风板，特别注意气缸周围的挡风板。

（15）如果有挡风板破裂或断裂，或者没有密封，则可能会形成局部热点。

（16）检查气缸上的油漆是否有变色迹象，这表明可能超过了最高温度限制。

（17）检查点火导线进入气缸时的状态，如果发动机是燃油直喷式，则检查点火导线连接至喷嘴的位置。

（18）仔细检查排气管与气缸连接的区域，以确保垫片没有移动，并且所有螺母都在适当的位置。此外，还应检查所有排气管的安全性和泄漏迹象。

（19）排空主燃油滤并采集燃油样本。

（20）燃油样品中不得有水的迹象，必须使用正确类型的燃油。

（21）检查化油器空气滤清器的安全性和清洁度。

（22）此外，尽可能多地检查进气系统是否有可见的燃油染色痕迹。

（23）如果存在燃油污渍，则进气系统可能存在泄漏。

（24）检查螺旋桨是否有划痕，如有可能，检查所有连接螺栓或螺母是否牢固，是否安全。

（25）如果安装了恒速螺旋桨，检查螺旋桨底座是否漏油过多，并验证螺旋桨调速器上的连杆是否牢固。

（26）有时，作为飞行前检查的一部分，客户可能会要求起动发动机。

（27）如果是这种情况，应按照正确的检查单起动发动机。

（28）一旦起动，滑油和燃油压力应升至正常工作范围。

（29）在试车过程中，发动机应产生所需的静态转速和歧管压力，磁电机压降应在规定的限值内，两个磁电机上的压降相等。此外，应进行磁电机安全检查，以确保开关正常工作。

（30）如果飞机配备了恒速螺旋桨，螺旋桨应在低和高桨距之间平稳运行。

（31）此外，在化油器发动机上，打开化油器加温控制时，转速应略有下降。

二、50 h 检查

几乎所有的发动机制造商都建议进行 50 h 的检查。典型的 50 h 检查要求发动机进行一次运转，并检查发动机的所有子系统，包括点火、燃油、润滑、排气、冷却和涡轮增压系统。此外，大多数制造商还提供了一份进行 50 h 检查的检查单。

1. 点火系统

应检查火花塞引线的安全性和是否有腐蚀迹象。所有导线都应牢固地固定在火花塞和磁电机分电器上。此外，点火导线的任何部分都不应该有摩擦或磨损的迹象。检查火花塞与气缸头的螺纹连接处是否有泄漏的迹象。

2. 燃油和进气系统

检查管路是否泄漏，是否安全。拆下并清洗燃油滤和进气滤，检查混合比控制和节气门联动装置行程是否适当，运动自由度和安全性是否良好。

必要时对操纵装置进行润滑。检查进气口和空气膜盒是否泄漏，是否有空气滤损坏的迹象。此外，检查是否有灰尘或其他固体污染物通过空气滤的迹象。检查燃油泵通气管道，是否有燃油或滑油渗漏的迹象，如有就表明燃油或滑油密封圈处密封不良。

3. 润滑系统

大多数发动机制造商建议在 50 h 的检查期间排放并更换发动机滑油。如果发动机配备了滑油滤网，应将其拆下并检查有无金属颗粒。如果发动机配备滑油滤清器，则拆下滤清器并打开，以检查有无金属颗粒的痕迹。检查所有滑油管路有无泄漏或磨损迹象。

4. 排气系统

检查连接到气缸头的排气管上所有法兰有无泄漏迹象。如果它们松动或出现任何翘曲迹象，则必须在重新组装前将其拆下并机械加工平整。此外，检查整个排气歧管和消音器组件的总体状况，特别注意是否有泄漏迹象。

5. 冷却系统

检查所有整流罩和挡风板是否有损坏或零件缺失的迹象。如果发现小裂纹，通常可以钻止裂孔以防止裂纹进一步扩展。但是，如果开裂严重，就需要进行额外的结构修复。

6. 气　缸

检查气缸头摇臂室盖是否有泄漏迹象。如果有泄漏，则更换摇臂室密封垫。仔细检查整个气缸有无过热迹象。气缸过热的典型迹象包括一个或多个气缸上的油漆燃烧或变色。如果气缸过热，则需要通过内窥镜或拆下气缸进行进一步检查。

7. 涡轮增压器

如果发动机配备涡轮增压器，应检查供油管和回油管是否泄漏或磨损。此外，应检查所有支架和隔热板的安全性以及是否有损坏或裂纹迹象。检查废气旁通阀的开关自由度，以及备用进气门的操纵和密封情况。

三、100 h 检查或年检

CASA AC 91.M-2（0）规定，所有通用航空飞机必须通过年度检查才能持续适航。所有年度检查均以日历月为基础，因此应在最后一次年度检查完成后第 12 个月的最后一天前进行。例如，如果上一年度检查于 2021 年 6 月 11 日完成，则下一年度检查应于 2022 年 6 月 30 日前完成。无论上一年的飞行小时数是多少，都必须进行年度检查。此外，它们只能由具备 B1.2 执照的飞机维修工程师执行。

除年检外，所有租用的通用航空飞机必须每 100 个飞行小时进行一次检查。本次检查项目与年检项目相同。

运行时间是确定下一次 100 h 检查的主要考虑因素。顾名思义，100 h 检查应在上一次 100 h 检查完成后 100 h 内完成，无论日期如何。但是，有一项规定可将 100 小时的间隔延长到最多 10 h，以允许飞机飞到可以完成检查的地方。完成后，超过 100 h 间隔的小时数将从下一个检查间隔中扣除。例如，如果飞往一个可以进行 100 h 检查的地方的飞机超出 100 h 检查间隔 6 h，那么下一次 100 h 检查将在 94 h 后到期。换言之，下一次检查间隔缩短的时间与上一次检查延长的时间相同。

以下为完成 100 h 或年度检查所需的基本步骤。总而言之，与任何其他检查一样，必须始终遵循制造商的说明。

1. 初始文件检查

文件检查工作是进行 100 h 检查或年度检查的重要步骤。在开始实际检查之前，应该检查所有飞机记录，包括型号合格证数据表。此外，检查并列出适用于发动机及其所有部件的所有适航指令，包括化油器、磁电机、发电机、螺旋桨和点火开关。检查通用航空适航警报，熟悉其他机械师在类似发动机上发现的问题类型。最后，查看制造商的服务公告和服务信函，是否有制造商建议或要求的额外维护工作。

审核飞机文件后，进行一致性检查，以验证发动机上的所有附件和设备均获得批准。如果附件未出现在设备清单或型号合格证数据表中，请检查该附件是否根据补充型号合格证（STC）进行安装。检查发动机和螺旋桨的工作总时间，并将其与有寿命件列表进行比较，以查看是否有任何附件接近其报废时间。查看发动机或螺旋桨是否有大修和改装单。如果有，则检查所做的工作以确保是按照表格上所描述的进行。

2. 清　洗

一旦文件检查工作完成，就可以进行实际检查。执行 100 h 或年度检查的第一步是打开所有必要的检查盖板、检修通道和整流罩，并清洁飞机和发动机。清洁是为了清除检查过程中可能的遮蔽裂纹或其他缺陷的任何滑油、油脂或污垢。

打开整流罩时，查看是否有滑油或其他可能表明存在泄漏的液体积聚。如果没有异常数量的液体，使用标准溶剂或商用脱脂剂清洗发动机和发动机舱。为防止损坏电气部件，应在磁电机和交流发电机的所有通风孔上贴胶带。此外，避免溶剂或水直接溅到任何电气部件、真空泵或起动机上。

3. 发动机预检验试车

清洁发动机后，进行预检验试车，以确定发动机是否正常运转，并加热滑油，使滑油润滑气缸内壁。在试车期间，确认滑油温度和压力在正常工作范围内。此外，确认发动机静态转速正常，并且磁电机压降在可接受的范围内。两个磁极上的压降必须相同或几乎相同。检查发动机是否有任何异常噪声和振动。

如果发动机配备了恒速螺旋桨，则旋转几周以检查其是否正常工作，螺旋桨旋转工作时应相对平稳。检查完全部发动机系统后，关闭发动机，把飞机带进机库。当发动机仍处于暖机状态时，排空滑油并从每个气缸上拆下顶部火花塞，以便执行压缩比测试。

填写检验报告，表格形式见相关发动机起动前检查报告图例（见图 8-2-1）。

4. 润滑系统

在对每个气缸进行压缩测试且发动机冷却后，拆下滑油滤清器或滤网。如果安装了过滤器，将滤芯切开，以便检查是否有金属颗粒。如果安装了滤网，检查滤网和滤网壳体有无金属。滑油中存在一些金属颗粒是正常的，但是，如果金属颗粒过多则表示发动机即将发生故障，必须找到其来源。安装新的滤清器滤芯或原滤网并拧紧到位。重新安装并固定放油塞，并向油底壳中注入新滑油。检查所有滑油管路、滑油散热器和整个发动机是否存在任何可能表明密封垫泄漏或部件损坏的滑油泄漏迹象。

5. 检查后试车和记录

检查完成后，重新安装整流罩并进行检查后的试车。如果发动机检查结果令人满意，则填写发动机保养记录并填写所有工厂记录。

INSPECTION REPORT

This form meets requirements of FAR Part 43　　Work Order No. ______

Make	Model	Serial No.	Registration No.
Owner		Date	
Type of Inspection		Tach Time	

A. PROPELLER GROUP

	L	R	100	500	Insp.
1. Inspection spinner and back plate					
2. Inspect blades for nicks and cracks					
3. Inspect hub for cracks and corrosion					
4. Check for grease and oil leaks					
5. Check mounting bolts and safety					
6. Constant speed — check blades for tightness in hub					
7. Constant speed — remove prop, remove sludge					
8. Lubricate as per manual					
9. Inspect complete assembly					
10. Replace spinner					

B. ENGINE GROUP

	L	R	100	500	Insp.
1. Remove engine cowls					
2. Clean cowling, check for cracks missing fasteners, etc.					
3. Compression check: /80 L. #1 #2 #3 #4 #5 #6 R. #1 #2 #3 #4 #5 #6					
4. Drain oil					
5. Check oil screens and clean					
6. Replace oil filter element					
7. Check oil temp sender unit for leaks and security					
8. Clean and check oil radiater fins					
9. Remove and flush oil radiator					
10. Check and clean fuel screens					
11. Drain carburetor					
12. Service fuel injector nozzles					
13. Check fuel system for leaks					
14. Check oil lines for leaks and security					
15. Check fuel lines for leaks and security					
16. Service air cleaner					
17. Check induction air and heat ducts					
18. Check condition of carb heat box					
19. Check mag points for proper clearance					
20. Check mags for oil seal leakage					
21. Check breaker felts for lubrication					
22. Check distributer block for cracks, burned areas, corrosion, height of contact springs					
23. Check ignition harness and insulators					

图 8-2-1　起动前检查报告

例如，在执行维护工作时，必须创建至少包含以下信息的日志条目：

（1）工作完成的日期。

（2）对所执行工作的 CASA 可接受的数据的描述或参考。

（3）执行工作的人的名字（如果不是自己动手的话）。

（4）本人签名。

（5）执照编号。

（6）持有执照等级。

需要注意的是，在维护完成后填写日志，并完成签名。该签名构成对已完成工作再次服役的批准。

执行检查的日志条目与执行维护的条目有些不同，以下是必须在检查日志条目中包含的项目列表。

（1）检查完成的日期。

（2）总服役时间。

（3）执行的检查类型。

（4）一份证明声明，其措辞类似于“本人证明本飞机已按照（××类型）检查要求进行检查，并被确定处于适航状态。”

（5）本人签名。

（6）执照编号。

（7）持有执照等级。

如果飞机因需要维修，不符合适航规范、适航指令或其他批准的数据而未获准恢复使用，则认证声明的措辞应为：“兹证明，本飞机已按照（××类型）检验要求进行检验，并已向飞机所有人提供日期为（××年××月××日）的不符合项清单。”

6. 仪表维护规范

作为一名航空维修技术员，在发动机仪表维修方面能做的事情不多。但是，在不需要拆卸仪表的前提下可以进行一些基本的预防性维护。例如，用柔性传动轴机械驱动的转速表需要定期维护，以防止出现示数波动。

传动轴必须使用经许可的润滑剂（如石墨）进行润滑，将传动轴连接至仪表、机身和发动机的硬件应牢固可靠。传动轴的安装应远离过热区域或液体，不得有急弯或扭结，且不得对仪表施加任何应力。此外，应经常紧固传动轴，以防止抖动，从而导致指针摆动。

必须定期检查电气和电子转速表装置，以确保转速表电机和仪表安装牢固，并且在发动机运转时不会振动。转速表电气接线应正确捆扎和夹紧，以防止振动和松动引起的磨损。此外，确认线束没有因夹得太紧而受到张力，并且其受到保护，免受腐蚀性液体和过热的影响。

在 100 h 或年度检查期间，通常检查仪表的状态、安装、标记和运行状态等情况。

仪表外壳的油漆碎屑是一种表面缺陷，与仪表的正确运行无关，此时仪表可以使用，不需要立即调整。但是，任何需要打开仪表盘的异常情况，如玻璃破裂或有雾、指针松动或指针无法归零，必须由仪表技术人员进行调整。

四、活塞发动机典型单项检查、维护工作

1. 缺缸检查

缺缸检查有助于确定发动机上每个气缸的工作特性。任何一个或多个气缸温度低的趋势可以表明气缸内没有燃烧。

缺缸检查用缺缸指示器进行，缺缸指示器是一个精确的温度计，上面有直接与气缸接触的探针。

可使用缺缸指示器分析的发动机故障有

（1）发动机运转不平稳；

（2）检查点火系统时，转速下降过大或间歇性熄火；

（3）在地面检查期间，螺旋桨处于最小桨距位置时，给定发动机转速下的歧管压力偏高；

（4）气门间隙不当。

进行缺缸检查，必须先运行发动机，直到气缸变热。进行此操作时，必须使飞机正面迎风，以尽量减少冷却不均，并确保螺旋桨负载均匀。

发动机运转后，重现要分析故障所需的条件。

以最大转速运转发动机，直到气缸头温度达到约 300 °F（约 150 °C），或直到温度稳定在一个较低的读数。此时，通过将混合比杆移至怠速关断位置来关闭发动机。

当发动机停止点火，关闭点火开关和主开关。确认安全后，立即使用缺缸测试仪检查每个气缸的温度。从 1 号气缸开始，以数字顺序围绕发动机快速进行检查，并重复检查所有较低的读数。

分析缺缸检查结果时，要记住温度是相对的，考虑单独一个气缸温度意义不大。但是，一个气缸的温度可以与其他气缸的温度进行比较就可以确定某个气缸的故障。

2. 压缩试验

气缸压缩试验确定气门、活塞涨圈和活塞是否充分密封燃烧室。压缩性能好的气缸可以产生最大功率，而压缩性能较差的气缸产生功率会降低。

大部分压缩比低的原因可追溯到由于气门间隙不正确或气门正时太早或太迟而导致的气门泄漏。其他几种情况也可能导致气门泄漏，如气门头锥面和气门座之间有积炭颗粒或气门经过燃烧或扭曲变形。此外，压缩比低也可能是活塞涨圈、气缸壁或活塞过度磨损或损坏造成的。

在进行压缩试验之前，应运行发动机，使活塞涨圈、气缸壁和其他零件得到即时的润滑。但是，发动机组装期间或在单独更换的气缸上实施压缩检查之前不必运行发动机。在这种情况下，进行试验前，可以向一个或多个气缸中喷入少量润滑油，并转动发动机几次，以密封缸筒中的活塞和活塞涨圈。

有两种典型的压缩测试仪，分别是压差测试仪和直接压缩测试仪。

（1）压差试验仪（见图 8-2-2）。

压差测试仪通过测量气缸中的漏气量来检查飞机活塞发动机的压缩比。测试仪是基于伯努利原理运行的，换句话说，对于给定的气流通过一个固定的开口，在开口处会有一个恒定的压降。

气流通过开口的速度的任何变化都会引起压力的相应变化。因此，如果在进气门和排气门都关闭的情况下，通过压力表向气缸提供加压空气，那么通过气门或活塞涨圈泄漏的空气量将通过指示器显示相应的压降。当然，一个完美的气缸是不会有泄漏，也就不会出现压降。

在进行压差测试时，必须遵循飞机制造商的说明。有一些适用于大多数测试的一般准则，以下是进行压差测试时的常见步骤。

① 从气缸上拆下最容易接触到的火花塞，并将压缩测试仪适配器安装在火花塞孔中。

② 按正常工作方向手动旋转发动机，直到要测试的气缸中活塞在压缩行程中处于上死点。

如果通过上死点，再次沿旋转方向转动螺旋桨之前，将螺旋桨至少后退 180°。这是必要的，以消除气门作动机构中齿侧间隙的影响，并保持活塞涨圈处于涨圈槽下端。

③ 将压缩测试仪连接到 100 ~ 150 psi 的气源上。关闭压缩测试仪上的节流阀，调整压缩测试仪的控制器，使压力表上的压力达到 80 psi。

④ 重新检查压缩测试仪，确认测试仪的节流阀已关闭，并将测试仪连接到火花塞适配器。

⑤ 确认螺旋桨附近没有任何物体和人员，然后打开压缩测试仪上的节流阀。如果在施加压力时，活塞已过上死点，则螺旋桨将沿着发动机旋转的方向旋转。

⑥ 在调节压力为 80 psi 时，读取气缸压力表的读数。如果气缸压力表的读数低于被测发动机规定的最低值，则沿旋转方向移动螺旋桨，以使活塞涨圈处于合适位置。

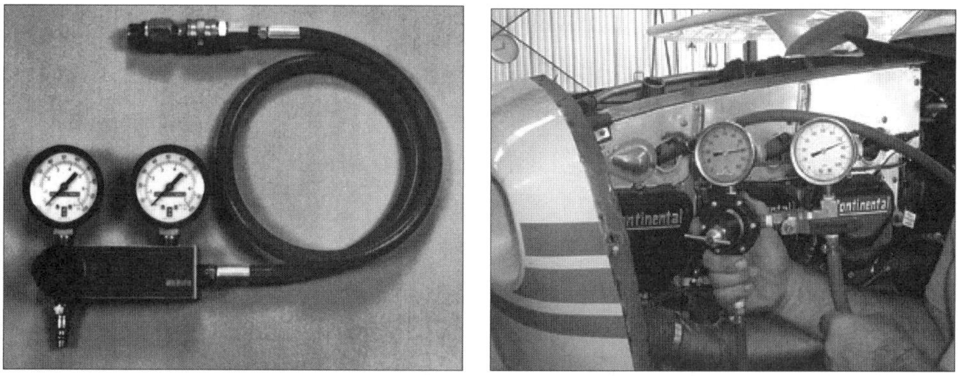

图 8-2-2　压差测试仪

（2）直接压缩测试仪（见图 8-2-3）。

进行直接压缩测试时，必须遵循飞机制造商的说明。

直接压缩测试指示气缸内的实际压力。这种方法在识别气缸内特定缺陷部件时比压差测试有效。但是，直接压缩测试提供读数的一致性仅可表明发动机的整体状况。

一般来说，大多数发动机维护手册都包含进行直接压缩测试的说明。这里介绍了一般步骤。

① 从每个气缸上拆下最容易接触到的火花塞。

② 清理螺旋桨弧周围的区域，用起动机旋转发动机，以排出气缸内多余的积油和松散的炭粒。

③ 在每个气缸中安装一个测试仪，并按建议的力矩拧紧。如果只有一个测试仪，则分别检查每个气缸。

④ 在节气门打开的情况下，通过接通起动机使发动机至少旋转三整圈，并记录压缩读数。建议在旋转发动机时使用外部电源，因为飞机电池电量不足可能导致发动机转动速度慢，压强读数低于预期。

⑤ 重新检查任何记录压强值明显低于其他气缸的气缸，以验证其准确性。如果读数比其他气缸低约 15 psi，则表明该气缸漏气，必须进行维修。要确定读数低不是由于测试仪的故障造成的，办法是用已知准确的测试仪重复进行压缩检查。

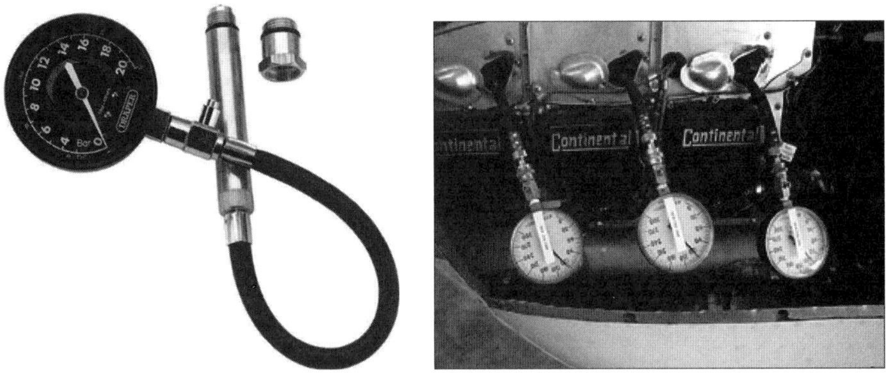

图 8-2-3　直接压缩测试仪

气缸压缩试验时，仔细倾听，观察是否能确定漏气的来源。气缸中的空气可能从三个地方泄漏：经过进气门、经过排气门和经过活塞涨圈。

经过排气门的漏气通常通过在排气管处听到的嘶嘶声或哨声来确定。另一方面，经过进气门的空气泄漏通常可以通过化油器听到。曲轴箱通气孔中的嘶嘶声表明有空气通过活塞涨圈泄漏。

如果进行压缩试验时，活塞涨圈间隙恰好对齐，就会出现活塞涨圈磨损或缺陷的指示。发生这种情况，应该让发动机运行一段时间，使活塞涨圈间隙有机会错位。

3. 发动机正时

大多数往复式发动机都有内置的正时参考标记，如图 8-2-4 所示。

在没有螺旋桨减速器的发动机上，正时标记通常位于螺旋桨法兰边缘。当 1 号活塞位于上止点时，压印在边缘上的 T/C（上止点）标记将与曲轴箱刻线对齐。其他法兰标记表示上止点之前的度数。

正时标记也标记在起动机齿圈上，与起动机壳体顶面上的小孔对齐。

在某些发动机上，螺旋桨减速驱动齿轮上有度数标记，为给这些发动机正时，必须拆下减速齿轮壳体外部的销子才能看到正时标记。

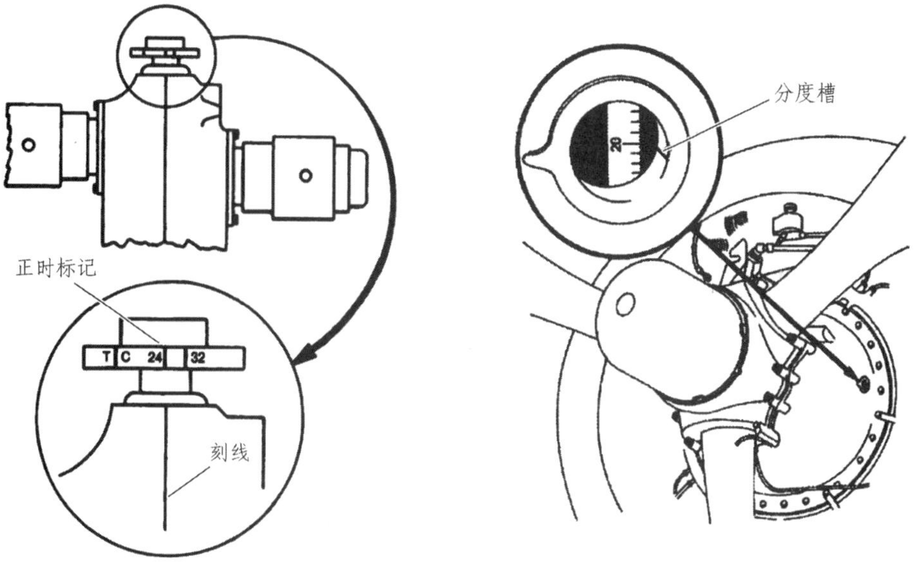

图 8-2-4　各类活塞发动机正时标记

有些活塞发动机的正时标记在曲轴法兰上，可以通过从曲轴箱上拆下接头来查看，如图 8-2-5 所示。每种情况下，发动机制造商的说明书都给出了内置正时参考标记的位置。一些旧发动机没有内置正时标记，可以参考同种类型发动机上的正时标记准确位置。

除了在发动机上使用正时参考标记外，还可以使用更精确的仪表，用于指示 1 号活塞的位置。其中一种设备是正时指示器，如图 8-2-6 所示。正时指示器更精确，因为一旦校准，可以测量出活塞离上止点的实际度数。使用正时指示器，可以精确测量气缸内活塞的位置。

图 8-2-5　现代对置发动机的正时标记

图 8-2-6　正时指示器

4. 磁电机正时

作为 100 h 和年度检查的一部分，应检查磁电机的点火正时。为此，在每个磁电机上安装一个正时指示灯并转动发动机，直到 1 号活塞处于点火位置。此时，反向转动发动机，直到正时指示灯熄灭。一旦灯熄灭，继续将发动机按相反的旋转方向再旋转 5°～10°。此时，再以正常方向转动发动机，直到正时指示灯亮起。一旦亮灯，检查发动机正时标记，以确认磁电机在适当的时间点火。

如果在运行检查期间磁电机的性能不理想，并且磁电机对发动机的正时是正确的，则必须调整磁电机的内部正时。调整磁电机内部正时的唯一方法是从发动机上拆下磁电机。拆下后，使用制造商的程序调整内部正时。要注意，每次拆下磁电机断路器组件进行清洁或更换时，必须重新调整内部正时。此外，任何时候进行磁电机内部正时，必须对磁电机和发动机重新进行正时。如图 8-2-7 所示。

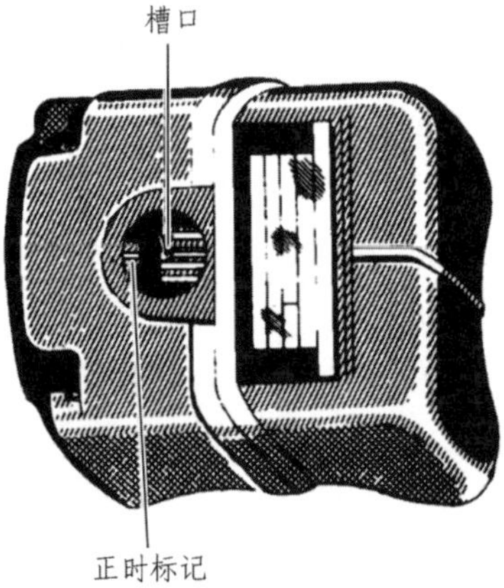

图 8-2-7　磁电机正时标记

5. 部件结构检查

根据发动机制造商手册、图表和服务公告中的程序检查气缸和活塞组件。 以下是检查气缸和活塞的一般程序。

（1）气缸头。

检查气缸头内部和外部有无裂纹。

（2）气缸体。

使用千分表、伸缩表和千分尺检查气缸内壁是否磨损。气缸体的尺寸检查（见图8-2-8）包括测量以下参数：筒壁最大锥度；最大椭圆度；孔径；台阶面；活塞裙和气缸之间的配合；检查气缸壁面是否生锈、点蚀和划伤；检查气缸安装边是否翘曲。

（3）气门和气门弹簧。

① 检查气门是否存在物理损坏以及燃烧或腐蚀造成的损坏。

② 检查气门座端面是否跳动。

③ 使用放大镜，检查气门杆区域和气门头有无裂纹、刻痕或任何其他损坏迹象。

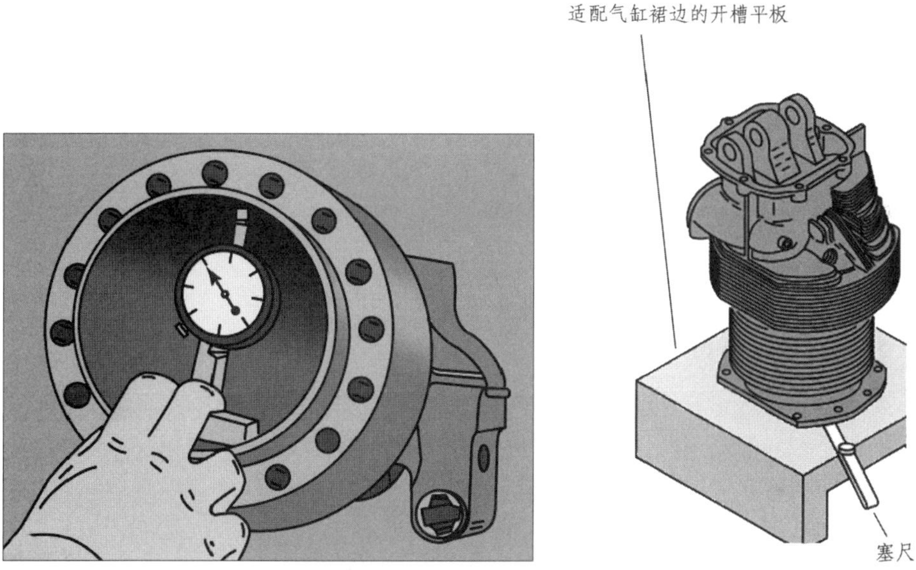

图 8-2-8　气缸体尺寸检查

④ 使用千分尺或气门半径测量计检查气门是否有拉伸和磨损状况，如图8-2-9所示。

⑤ 检查气门弹簧有无裂纹、生锈、断裂和压缩。

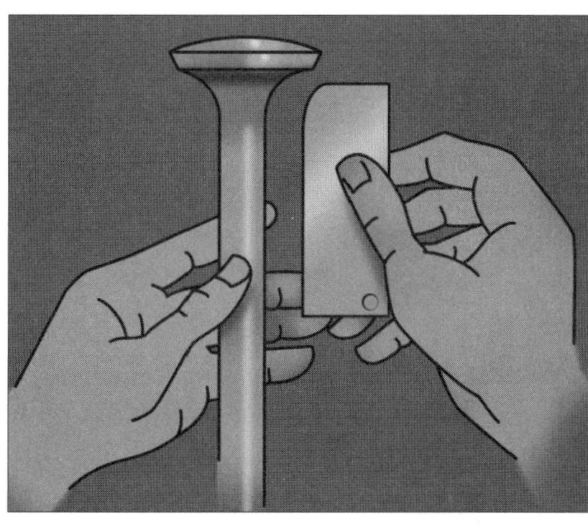

图 8-2-9　气门拉伸与磨损检查

（4）摇臂和摇臂轴（见图 8-2-10）。

① 检查气门摇臂是否有裂纹、磨损、凹陷和划痕。

② 确保所有滑油油路中没有障碍物。

③ 用千分尺检查摇臂轴的尺寸是否正确。

④ 检查摇臂衬套的尺寸是否正确。

⑤ 检查摇臂轴和衬套之间的间隙是否正确。

⑥ 检查滑油孔是否对齐。

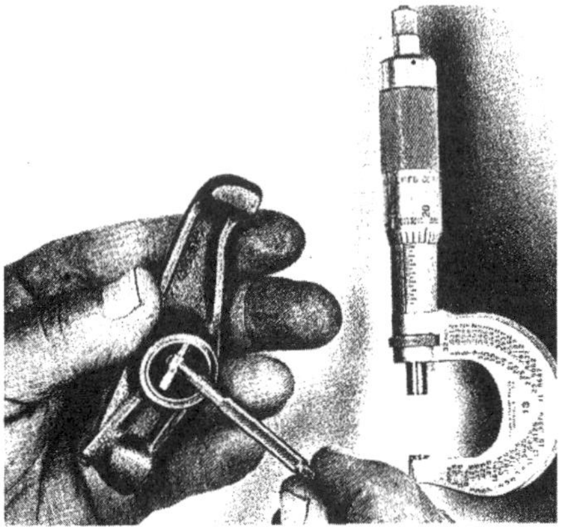

图 8-2-10　摇臂轴尺寸检查

（5）活塞和活塞销（见图 8-2-11）。

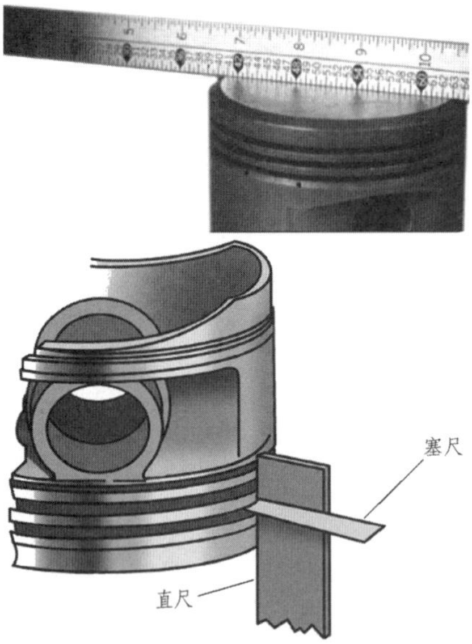

图 8-2-11　活塞尺寸检查

① 检查活塞裙是否开裂、活塞涨圈是否断裂和活塞销孔是否划伤。

② 如果可以，使用直尺和厚度仪检查活塞顶的平面度。

③ 检查活塞外部有无划痕。

④ 用千分尺测量活塞外部尺寸。

⑤ 检查活塞涨圈槽有无台阶迹象。

⑥ 检查活塞销是否有划痕、裂纹、过度磨损和点蚀。

⑦ 使用伸缩量尺和千分尺检查活塞销和活塞销凸台孔之间的间隙。

⑧ 检查活塞销是否弯曲。

（6）曲轴检查。

对于经历突然停车的发动机，如飞机螺旋桨撞击地面或固体物体，必须进行曲轴跳动检查。

在发动机仍安装在飞机上的情况下进行检查，需要拆下螺旋桨，并在发动机的前部牢固地安装一个刻度盘指示器。

将刻度盘指示器的“指端”（作动杆）放在螺旋桨轴花键前方的光滑部分上，然后转动曲轴，曲轴的任何偏心都会在刻度盘上显示出来，如图 8-2-12 所示。

如果在跳动检查中发现曲轴弯曲，则不建议将其校直。在这种情况下，必须将发动机拆解，并安装一个新的曲轴。

图 8-2-12　曲轴端面跳动检查

项目九　活塞发动机的存放与保存

长期不使用的活塞发动机需要执行保存程序进行存放，发动机和发动机附件保存程序的主要目的是防腐。执行良好的保存程序可以有效延长发动机的存放时间，有利于解除保存后最短时间内即可投入使用。

通过项目九的学习，学员应完成以下目标：

（1）能够描述活塞发动机存放的一般程序；

（2）能够描述活塞发动机解除保存的一般程序。

任务一　发动机保存

1. 防腐剂

只要钢、铁或铝等金属与氧气结合形成氧化物，就会发生腐蚀。因此，如果这些金属被正确密封，就不会发生腐蚀。

大多数防腐剂是石油基产品，可以在金属表面形成一层蜡状薄膜，防止空气接触金属表面。这些防腐蚀化合物中有几种是按照不同的规格生产的，以满足特定的航空需求。

例如，轻质防腐剂通常与发动机滑油混合，以形成短期保存的保护屏障。轻质防腐剂也可以被喷入气缸或其他部件上。短期防腐剂适用于在 30 天以内不使用的发动机。

轻质防腐剂一般符合 MIL-C-6529 的Ⅰ型、Ⅱ型或Ⅲ型规格标准。

Ⅰ型防腐剂是一种浓缩产物，必须与三份 MIL-L-22851 或 MIL-L-6082 级 1100 滑油混合，浓缩为一份。此外，Ⅱ型防腐剂与 MIL-L22851 滑油直接混合，不需要稀释。Ⅲ型防腐剂仅用于涡轮发动机。

需要记住的一点是，滑油和防腐剂必须以正确的比例在发动机外混合，再加入发动机中。将防腐剂混入发动机中已有的滑油里并不是良好的维护习惯，必须避免。

重质防腐剂用于发动机的长期保存，可在金属表面形成厚重的蜡状屏障。在使用重质防腐剂之前，必须将其加热到液态。防腐剂冷却后，去除它的唯一方法是使用商用溶剂或煤油喷雾。

尽管防腐剂起到了防潮的作用，但在高湿度条件下，它们最终会在一段时间内分解。此外，这些防腐剂最终会随着其油基的逐渐蒸发而变干。如果发生这种情况，水分就会与金属接触，进而发生腐蚀。

2. 脱水剂

脱水剂，通常称为干燥剂，在发动机保存过程中经常被使用，因为它们可以从大气中吸收水分。硅胶是一种常见的干燥剂，并且是理想的脱水剂，因为它在饱和时不会溶解。

在保存的发动机周围和内部可触及处放置一袋硅胶可作为一种防腐措施。

硅胶还用于称为脱水塞的透明塑料塞（见图 9-1-1），这些塞子被拧入发动机的火花塞孔。脱水塞中的硅胶通常经氯化钴处理，使其呈现明亮的蓝色，显示相对湿度较低。随着湿度的增加，蓝色逐渐变浅，在相对湿度为 30%时变成淡紫色。

相对湿度低于 30%，通常不会发生腐蚀。因此，如果脱水塞是亮蓝色的，那么发动机中的空气水分含量相对较低，内部腐蚀被控制在最低限度。

氯化钴处理过的硅胶也用于湿度指示剂封套。这些封套可以系在存放的发动机上，以便通过密封发动机容器的小观察窗进行检查。储存的干燥剂应密封在容器中，以防止在使用前被湿气浸透。

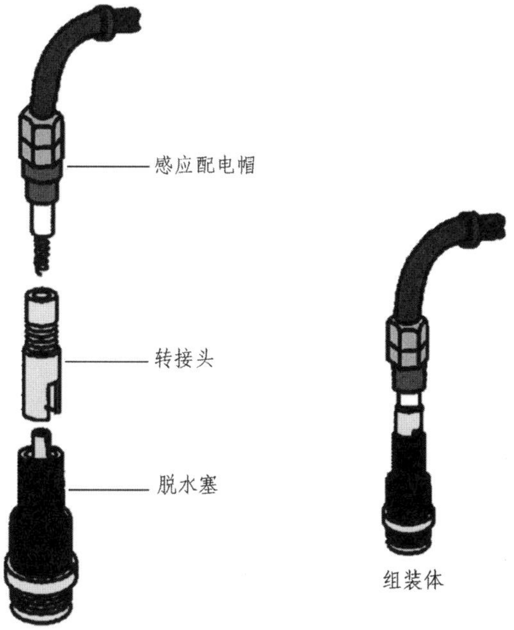

图 9-1-1　安装在点火引线上的脱水（干燥剂）塞

3. 发动机保存

将发动机从飞机上拆下来保存之前，应该在滑油中加入防腐剂。完成此操作后，发动机必须运转 15 min 使油液覆盖发动机的内部零件。

任何停止使用并准备保存的发动机必须在排气口周围进行彻底的防腐蚀处理。这是必要的，因为废气的残留物具有潜在的腐蚀性。应向每个排气口内喷涂防腐剂，以覆盖排气口内部和排气门。然后，应在每个排气口上放置一个防潮和防油的垫片，并用金属或木板将其固定在适当的位置。这些盖板形成密封，有助于防止水分通过排气口进入发动机。

拆下发动机后，应在每个气缸内部喷涂防腐剂。这样做是为了防止水分和氧气与燃烧留下的沉积物发生反应。要做到这一点，每个气缸都应在活塞处于下死点的情况下进行喷涂，使整个气缸内部都能被涂上。旋转发动机，直到一个活塞处于下死点，然后将喷头插入火花塞开孔处以喷涂防腐剂。一旦该气缸被喷涂，再次旋转发动机，直到下一个活塞处于下死点，喷涂该气缸。当每个气缸的活塞位于下死点的位置喷涂完后，在不旋转曲轴的情况下重新喷涂每个气缸。完成此操作时不得旋转曲轴，否则防腐剂的密封就会被破坏。防腐剂干燥后，应立即在每个火花塞口插入一个脱水塞。此外，每根点火线束的导线都应该用导线支架连接到脱水塞。

发动机保存时，进气歧管也必须密封。如果化油器在存放期间要保留在发动机上，那么节气门应保持打开，并在进气口上安装密封盖。另一方面，如果化油器被拆下，则要在化油器安装座上安装密封盖。在这两种情况下，密封圈应该是一个防油和防潮的衬垫，并以木板或金属板为支撑，用螺栓牢牢地固定住。为了有助于去除多余的水分，在进气歧管中放置硅胶。通常情况下，硅胶袋悬挂在盖板上，以减少在发动机从仓库中取出时忽略它们的可能性。

发动机装箱之前，应该在发动机外部喷上厚厚的防腐涂层。如果做不到这一点，则至少应该在螺旋桨轴上涂抹防腐剂，随后在轴周围固定一个塑料套或防潮纸。应对发动机进行最终检查，以确保所有开口均已密封，并且在包裹适当的附件后才能保存或运输。

一旦保存好，送去检修的发动机或新检修的发动机入库，应使用集装箱进行保护。金属或木制的集装箱内都有用于固定和保护发动机的支架。

发动机水平存放在金属运输容器中时，通常安装了专用的通风塞。如果垂直存放，则每个气缸中的上部火花塞孔都要安装通风塞，而下部火花塞孔安装非通风塞。去除干燥剂的脱水塞可以作为非通风塞使用。

（1）发动机运输集装箱。

被运出维修或大修的发动机必须得到保护，以免损坏。因此，大多数发动机被包装在木箱或金属运输容器中如图 9-1-2 所示。一些大修后的发动机被密封在装有惰性气体（如氮气）的加压容器中。

图 9-1-2　典型发动机运输箱

发动机放到运输集装箱，使用安装夹具进行固定，一些集装箱为那些从发动机上拆下来也被送回检修的附件提供了特殊的存放区域。木箱和金属容器可用于发动机的水平安装或垂直安装。

除运输集装箱外，大多数发动机都用塑料或铝箔纸包裹。在密封保护套之前，应在发动机周围放置硅胶袋，以使密封套内的空气干燥。硅胶的用量由发动机的大小决定。

在箱体上标上正确的拆卸或保存日期，并标明发动机是可修理还是可维护的。

（2）保存发动机的检查。

大多数发动机维修厂都会对保存的发动机提供定期检查。

通常，每 30 天检查一次运输箱中存放的发动机的湿度指示卡。如果必须打开发动机保护套，则在当地条件允许的情况下，检查时间可延长至每 90 天一次。

在正常情况下，每 180 天检查一次金属容器的湿度指示卡。木制运输箱中的湿度指示卡颜色显示相对湿度超过 30%时，需要更换全部干燥剂。

超过一半的火花塞开口处的脱水塞显示存在过多的水分时，气缸内部应重新喷涂防腐剂。湿度指示器显示为安全的蓝色且气压低于 1 psi 的金属容器只需要重新加压。湿度指示器呈现粉红色则表明，若发动机要继续保存，则应该重新执行保存程序，如图 9-1-3 所示。

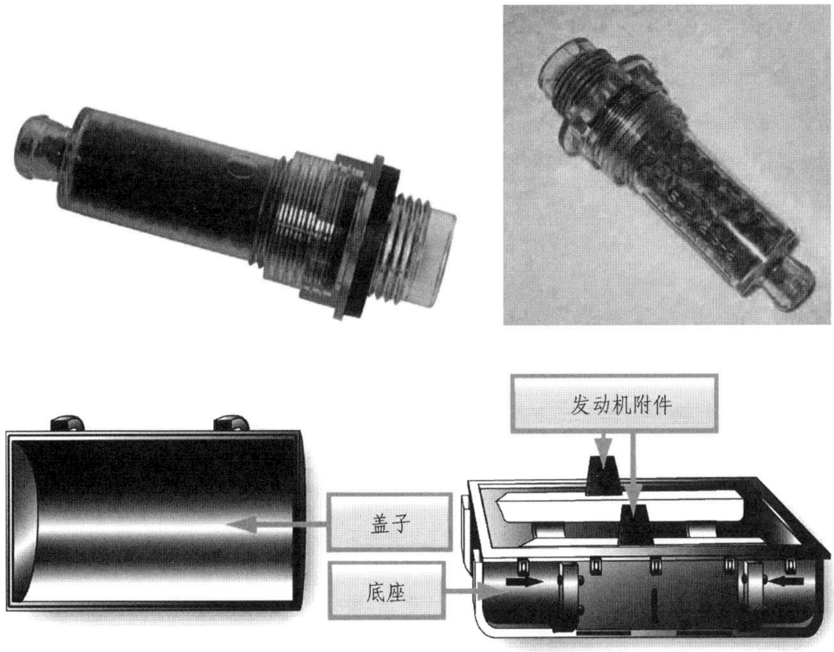

图 9-1-3　保存发动机的正确装箱与湿度检查

任务二　发动机解除保存

保存的发动机在投入使用前必须进行解除保存处理。

解除保存程序通常包括在发动机制造商的大修手册中，或由保存发动机的大修人员提供。这里只是对这些程序的一般性概述，因为它们随发动机的类型和保存程度的变化而变化。

如果发动机已装入加压容器中，首要任务是通过容器的压力阀释放气体压力，然后将容器盖打开。吊起发动机并拆除全部的独立附件，将发动机固定在支架上或安装在飞机上。

接下来，从发动机上拆下所有密封盖和干燥剂袋。盖板的典型位置包括发动机通气管、进气口和排气口以及附件安装座。卸下全部盖板后，检查未覆盖的区域是否有腐蚀和异物。

如果脱水塞被拆下时显示有水分侵蚀，彻底检查气缸内壁是否有腐蚀。任何显示有腐蚀或其他损坏迹象的气缸都应拆下并进一步检查。

从发动机上拆下滑油滤网，并用煤油或经认证的溶剂彻底清洗，以清除可能限制滑油循环并导致发动机故障的防腐剂积聚。清洗后，将滤网浸泡在清洁的滑油中，然后将其重新安装在发动机中。

1. 径向发动机解除保存

在径向发动机上，仔细检查下部气缸和进气管的内部是否存在过多的防腐剂。多余的防腐剂会从发动机内部排出并沉降到低点，从而形成液锁。残留在气缸、进气口或排气口的任何液体防腐剂，如果无法排出，应使用手动泵清除。

完成了对发动机内部的处理后，从螺旋桨轴上取下保护套。在螺旋桨轴上轻轻涂抹发动机滑油或发动机制造商推荐的其他润滑剂。

要完成除保程序，请核实发动机外部是否清洁。拆除脱水塞和滑油滤网时，往往有大量防腐剂从发动机中流出。用推荐的溶剂喷洒需要清洗的发动机区域，这类溶剂不会留下任何残留物或影响附件的正常工作。

2. 附件解除保存

良好的发动机性能在一定程度上取决于发动机附件的状况。尽管一台发动机在大修后处于发挥最佳性能的状态，但重新安装附件时的任何疏忽或错误都可能导致发动机故障或造成无法弥补的损坏。

因此，请遵循大修手册中的建议程序，或大修后/全新附件随附的说明文档中关于解除保存和准备运行的程序。

在解除保存发动机附件之前，请参考附件记录，以确定发动机和附件已经存放了多长时间。有些附件是有寿命限制的，如果其储存时间超过了制造商的时间限制，那么使用这些配件就不安全。

在安装备用附件之前，目视检查是否有腐蚀迹象以及是否操纵自如。取下为了装运而安装在附件上的所有塑料塞和限位器。另外，在安装之前还要润滑附件驱动轴，清洁其安装座和法兰盘。在安装座和附件之间一定要用新的O形密封圈或垫圈来安装附件。

模块二 无人机动力装置

电动机

项目十 电力动力系统的认识

无人机动力系统为无人机升空和航行提供动力来源。目前大、轻型无人机广泛采用的动力装置为活塞发动机系统，而出于成本和使用便携性的考虑，小、微型无人机中普遍使用的是电力动力系统。

动力系统是无人机最重要的组成部分，决定了无人机的主要性能指标，如悬停时间、载重能力、飞行速度和飞行距离等。动力系统各部件之间需要相互匹配和兼容，否则会导致无人机无法正常工作，甚至在某些极端情况下突然失效导致无人机失控或炸机。电力动力系统主要由电池、电机、电子调速器、螺旋桨以及其他装置组成。

通过项目十的学习，学员应完成目标：掌握无人机电力动力系统的基本构成。

任务一 电力动力系统基础

1. 电 池

电池为电动机的运转提供电能，通常采用化学电池作为电动无人机的动力电源，化学电池的主要种类包括镍氢电池、镍镉电池、锂聚合物电池、锂离子电池等。考虑电池质量和能量密度对于无人机续航时间的影响，目前普遍采用锂聚合物电池作为无人机的动力来源，锂聚合物电池具有比能量高、小型化、超薄化、轻量化和安全性高等特点，是当前最具优势的无人机动力电池，如图 10-1-1 所示。

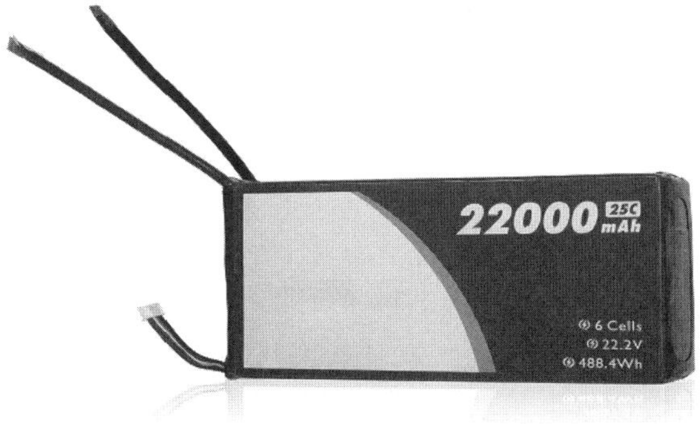

图 10-1-1 无人机用锂聚合物电池

2. 电　机

电机带动桨叶旋转使无人机产生升力和推力，通过对电动机转速的控制，可使无人机完成各种飞行状态。有刷直流电机工作时所产生的电火花会引起无线电干扰，缩短电机寿命，换向器电刷装置又使直流电机结构复杂、噪声大、维护困难，在无人机领域已很少使用，当前无人机通常使用无刷直流电机，如图 10-1-2 所示。

图 10-1-2　无刷直流电机

3. 电子调速器

电子调速器的主要功能是将飞行控制器的控制信号进行功率放大，并向各开关管送去能使其饱和导通和可靠关断的驱动信号，以控制电动机的转速，如图 10-1-3 所示。由于直流电机的工作电流较大，飞行控制器无法直接驱动直流电机，因此需要通过电调将直流电源转换为三相电源，为直流电机供电。同时电子调速器在多旋翼无人机中也充当了变压器的作用，将电源电压转换为 5 V 后向飞控、遥控接收机等装置供电。

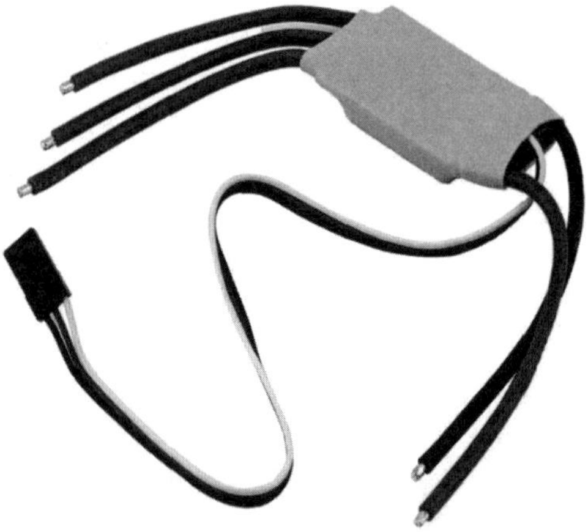

图 10-1-3　电子调速器

电子调速器两端共有 6 根接线：两根输入线与电池相连，输入电流；3 根输出线与电动机相连，用以调整电机转速；另外 1 根线包括 3 根不同颜色细线，红黑线用于给飞控供电，白线用于接收飞控信号。无人机动力系统接线方式如图 10-1-4 所示。

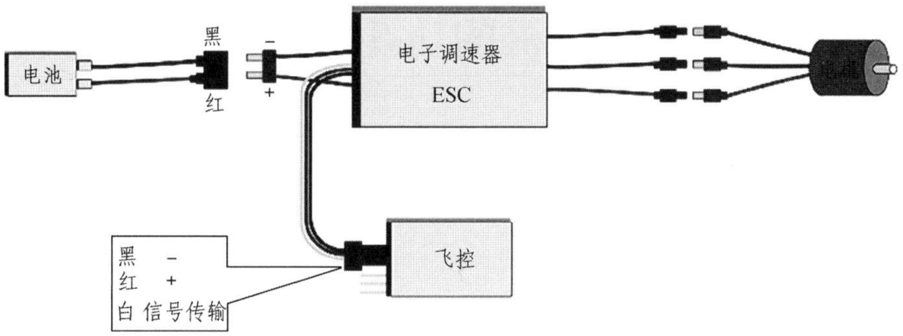

图 10-1-4　无人机动力系统接线示意图

4. 螺旋桨

螺旋桨安装在无刷直流电机上，通过电动机旋转带动螺旋桨旋转，如图 10-1-5 所示。多旋翼无人机多采用定距螺旋桨，即桨距固定。定距螺旋桨从桨毂到桨尖安装角逐渐减小，这是因为半径越大的地方线速度越大，受到的空气反作用力就越大，若安装角固定不变，容易造成螺旋桨因各处受力不均匀而折断；螺旋桨安装角随着半径增加而逐渐减小，能够使螺旋桨从桨毂到叶尖产生一致升力，保证其平稳运转。

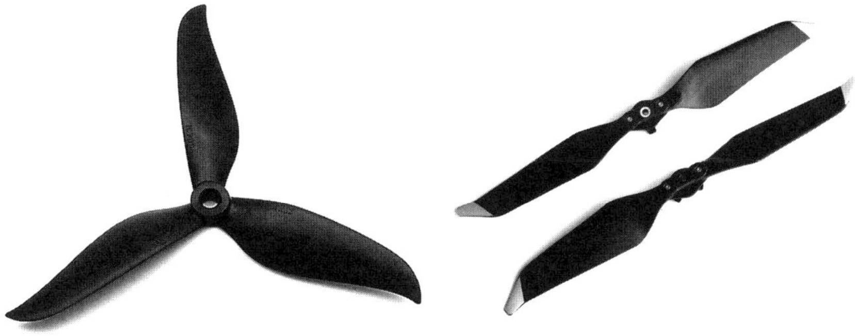

图 10-1-5　不同桨叶数量的螺旋桨

项目十一　直流电机的认知

电机是能量装换的装置，对于电动无人机而言，电机将电池中储存的电能转换为机械能，进而带动螺旋桨旋转。电机的种类很多，无人机自身属性对电机提出了结构紧凑、质量可靠、调速性能好等要求，无刷直流电机较好地契合了这些需求，成为现阶段最主流的无人机用电机。

电机的基本原理、主要结构、参数特点对于我们选配、使用和维护电机十分重要，通过项目十一的学习，学员应完成以下目标：

（1）掌握电机的基本原理和结构特点；

（2）掌握无刷直流电机和有刷直流电机在原理和结构方面的异同点；

（3）能够理解电机的基本参数，并利用电机的参数为无人机选配电机；

（4）能够正确使用和保养无人机电机。

工作任务单 12　无人机电机的选配

实践任务	无人机电机的选配		
工作须知	（1）在执行任何具有潜在危险的操作时，必须佩戴适当的个人防护用具； （2）确保自己已阅读并理解实践任务工作说明； （3）完成每个工作步骤后都必须由操作者与监督者签名		
序号	工作流程	操作人签名	监督人签名
1	确保工具清单中所列的工具可用，并处于可使用的状态		
2	查找并记录不同电机型号及参数		
3	测量并计算不同型号电机的功率		
4	测量电机在不同输入电压下的带桨转速		
5	对比型号相同，KV 值不同的电机的带桨转速		
6	使用工具将电机转子和定子分解		
7	观察电机内部结构，测量定子外径和高度		
8	在任务记录表中记录各项测量和计算结果		
工具清单			
序号	描述	取用位置	
1	通用拆解工具		
2	万用表		

续表

工具清单		
序号	描述	取用位置
3	钢尺	
4	转速仪	

任务记录表			
序号	情况记录	操作人签名	监督人签名
1			
2			
3			
4			
5			

工作任务单 13　正确使用和维护无人机电机

实践任务	正确使用和维护无人机电机		
工作须知	（1）在执行任何具有潜在危险的操作时，必须佩戴适当的个人防护用具； （2）确保自己已阅读并理解实践任务工作说明； （3）完成每个工作步骤后都必须由操作者与监督者签名		
序号	工作流程	操作人签名	监督人签名
1	确保工具清单中所列的工具可用，并处于可使用的状态		
2	清除电机机座外部的灰尘、油泥等		
3	检查电机与电调接线部位是否松动、损伤		
4	检查电机固定螺丝及主轴安装螺丝是否松动		
5	检查电机转动是否灵活，有无异常		
6	检查电机通电后转动是否正常		
7	在任务记录表中记录各项测量和计算结果		

工具清单		
序号	描述	取用位置
1	通用拆解工具	
2	清洁布	

任务记录表			
序号	情况记录	操作人签名	监督人签名
1			
2			
3			
4			
5			

任务一　电机的基本知识

1. 电机概述

电机俗称“马达”，是依据电磁感应定律实现电能转换或传递的电磁装置。从广义上来讲，电机包括旋转电机和静止电机；旋转电机是根据电磁感应原理实现电能与机械能之间相互转换的能量转换装置；静止电机是根据电磁感应定律和磁势平衡原理实现电压变化的电磁装置，也称为变压器。本书主要讨论旋转电机。

电机的种类很多，在现代工业领域中应用极其广泛，可以说，有电能应用的场合都会有电机的身影，日常生产生活中常见的电机如图 11-1-1 所示。与内燃机和蒸汽机相比，电机的运行效率要高得多，并且电能比其他能源传输更方便，费用更低廉，此外电能还具有清洁无污染、容易控制等特点。

直流电机　　三相交流电机　　单相交流电机

图 11-1-1　常见的电机

电机的分类方式很多，典型的电机分类如图 11-1-2 所示。

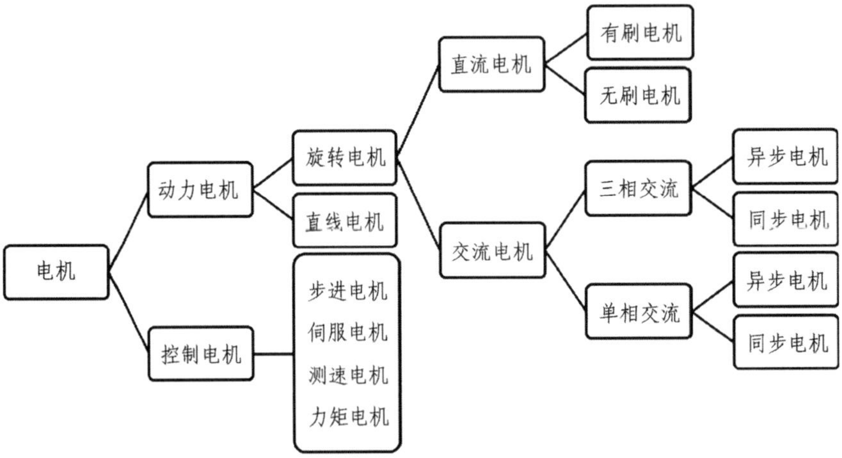

图 11-1-2　电机分类示意图

（1）按工作电源种类划分：直流电机和交流电机。

（2）按结构和工作原理划分：直流电动机、异步电动机和同步电动机。

（3）按起动与运行方式划分：电容起动式单相异步电动机、电容运转式单相异步电动机、电容起动运转式单相异步电动机和分相式单相异步电动机。

（4）按用途划分：驱动用电动机和控制用电动机。

（5）按运转速度划分：高速电动机、低速电动机、恒速电动机和调速电动机。

2. 控制电机

电机是传动以及控制系统中的重要组成部分，随着现代科学技术的发展，电机在实际应用中的重点已经从过去简单的传动向复杂的控制转移，尤其是对电机的速度、位置、转矩的精确控制。控制电机主要应用在精确的转速、位置控制上，在控制系统中作为“执行机构”，可分为步进电机、伺服电机、测速电机、力矩电机等。

步进电机是一种将电脉冲转化为角位移的执行机构，更通俗一点讲，当步进驱动器接收到一个脉冲信号，它就驱动步进电机按设定的方向转动一个固定的角度。我们可以通过控制脉冲的个数来控制电机的角位移量，从而达到精确定位的目的；同时还可以通过控制脉冲频率来控制电机转动的速度和加速度，从而达到调速的目的。目前，比较常用的步进电机包括反应式步进电机（VR）、永磁式步进电机（PM）、混合式步进电机（HB）和单相式步进电机等。

伺服电机广泛应用于各种控制系统中，能将输入的电压信号转换为电机轴上的机械输出量，拖动被控制元件，从而达到控制的目的。一般地，伺服电机的转速受所加电压信号的控制；转速能够随着所加电压信号的变化而连续变化；转矩能通过控制器输出的电流进行控制；电机的反映应要快、体积要小、控制功率要小。伺服电机主要应用在各种运动控制系统中，尤其是随动系统。

测速电机输出的信号（电压值或频率）与转速呈正比例关系，某些测速发电机的输出信号还能反映转向。测速电机广泛用于各种速度或位置控制系统，在自动控制系统中作为检测速度的元件，以调节电动机转速或通过反馈来提高系统稳定性和精度；在解算装置中可作为微分、积分元件，也可用于加速或延迟信号测定，或用来测量各种运动机械在摆动、转动以及直线运动时的速度。

力矩电机是一种扁平型多极永磁直流电机，其电枢有较多的槽数、换向片数和串联导体数，以降低转矩脉动和转速脉动。力矩电机有直流力矩电机和交流力矩电机两种，其中直流力矩电机的自感电抗很小，所以响应性很好；其输出力矩与输入电流成正比，与转子的速度和位置无关，可以在接近堵转状态下直接和负载连接低速运行而不用齿轮减速，所以在负载的轴上能产生很高的力矩对惯性比，并能消除由于使用减速齿轮而产生的系统误差。

3. 交流电机

电动机按使用电源不同分为直流电动机和交流电动机，电力系统中的电动机大部分是交流电机。交流电动机主要由一个用于产生磁场的电磁铁绕组或分布的定子绕组和一个旋转电枢或转子组成，分为同步交流电动机和感应电动机两种。两种电机均为定子侧绕组通入交流电产生旋转磁场，但同步交流电动机的转子绕组通常需要供给直流电（激磁电流）；而感应电动机转子绕组则无需通入电流。

三相交流电动机的定子绕组基本上是 3 个相互隔开 120°的线圈，作三角形或星形联结。通入三相电流时，在每个线圈中产生磁场，这 3 个磁场合成得到一个旋转磁场。

电流完成一次全振动，旋转磁场正好旋转一周，因此，旋转磁场的每分钟转数 $N = 60f$，式中 f 是电源频率。

交流电动机按转子旋转的速率可分为同步电动机和异步电动机两种。同步电动机不管负载大小，其转子转速恒与旋转磁场的转速相同，因此这种转速叫作同步转速，它只取决于电源的频率。异步电动机的转速则不恒定，它决定于负载的大小和电源电压。三相异步电动机中又有无整流子电机和有整流子电机之分。实际应用的异步电动机绝大多数是无整流器的感应电动机（但并联与串联的三相异步整流子电动机具有可在大范围内调节转速、有高功率因数等优点），它的转速恒小于同步转速。

交流电动机的工作效率较高，不产生烟尘、气味，不污染环境，噪声也较小。由于上述优点，其在工农业生产、交通运输、国防、商业及家用电器、医疗电气设备等各方面得到了广泛应用。

任务二　直流电动机的结构和原理

直流电机是指将直流电能转换成机械能（直流电动机）或将机械能转换成直流电能（直流发电机）的旋转电机，它是能实现直流电能和机械能互相转换的设备。当它作电动机运行时是直流电动机，将电能转换为机械能；作发电机运行时是直流发电机，将机械能转换为电能。

1. 直流电动机的工作原理

如图 11-2-1 所示为最简单的直流电动机的工作模型。图中的 N、S 是一对固定的磁极，可以是电磁铁，也可以是永磁铁。两磁极之间有一个可以旋转的铁质圆柱（电枢），圆柱表面固定一个用绝缘导体制成的线圈 *abcd*，线圈的两端分别与两个弧形的铜片（换向片）相连，换向片随圆柱一起旋转，电刷 *A*、*B* 与两换向片滑动接触。

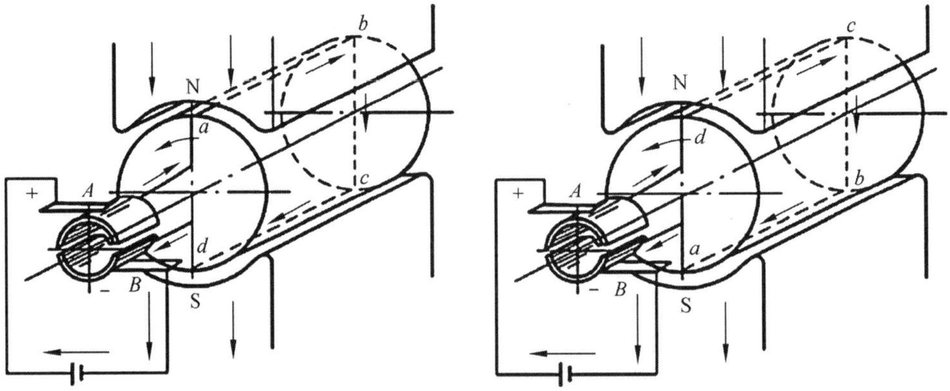

（a）　　（b）

图 11-2-1　直流电机工作模型

将电刷 *A*、*B* 分别接到一个直流电源的正极和负极，此时，在电枢线圈中将有电流流过。在 N 极附近的导体 *ab* 中电流方向是从 *a* 到 *b*，在 S 极附近的导体 *cd* 中电流方向是从 *c* 到 *d*。

根据左手定则可判断通电导线在磁场中力的方向：伸开左手，使拇指与其他四指垂直且在一个平面内，让磁感线从手心流入，四指指向电流方向，大拇指指向的就是安培力方向（即导体受力方向），如图 11-2-2 所示。通过左手定则可判断导体 *ab* 所受电磁力方向向左，导体 *cd* 所受电磁力方向向右，在两个电磁力的作用下，线圈沿逆时针方向旋转。

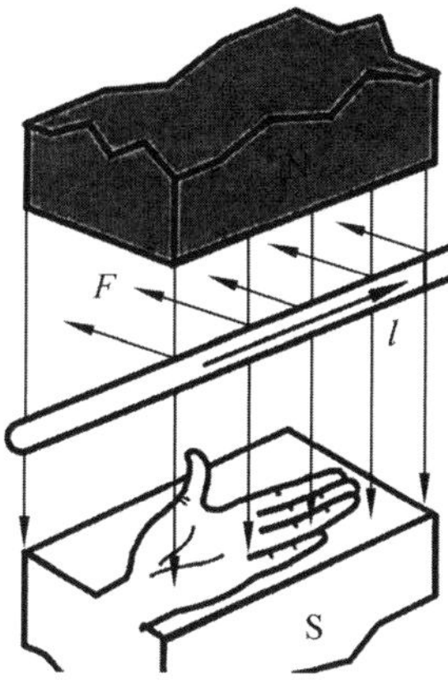

图 11-2-2 左手定则示意图

当线圈转到 180°位置时，N 极附近的导体 *cd* 中电流方向是从 *d* 到 *c*，在 S 极附近的导体 *ab* 中电流方向是从 *b* 到 *a*。此时，通过左手定则可判断导体 *cd* 所受电磁力方向向左，导体 *ab* 所受电磁力方向向右，在两个电磁力的作用下，线圈将继续沿逆时针方向旋转。

加在直流电动机上的直流电源，通过换向器和电刷，在电枢线圈中转换为交变电流，从而使每一极性下导体中电流方向保持不变，进而使通电线圈产生单向的电磁转矩，使电枢向一个方向转动。

2. 直流电动机的基本结构

直流电机既可作为电动机运行，也可作为发电机运行，不管是电动机还是发电机，其结构基本相同，即都有旋转部分和静止部分，旋转部分称为转子，静止部分称为定子，小型直流电机的结构如图 11-2-3 所示。

（1）定子部分。

定子主要由主磁极、机座、换向磁极、电刷装置和端盖组成。

① 主磁极。

主磁极的作用是产生恒定、一定空间分布形状的气隙磁通密度。主磁极一般由主磁极铁心和放置在铁心上的励磁绕组构成，如图 11-2-4 所示。主磁极铁心分成极身和极靴。极靴的作用是使气隙磁通密度的空间分布均匀并减小气隙磁阻，同时极靴对励磁绕组也起支撑作用。为减小涡流损耗，主磁极铁心采用冲成一定形状的 1.0 ~ 1.5 mm 厚的低碳钢板，用铆钉把冲片铆紧，然后再固定在机座上。主磁极上的线圈用于产生主磁通，称为励磁绕组。

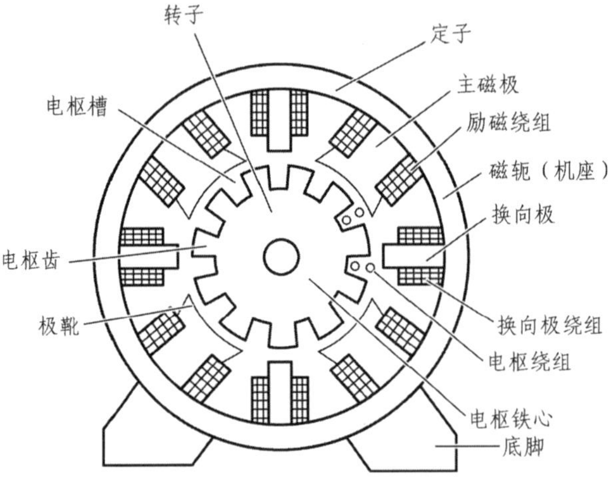

图 11-2-3　直流电机结构装配图

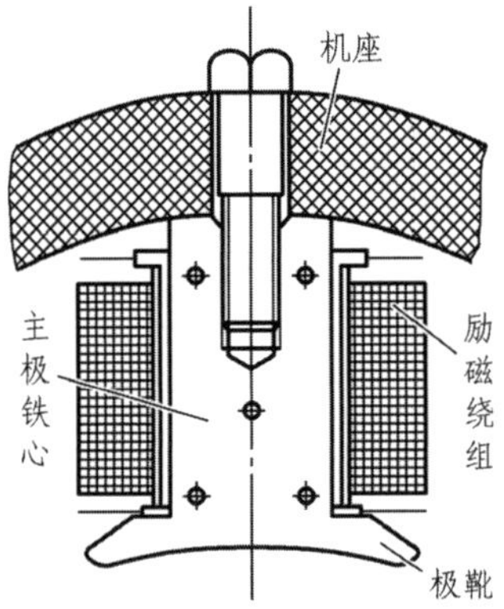

图 11-2-4　直流电机的主磁极

当励磁绕组通入直流电，各主磁极均产生一定极性，相邻两主磁极的极性为 N、S 交替出现。

② 机座。

直流电机的机座有两种形式，一种是整体机座，另一种是叠片机座。整体机座是用导磁效果较好的铸钢材料制成，能同时起到导磁和机械支撑的作用。由于导磁作用，因此机座是主磁路的一部分，称为定子磁轭。主磁极、换向极及端盖均固定在机座上，机座起机械支撑作用。一般直流电机均采用整体机座。叠片机座是用薄钢板冲片叠压成定子铁轭，再把定子铁轭固定在一个专起支撑作用的机座里，这样定子铁轭和机座是分开的，机座只起支撑作用，可用普通钢板制成。叠片机座主要用于主磁通变化快、调速范围较大的场合。

③ 换向磁极。

换向磁极又称为附加极，其结构如图 11-2-5 所示，作用是改善直流电机的换向，一般电机容量超过 1 kW 时应安装换向极。

换向磁极的铁心结构比主磁极的结构简单，一般用整块钢板制成，在其上放置换向极绕组。换向磁极安装在相邻的两主磁极之间。

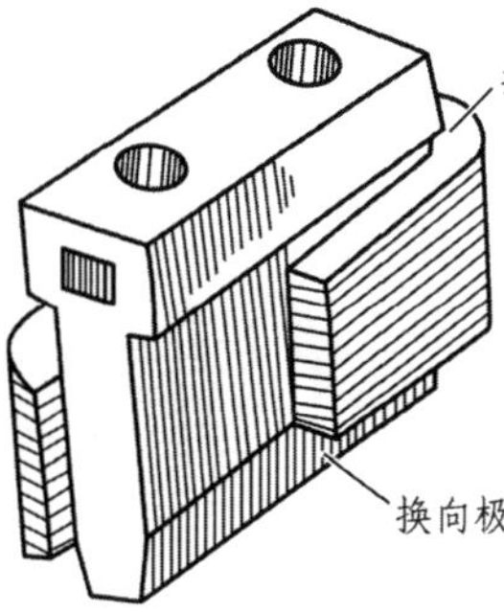

图 11-2-5　换向磁极结构示意图

④ 电刷装置。

电刷装置是直流电机的重要组成部分，通过该装置把电机电枢中的电流和外部静止电路相连，或把外部电源与电机电枢相连。电刷装置与换向片一起完成机械整流，把电枢中的交变电流变成电刷上的直流或把外部电路中的直流电变换成电枢中的交流。电刷的结构如图 11-2-6 所示。

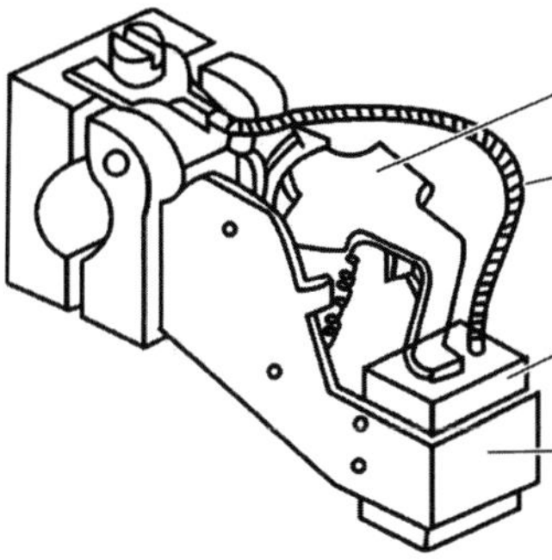

图 11-2-6　电刷装置结构示意图

⑤ 端盖。

电机中的端盖主要起支撑作用。端盖固定于机座上，其上放置轴承支撑直流电机的转轴，使直流电机能够旋转。

（2）转子部分。

直流电机的转子是电机的转动部分，由电枢铁心、电枢绕组、换向器、电机转轴、轴承等部分组成。

① 电枢铁心。

电枢铁心是主磁路的一部分，同时对放置在其上的电枢绕组起支撑作用。为减少电机旋转时铁心中的磁通方向发生变化引起的磁滞损耗和涡流损耗，电枢铁心通常用 0.5 mm 厚的低硅硅钢片或冷轧硅钢片冲压成型，为减少损耗而在硅钢片的两侧涂绝缘漆，为放置绕组而在硅钢片中冲出转子槽，冲制好的硅钢片叠装成电枢铁心，如图 11-2-7 所示。

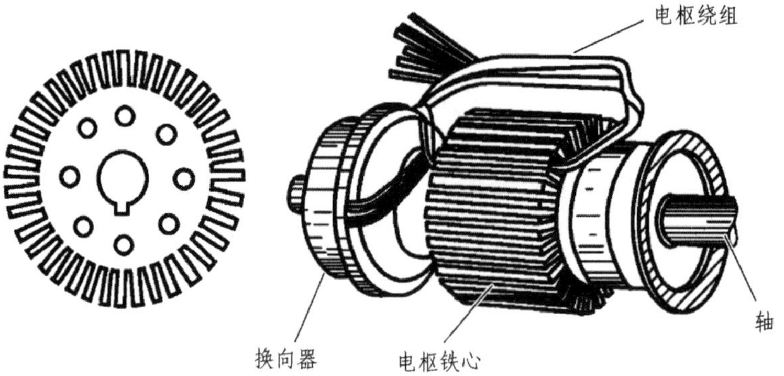

（a）截面　　（b）外观

图 11-2-7　电枢铁心及绕组示意图

② 电枢绕组。

电枢绕组是直流电机的重要组成部分。绕组由带绝缘体的导体绕制而成，小型电机常采用铜导线绕制，大中型电机常用成型线圈。在电机中每一个线圈称为一个元件，多个元件有规律地连接起来形成电枢绕组，绕制好的绕组或成型绕组放置在电枢铁心的槽内。铁心槽内的直线部分在电机运转时将产生感应电动势，称为元件的有效部分；电枢槽两端把有效部分连接起来的部分称为端接部分，端接部分仅起连接作用，在电机运行过程中不产生感应电动势。

③ 换向器。

换向器又称为整流子，对于发电机，换向器的作用是把电枢绕组中的交变电动势转变为直流电动势向外部输出直流电压；对于电动机，它是把外界供给的直流电流转变为绕组中的交变电流以使电机旋转。换向器的结构如图 11-2-8 所示，它由换向片组合而成，是直流电机的关键部件，也是最薄弱的部分。

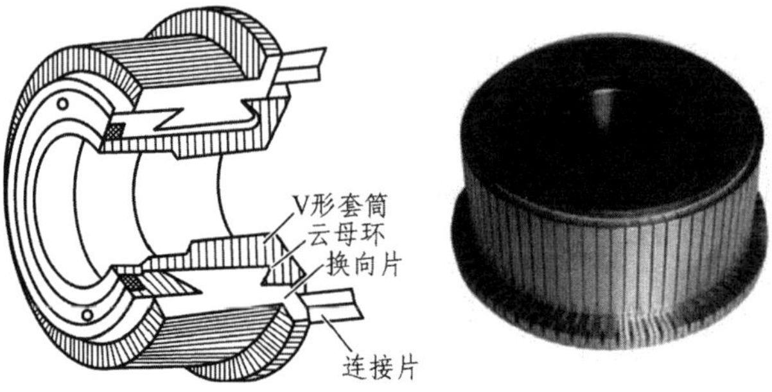

（a）结构　　（b）外形

图 11-2-8　换向器的结构与外形

换向器采用导电性能好、硬度大、耐磨性能好的紫铜或铜合金制成。换向片的底部做成燕尾形状，镶嵌在含有云母绝缘的 V 形钢环内，拼成圆筒形套入钢套上，相邻的两换向片间以 0.6 ~ 1.2 mm 的云母片作为绝缘，最后用螺旋压圈压紧。换向器固定在转轴的一端，换向片靠近电枢绕组一端的部分与绕组引出线相焊接。

3. 直流电动机的分类及特点

直流电机的励磁方式是指对励磁绕组如何供电、产生励磁磁通势而建立主磁场的问题。根据励磁方式的不同，直流电机可分为他励直流电机、并励直流电机、串励直流电机、复励直流电机，如图 11-2-9 所示。

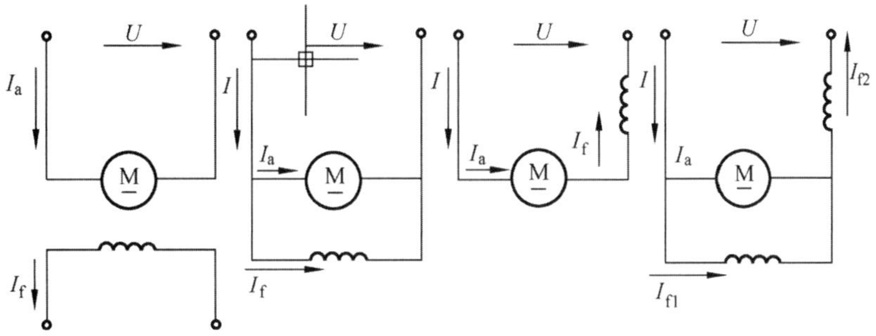

图 11-2-9　直流电机的励磁方式

（1）他励直流电机。

励磁绕组与电枢绕组无连接关系，而由其他直流电源对励磁绕组供电的直流电机称为他励直流电机，接线如图 11-2-9（a）所示。图中 M 表示电动机，若为发电机，则用 G 表示。

（2）并励直流电机。

并励直流电机的励磁绕组与电枢绕组相并联，接线如图 11-2-9（b）所示。作为并励发电机，由电机本身发出来的端电压为励磁绕组供电；作为并励电动机来，励磁绕组与电枢共用同一电源，从性能上讲与他励直流电动机相同。

（3）串励直流电机。

串励直流电机的励磁绕组与电枢绕组串联后，再接于直流电源，接线如图 11-2-9（c）所示。这种直流电机的励磁电流就是电枢电流。

（4）复励直流电机。

复励直流电机有并励和串励两个励磁绕组，接线如图 11-2-9（d）所示。若串励绕组产生的磁通势与并励绕组产生的磁通势方向相同称为积复励。若两个磁通势方向相反，则称为差复励。

不同励磁方式的直流电机有着不同的特性。一般情况直流电动机的主要励磁方式是并励式、串励式和复励式；直流发电机的主要励磁方式是他励式、并励式和复励式。

虽然直流电机的结构与三相交流异步电机相比更加复杂，维修也不方便，但直流电机的调速性能较好、起动转矩较大，因此广泛应用于对调速要求较高或需要较大启动转矩的生产机械当中。

直流电机具有以下优点：

（1）起动和调速性能好，调速范围广，过载能力较强，受电磁干扰影响小；

（2）直流电机具有良好的起动特性和调速特性；

（3）直流电机的转矩比较大；

（4）维修比较便宜。

同时，直流电机存在着以下缺点：

（1）直流电机制造成本较高，有碳刷；

（2）与异步电动机比较，直流电动机结构复杂，使用维护不方便，而且需要直流电源；

（3）复杂的结构限制了直流电动机体积和质量的进一步减小，尤其是电刷和换向器的滑动接触造成了机械磨损和火花，导致直流电动机故障多、可靠性低、寿命短、保养维护工作量大；

（4）换向火花既造成了换向器的电腐蚀，同时还是一个无线电干扰源，对周围的电气设备带来有害影响。电机的容量越大、转速越高，问题就越严重。所以，普通直流电机的电刷和换向器限制了其向高速度、大容量的方向发展。

任务三　无刷直流电机的结构和原理

直流电动机具有调速和起动特性好、起动转矩大等优点，因而广泛应用于各种驱动装置和伺服系统中。但是，传统的直流电动机都有电刷和换向器，两者之间的滑动机械接触严重地影响了电机的精度、性能和可靠性，产生的火花会引起无线电干扰，缩短电机寿命；换向器电刷装置又使直流电机结构复杂、噪声大、维护困难，这些因素都限制了直流电动机的推广和应用。

鉴于传统有刷直流电机的上述缺点，需要寻求一种不用电刷和换向器的直流电机，而电子技术的迅速发展，大功率电子元件的广泛应用使之成为可能。无刷直流电机正是用电子开关线路和位置传感器来取代电刷和换向器，使之既具有直流电机调速性能好、起动转矩大的特性，又具有交流电机结构简单、运行可靠、维护方便的优点，同时转速不再受机械换向的限制，在采用高速轴承的情况下，其转速可达每分钟几十万转。

1. 无刷直流电机的工作原理

安培定则，也叫右手螺旋定则，是表示电流和电流激发磁场的磁感线方向间关系的定则。通电螺线管中的安培定则：用右手握住通电螺线管，让四指指向电流的方向，那么大拇指所指的那一端是通电螺线管的 N 极，如图 11-3-1 所示。

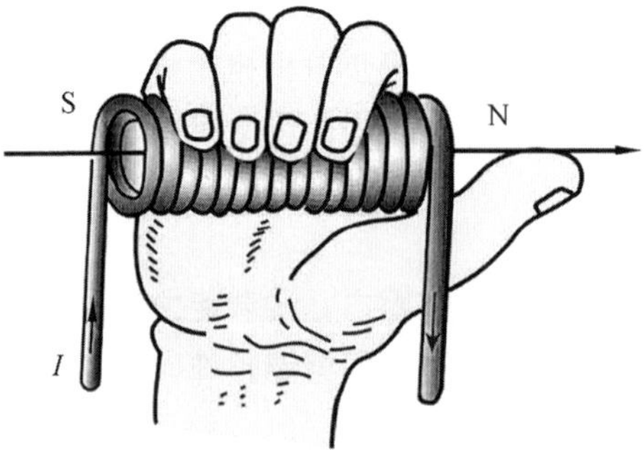

图 11-3-1　通电螺线管中的安培定则

无刷直流电机的转子是一块永磁体，而定子则是一个线圈装置。根据通电螺线管中的安培定则，线圈在接通直流电之后成为了一个电磁铁，无刷直流电机的运转就是利用了电磁铁和永磁体之间的电磁力作用。如图 11-3-2（a）所示，线圈 1、2 导通，产生电流，转子在电磁铁的作用下沿顺时针方向旋转；如图 11-3-2（b）所示，线圈 2、3 导通，产生电流，转子在电磁铁的作用下继续沿顺时针方向旋转；此后，转子每旋转 60°变换一次通电线圈，依次按图 11-3-2（c）～（f）所示电流方向和通电次序导通线圈，转子沿顺时针方向持续旋转。

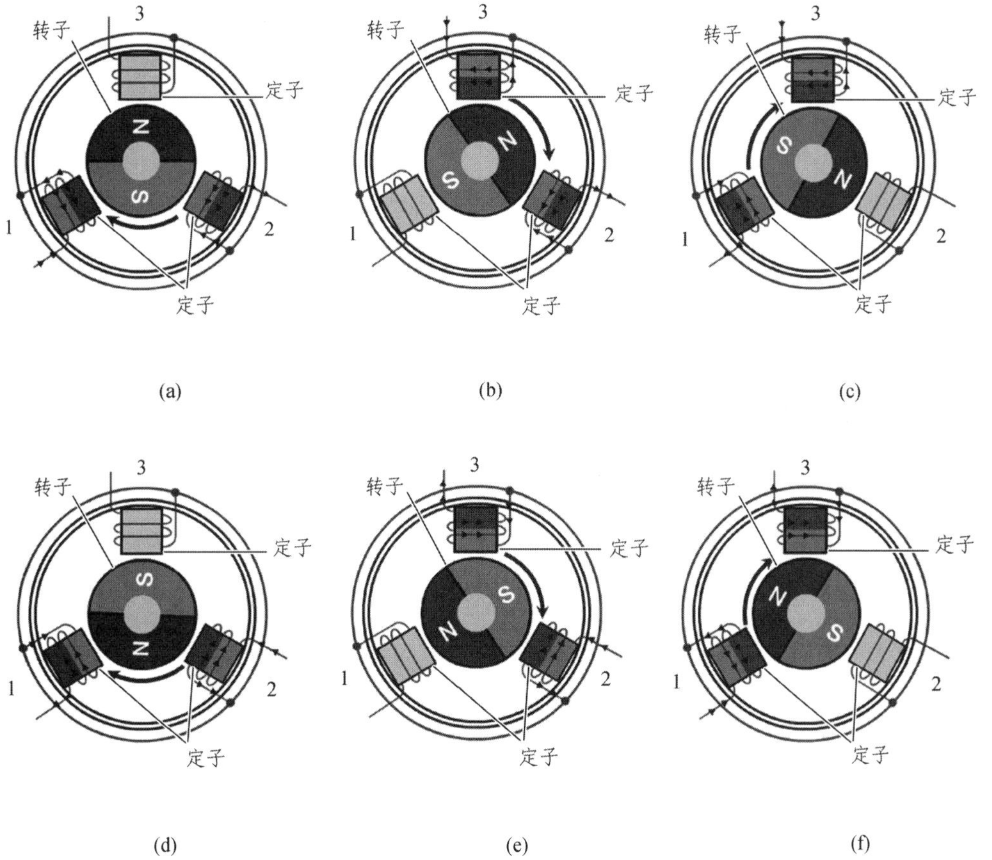

图 11-3-2　无刷直流电机的工作模型

无刷直流电机为了去掉电刷，将电枢放到定子上去，而转子制成永磁体，这样的结构正好和普通直流电机相反。这样的改变还不够，因为定子上的电枢通过直流电后，只能产生不变的磁场，电动机依然转不起来。为了使电动机转起来，必须实时检测电机转子的位置，再根据这个位置，使定子电枢各相绕组不断地换相通电，与转子永磁磁场始终保持一定的空间角，产生转矩推动转子，这样定子磁场随着转子的位置不断变化，电机才可以跟着磁场转动起来。

如图 11-3-3 所示为无刷直流电机的转动原理，为了方便描述，电机定子的线圈中心接电机电源，各相的端点接功率管，位置传感器导通时使功率管的 G 极接 12 V，功率管导通，对应的相线圈通电。由于 3 个位置传感器随着转子的转动，会依次导通，使得对应的相线圈也依次通电，从而定子产生的磁场方向也不断地变化，电机转子跟着转动起来，这就是无刷直流电机的基本转动原理：检测转子的位置，依次给各相通电，使定子产生的磁场的方向连续均匀地变化。

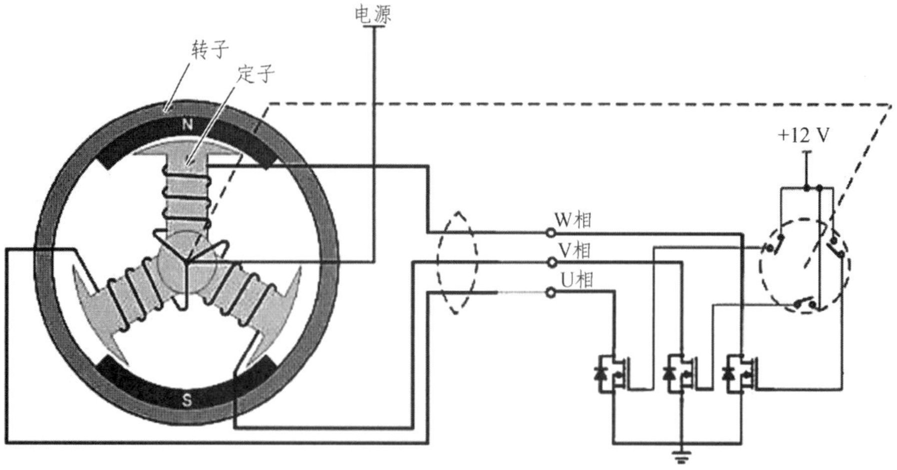

图 11-3-3　无刷直流电机换向原理

2. 无刷直流电机的结构

从结构上看，无刷直流电机和有刷直流电机有相似之处，两者都有转子和定子，只不过无刷和有刷直流电机的结构相反；有刷直流电机的转子是线圈绕组，和动力输出轴相连，定子是永磁磁钢；无刷直流电机的转子是永磁磁钢，连同外壳一起和输出轴相连，定子是绕组线圈，去掉了有刷电机用来交替变换电磁场的换向电刷，故称为无刷直流电机，如图 11-3-4 所示。

图 11-3-4　无刷直流电机结构

无刷直流电机由电动机本体、转子位置传感器、电子开关电路 3 部分组成。

（1）电动机本体。

电动机本体互换了普通直流电动机的定子和转子，从而使其转子变成了永久磁铁，用于产生气隙磁通；定子作为电枢，由多相绕组组成，经由驱动器接到直流电源上。

（2）转子位置传感器。

转子位置传感器是无刷直流电机的核心部件，有电磁感应式、光电式、磁敏式等结构形式，用于代替普通直流电机的电刷，主要功能是提供电动机转子与定子的相对位置，对电动机的特性具有很大的影响。

（3）电子开关电路。

电子开关电路由功率开关管和逻辑控制电路组成，用于控制电动机定子绕组通电的顺序和导通的时间，实现电子换向（各相依次通电产生电流，跟转子主磁场作用产生转矩）。

根据转子位置的不同，无刷直流电机分为外转子和内转子两种，如图 11-3-5 所示。外转子电机比内转子电机更短小，电机的永久磁铁位于转子外壳上，转子外壳围绕带有绕组的内部定子转动，由于转子的惯性矩更高，外转子电机的转矩波动小于内转子电机。

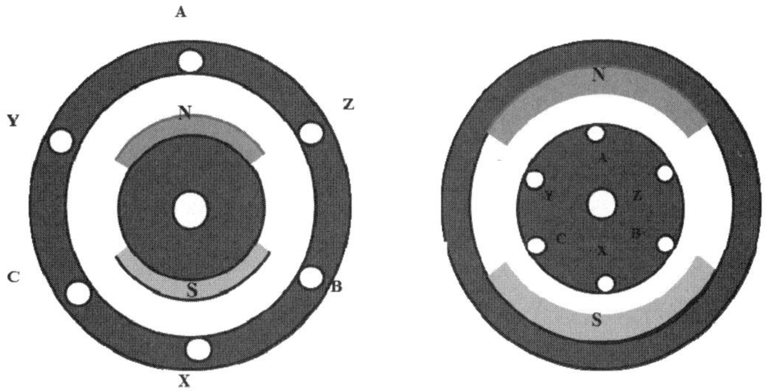

（a）外转子　　（b）内转子

图 11-3-5　无刷直流电机转子位置

3. 转子位置检测技术

转子与定子相对位置的检测对于无刷直流电机的运转特性十分关键，常见的转子位置检测传感器有磁敏式、光电式和电磁式 3 种类型。

（1）磁敏式。

采用磁敏式位置传感器的直流无刷电动机，其磁敏传感器件（如霍尔元件、磁敏二极管、磁敏诂极管、磁敏电阻器等）装在定子组件上，用于检测永磁体、转子旋转时产生的磁场变化。

（2）光电式。

采用光电式位置传感器的直流无刷电动机，在定子组件上按一定位置配置了光电传感器件，转子上装有遮光板，光源为发光二极管或小灯泡。转子旋转时，由于遮光板的作用，定子上的光敏元器件将按一定频率产生脉冲信号。

（3）电磁式。

采用电磁式位置传感器的无刷直流电动机，是在定子组件上安装有电磁传感器部件（如耦合变压器、接近开关、LC 谐振电路等），当永磁体转子位置发生变化，电磁效应使电磁传感器产生高频调制信号，信号的幅值随转子位置的变化而变化。

4. 无刷直流电机的性能特点

无刷直流电机克服了有刷直流电机的先天性缺陷，具有调速性能良好、结构简单、无换向火花、运行可靠和易于维护等优点。但有刷直流电机低速扭力性能优异、转矩大等特点又是无刷直流电机不具备的。

无刷直流电机主要有以下的优势：

（1）无电刷、低干扰。

无刷电机除去了电刷，最直接的变化就是没有了有刷电机运转时产生的电火花，这样就极大减少了电火花对遥控无线电设备的干扰。

（2）噪声低，运转顺畅。

无刷电机没有了电刷，运转时摩擦力大大减小，运行顺畅，噪声会低许多，这个优点对于无人机的运行稳定性十分有利。

（3）寿命长，维护成本低。

由于没有电刷，无刷电机的磨损主要在轴承上，从机械角度看，无刷电机几乎是一种免维护的电动机，仅在必要的时候做一些除尘维护即可。

无刷直流电机和有刷直流电机在实际应用中主要有以下区别：

（1）适用范围。

无刷电机，通常用于转速控制要求比较高、转速较高的设备上，如航模、精密仪器仪表等。

碳刷电机，通常动力设备使用的都是有刷电机，如吹风机、工厂的电动机、家用的抽油烟机等，但是由于碳刷的磨损，使用寿命不如无刷电机。

（2）使用寿命。

无刷电机，通常使用寿命在几万小时数量级，但是由于轴承的不同无刷电机使用寿命也有很大不同。

碳刷电机，通常有刷电机的连续工作寿命为几百到一千多个小时，到达使用极限就需要更换碳刷，否则很容易造成轴承的磨损。

（3）调速效果。

无刷电机，通常是数字变频控制，可控性强，从每分钟几转到每分钟几万转都很容易实现。

碳刷电机，旧碳刷电机 般起动以后工作转速恒定，调速不是很容易，串激电机也能达到 20 000 r/min，但是使用寿命比较短。

（4）能耗。

相对而言，采用变频技术控制的无刷电机会比串激电机节能很多，最典型的就是变频空调和冰箱。

（5）日后维修。

碳刷电机需要更换碳刷，如果不及时更换会造成电机的损坏，而无刷电机使用寿命很长，通常是有刷电机的 10 倍以上，日常维护基本不需要，但是损坏后就需要更换整机。

从电动多旋翼无人机自身的产品属性来讲，适配的电机应满足结构紧凑、运转平稳、节能高效、使用寿命长等要求，无刷直流电机很好地契合了无人机的产品需要。

随着无刷控制器成本的不断下降和国内外无刷控制技术的持续升级，无刷直流电机技术的不断完善也为民用电动无人机的飞速发展奠定了坚实的基础。

任务四　直流电机的主要参数

电动无人机广泛采用微型无刷直流电机作为其动力来源，作为无人机上最重要的组件之一，无刷直流电机的性能与无人机的飞行性能直接相关。无刷直流电机不包含机械滑动接触，起动转矩更高、控制器的精度更大，而且更能抵抗负载波动和承受更高的转速。

微型无刷直流电机的参数指标，主要包括额定电压、转矩与转速、尺寸、KV 值等，某型号电机的参数如表 11-4-1 所示。各项参数是电机性能的具体体现，尤其是尺寸和 KV 值，为适配桨叶、电调的重要参数依据。

表 11-4-1　某型号电机的参数

电机型号：A2212 KV980			
定子外径	22 mm	连续功率高达	330 W
定子厚度	12 mm	质量（含长线）	56 g
定子槽数	12	转子直径	27.5 mm
转子级数	14	电机长度	40 mm
电机 KV 值	980	最大电池节数	3～4*S*
空载电流	0.7 A	建议使用电调	20 A
电机电阻	123 mΩ	推荐螺旋桨规格	9450
连续电流高达	20 A/30 s		

（1）额定电压。

在额定状态下的工作电压，事实上无刷电机适用的工作电压范围非常广，额定电压是指定了负载条件而得出的电压。例如，2212-850 KV 电机指定了 1045 螺旋桨的负载，其额定工作电压就是 11 V；如果减小负载，例如带 7040 螺旋桨，那这个电机完全可以工作在 22 V 电压下。但受制于电子控制器支持的最高频率，无刷直流电机的额定电压也有其上限。

（2）转矩与转速。

转矩：电机中转子产生的可以用来带动机械负载的驱动力矩。

转速：电机每分钟旋转的圈数。

对于同一个电机，其转矩和转速永远是此消彼长的关系，电机功率一定的情况下，转矩和转速呈反比关系，即转速越高，必定其转矩越低，反之亦然。例如，某 2212-850 KV 电机在外接电压为 11 V 的情况下可以带动 1045 桨，如果将电压增大一倍，其转速也将增大一倍，那么其转矩会减小到原来的一半，如果此时负载仍然是 1045 桨，那该电机将很快因为电流和温度的急剧上升而烧毁。

（3）尺寸。

无刷电机的型号通常用 4 位数字来表示，如 2216、2814 等，这 4 位数字即用来描述无刷电机的尺寸，数字的前两位是定子外径、后两位是定子高度，如图 11-4-1 所示。定子的外径和高度越大，定子的铁心越大，线圈绕的匝数也越多，表现出来就是电机的功率越大，同时质量也越大。

图 11-4-1　无刷直流电机定子尺寸示意图

需要注意的是，无刷电机的型号所描述的尺寸指的是定子的尺寸，不是指电机外形尺寸，电机壳的厚度、散热糟形、底座高度等结构都会影响电机外形尺寸，但上述结构与电机的功率没有直接关系。所以较之于外形尺寸，定子尺寸作为电机型号的描述显得更加直观。

例如某电机型号为是 2216，表示定子外径是 22 mm，定子高度是 16 mm，定子外径和定子高度与电机的功率呈正比。2216 电机与 2212 电机相比，两者定子外径相同，前者定子高度更大，则其功率也更大；同理，2216 电机与 2016 电机相比，二者定子高度相同，前者定子外径更大，则其功率也更大。通过型号就来比较两个电机的功率大小，一般只适用于定子外径相同而高度不同，或高度相同而外径不同，当定子的外径和高度都不相同时，则很难通过型号比较功率大小。

（4）KV 值。

KV 值一般用来描述电机转速随电压的变化情况，其单位是 r/V，意思是电机输入电压每增加 1 V，电机空载转速增加的转速值。据此也可看出，无刷电机的输入电压与电机空载转速是遵循严格的线性比例关系的。例如，100KV 电机，外接电压每增加 1 V，则转速增加 100 r/min，当外接 50 V 电压时对应的转速为 100（KV 值）×50（电压）= 5 000 r/min（转速），KV 值越大，随着电压的增大，转速增加得越快。KV 值计算出的是电机的空载转速，装上螺旋桨以后，由于负载和阻力的影响，电机是无法达到上述转速的。

无刷电机的 KV 值不能作为评价电机性能和质量的标准，不同 KV 值的电机有其不同的使用场景。KV 值的大小取决于电机本身的内部结构特征，对于同种尺寸规格的无刷电机来说，不同 KV 值的电机所对应的线圈绕线匝数是不同的。低 KV 值的电机拥有较细的线圈和更多的绕组，这让它能在通过电流较小的同时输入更高的电压，并且输出更高的扭矩来带动更大的螺旋桨。高 KV 值电机的线圈往往更粗，同时绕组较少，这样它们更适合在电压较低的同时通过更大的电流，从而带动较小的螺旋桨达到更高的转速。

任务五　无人机电机的选配

多旋翼电动无人机主要采用微型无刷直流电机作为其动力来源，直流电机选型时应依据整机质量、KV 值、型号、品牌等因素，综合各种因素确定最优选择。

1. 整机质量

选配电机之前，最先需要考虑的就是无人机的整机质量，需要根据整机质量选择电机的最大拉力，整机质量力最好不要超过马达拉力的五分之二（即电机最大拉力要大于整机质量力 2.5 倍），这是由于多旋翼无人机除了上升的动作外，还需要完成前进后退、左右横滚、急速前进等动作，并且在有风的环境中需要克服风的阻力。

例如某无人机的整机加电池质量约为 1.6 kg，那么无人机的最大拉力应大于 40 N，如果有四个旋翼，每个电机的最大拉力应大于 10 N。

如果整机质量超过电机数量和最大拉力确定的质量上限，会导致电机高负荷运行，电机效率变低，振动变大，影响飞控自稳，造成无人机起飞后机身姿态不稳，炸机的风险显著增大。

2. KV 值

相同功率的电机，KV 值越高，单位电压下转速变化越快，意味着可实现更快的反应速度；KV 值越低，单位电压下转速变化越慢，能输出更大的扭矩。

相同功率的电机，选择高 KV 值的型号能够实现更灵敏的反应速度，只能带动小桨，适合穿越机等航速较高的机型；选择低 KV 值的型号能实现更大的扭矩，可带动更大的桨，电机转速低、振动小，适合专业航拍级无人机、农业植保机等较大机型。

电机的 KV 值需要与螺旋桨的参数相匹配，在 KV 值确定的情况下，如果螺旋桨配得过小，则不能发挥电机的最大推力；如果螺旋桨配得过大，电机会发热严重，造成电机性能的永久下降，甚至损坏电机。

3. 型　号

无刷直流电机的型号通常用 4 位数字表示，数字的前两位是定子外径、后两位的是定子高度；定子的外径和高度越大，定子的铁心越大，线圈绕的匝数也越多，电机的功率越大，外形也更大，价格也更高。

电机规格不同，KV 值相同时，电机直径和高度越大，代表电机的功率越大，需要适配大螺距或大尺寸的螺旋桨来提升工作效率。

4. 品　牌

旋翼无人机使用的无刷直流电机多为外转子电机，部分不良商家虚标电机参数，用外转子的尺寸来标注电机参数，会导致电机的实际功率不足；同时，部分厂家的电机产品做工差、动平衡不佳、效率低、可靠性差，这些因素都会影响整机的飞行性能，增大无人机炸机的风险。选购电机时，应仔细查阅电机的各项参数，选择知名品牌厂家生产的质量可靠的电机产品。

任务六　直流电机使用及维护

无刷直流电机既有交流电机的结构简单、运行可靠、维护方便等优点，又有普通有刷直流电机运行效率高、调速性能好的优点，而且由于不受机械换向限制，易于做到大容量、高转速。因此，无刷直流电机在电子数码消费品、医疗设备、工业控制、家用电器等领域得到了广泛的应用。

为了使无刷直流电机的性能得到更好地发挥，提高电机的使用效率，在日常使用过程中，一定要遵循合理的使用及维护方法，主要有以下几个方面：

（1）避免无刷电机长期工作在高温环境。

电机长期处于 100 °C 以上的高温环境，将对无刷电机的各个系统造成损伤。

① 钕铁硼磁铁不耐高温，在接近其耐温极限时，将持续性地发生退磁，温度越高，其退磁的速度也越快，退磁后电机磁性下降，扭矩下降，电机性能受到不可逆的损伤。

② 轴承不可长期工作在高温环境，高温使轴承内部润滑油发生挥发，并且滚珠会因为高温发生形变，从而加速磨损。

（2）避免电机进水，保持内部干燥。

进水将导致轴承生锈，加速轴承磨损，降低无刷电机寿命；此外，包括硅钢片、转轴、电机外壳也都有生锈的可能。所以在日常使用中应注意保持电机干燥。

（3）定时检查电机轴承磨损情况。

去掉螺旋桨，起动电机，电机正常转动的情况下没有杂音，声音浑厚，如果声音带有杂音，特别是有类似沙子在内部的杂音，则说明轴承有损伤，需要更换。

（4）定时检查电机的动平衡情况。

去掉螺旋桨，起动电机，电机正常转动的情况下有较轻微的振动，如果电机动平衡失效，则电机振动较大，且为高频。

合理的保养手段可以使电机保持良好的工作状态，消除潜在隐患，延长电机的使用寿命，在无刷直流电机日常的保养工作中应做到以下几点。

（1）清擦电机：及时清除电机机座外部的灰尘、油泥等，如使用环境灰尘较多，应在每次飞行之后清扫一次。

（2）检查和清擦电机接线处，检查接线部位是否松动、烧伤。

（3）检查各固定部分螺丝，将松动的螺母拧紧。

（4）检查电机转动是否合格：用手转动转轴检查其是否灵活，有无不正常的摩擦、卡阻、窜轴和异常响声，同时检查电机上各部件是否完备。

（5）如电机通电之后不转或者转速很低，或有异常响声，应立即断电，若通电时间较长，极有可能烧毁电机，甚至损坏控制电路。

项目十二　电子调速器的认知

电调，全称电子调速器，是无人机动力系统的重要组成部分，其作用主要是将飞控的控制信号转化为电流的大小，控制电机的转速。电机的转速差异对无人机飞行动力及姿态产生重要影响，进而影响无人机飞行。

通过项目十二的学习，学员应完成以下目标：

（1）掌握无人机电调的基本原理和结构特点；

（2）能够理解电调的基本参数，并利用电机的参数为无人机选配电调；

（3）能够正确安装和调试无人机电调。

工作任务单 14　多旋翼无人机电调的安装和调试

实践任务	多旋翼无人机电调的安装和调试		
工作须知	（1）在执行任何具有潜在危险的操作时，必须佩戴适当的个人防护用具； （2）确保自己已阅读并理解实践任务工作说明； （3）完成每个工作步骤后都必须由操作者与监督者签名		
序号	工作流程	操作人签名	监督人签名
1	确保工具清单中所列的工具可用，并处于可使用的状态		
2	查找并记录不同电机型号及参数		
3	根据电机型号选配电调型号		
4	处理电调的电源输入输出线及数据处理线		
5	安装电调到无人机机架上		
6	连接电调与电机，测试调整电机转向		
7	校正电调油门航程		
8	在任务记录表中记录各项结果		

工具清单		
序号	描述	取用位置
1	通用拆解工具	
2	万用表	
3	钢尺	
4	转速仪	

续表

任务记录表			
序号	情况记录	操作人签名	监督人签名
1			
2			
3			
4			
5			

任务一　电子调速器的基础知识

电调，全称电子调速器，英文为 Electronic Speed Control，简称 ESC。根据适配电机的不同，其可分为有刷电调和无刷电调，电调根据控制信号调节电动机的转速。

电调根据输入电压的高低可分为高压电调和普通电调。高压电调指可以输入 6*S* 以上电池的电压，即 25.2 V 以上电压，目前多用于植保机。普通电调指输入 6*S* 以下电池的电压，即 25.2 V 以下的电压，目前多用于多轴或固定翼无人机。

它们的连接，如图 12-1-1 所示。一般为

（1）电调的输入线与电池连接；

（2）电调的输出线（有刷两根、无刷 3 根）与电机连接；

（3）电调的信号线与接收机连接。

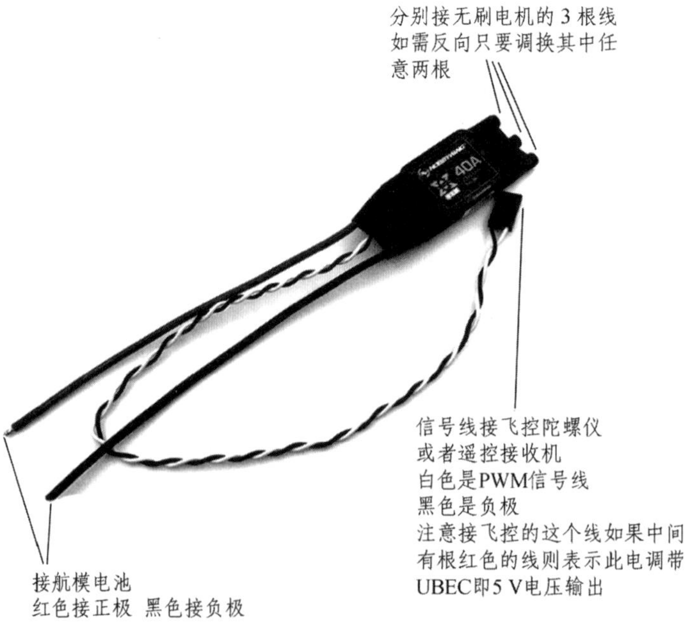
分别接无刷电机的 3 根线
如需反向只要调换其中任
意两根
40A
信号线接飞控陀螺仪
或者遥控接收机
白色是PWM信号线
黑色是负极
注意接飞控的这个线如果中间
有根红色的线则表示此电调带
UBEC即5 V电压输出
接航模电池
红色接正极 黑色接负极

图 12-1-1　电子调速器的连接

另外，电调一般有电源输出功能，即在信号线的正负极之间，有 5 V 左右的电压输出，通过信号线为接收机供电，接收机再为舵机等控制设备供电。

电调为 3～4 个舵机供电是没问题的。因此，电动无人机一般都不需要单独为接收机供电，除非舵机数量很多或对接收机电源有很高的要求。

随着无刷电机的大力发展，无刷电调占据了市场的主流。市面上也出现了许多种类的无刷电子调速器品牌。并非任意一款无刷电调都能与电机匹配，能否匹配主要取决于电调的功率。如果电调的额定功率小于电机的输入功率，会导致电调上面功率管的烧坏，以至电调不能工作。

许多品牌电调的功率和电流存在虚标，也许需要 60 A 的电调，但其实只能跑到 55 A 就无法再往上调了，所以选择电调的时候一定要弄清楚功率是否足额。

电调输入直流电，可以接稳压电源或者锂电池，一般的供电都在 2～6*S* 锂电池。输出是三相脉动直流，直接与电机的三相输入端相连。如果通电后电机旋转方向与需要的方向相反，只需把 3 根线中间的任意两根对换位置即可。电调还有 1 根信号线连出，用来与接收机连接，接收信号以控制电机的运转，同时向接收机供电。

电调主要应用于无人机、航模、车模、船模、飞碟等模型或玩具上，这些模型通过电调来驱动电机完成各种指令，模仿其真实工作功能，以达到与真实情况相仿的效果，所以有专门为航模设计的航模电调，为车模设计的车模电调等。电调的功效就是控制电机，完成规定速度、动作，因此电调在生产生活中有着很广阔的应用，比如电动工具上的电调，医疗设备上的电调，汽车涡轮机上的电调，特种风机专用电调等，不一而足。某些生产厂家可根据用户的不同需要和电机的不同参数，为用户量身定制适配的电调。

任务二　电子调速器的主要参数

1. 电调的作用

（1）电机调速：将飞控的控制信号转化为电流的大小，控制电机的转速。

（2）变压供电：将电池电压转变为飞控板和遥控接收机需要的电压。

（3）电源转化：将电池直流电转换为交流电供给无刷电机。

（4）其他功能：电池保护、起动保护、刹车等。

2. 电调的参数

（1）最大持续/峰值电流。

电调能持续输出的最大电流数，是无刷电调最重要的参数，通常以安培数 A 来表示，如 10 A、20 A、30 A。电机最大的输入电流不能大于这个数，否则会烧掉电调。如电机在全油门下需要 18 A 的电流，匹配电调的持续输出电流要大于 18 A，考虑到余量安全性，建议选择加 30%以上的电流，18 A 的建议选择 25 ~ 30 A 持续输出电流的电调。选择持续输出电流不要太大，否则会造电调能力的浪费，并且持续输出电流越大的电调，其价格越贵，质量也越大，会影响整机的续航。

（2）电压范围。

电调能够正常工作所允许输入的电压范围，也是非常重要的参数。电压范围除了直接电压值注明之外，通常也会用电池节数来表示，如 2 ~ 6*S* 锂电池，或者 5 ~ 18*S* 镍氢/镍镉电池。单节锂电池额定电压 3.7 V，单节镍氢/镍镉电池额定电压 1.2 V，可根据上述参数计算出电调的输入电压范围，使用时应确保电调工作电压在明示的电压范围之内。

（3）内阻。

电调都有内阻，通过电调的电流有时可以达到几十安培，所以电调的发热功率不能被忽视。

（4）刷新频率。

电机响应速度很大程度上依赖于电调刷新频率。

（5）瞬间电流。

短暂时间内能输出的最大电流，如 40 A/10 s，超过这个短暂时间如果继续以这个电流输出，就会损坏电调。所以瞬间电流能持续的时间有限，在这个电流下不能长期工作。

（6）可编程特性。

调整电调内部参数，可以使电调的性能达到最佳。使用编程卡，USB 连接计算机后通过软件设置，以及通过接收机连接遥控器设置这 3 种方式可调整电调的参数。

通常支持的编程项目：

① 刹车设置。没有刹车功能的电调，油门关闭后，电机还有惯性转动；开启刹车后，油门关闭则电机迅速停止；电调还可以设置刹车关闭以及调整刹车速度。

② 电池类型。设置使用锂电或者镍氢电池，选择熟悉的电池获得更好的性能。

③ 低压保护。监控到电池电压低于某个数值时，电调可通过降低功率或者切断输出，以避免电池过放，对电池起到保护作用。

④ 低压值设置。可设定电池的引发电压保护器作用的电压值。设置好这个值，可最大限度保护电池，避免过放电，延长电池寿命。

⑤ 锂电池节数。设置自动判断电池节数，还是手工指定电池节数。在电压低的时候自动判断可能会出现差错，建议手工设置电池节数，提高安全性。

⑥ BEC 电压。设置 BEC 输出电压。

3. 常用电调

无刷电调按电流可分为 30 A、40 A、50 A、60 A、80 A、120 A 电调等；按品牌分为好盈、银燕、新西达、中特威等，还有一些较为昂贵的电调品牌，如蝎子、凤凰等。如图 12-2-1 所示。

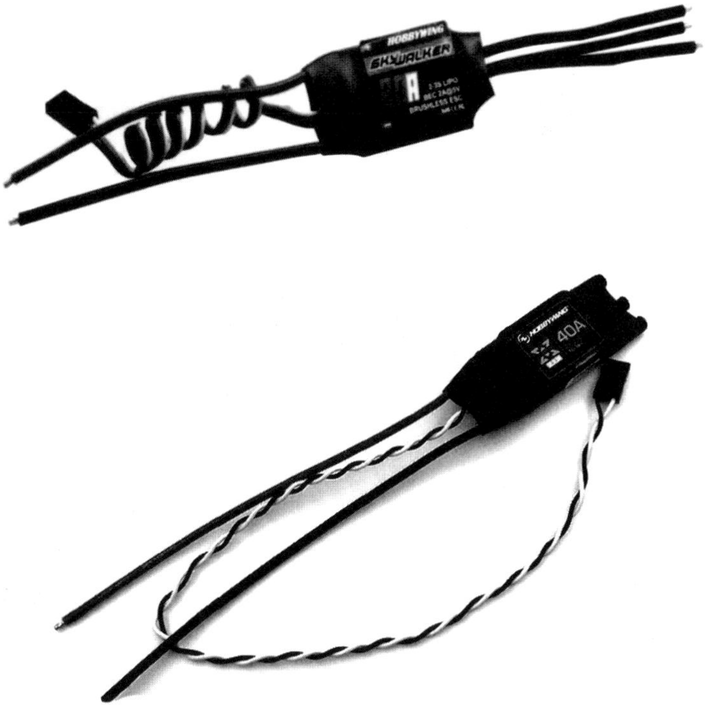

图 12-2-1　电子调速器

任务三　电子调速器的调试

电子调速器的调试以使用 APM 飞控为例。

校正电调油门航程后才能使飞控知道遥控器的油门通道发出的最小与最大值，以获得最佳的油门线性。若不对油门航程进行校正，则可能出现以下情况：

（1）在第一次使用 APM 的时候，电池通电后电调不停发出“哔哔哔”的声响，推动遥控器油门杆时电机没有反应。

（2）推动遥控器油门杆时，发现几个电机转速明显不一致，或出现有些电机已开始旋转，有些电机还没反应；或当油门杆处于最低位，有些电机已经静止了，有些电机还在旋转。如果在这些情况下起飞，无人机容易炸机。

若出现以下情况，则需要重新对电调油门航程进行校正：

（1）第一次使用 APM，或者初始化 APM 参数。

（2）更换了电调或遥控器。

APM 飞控电调油门航程校正过程如下。

电调油门航程的校正过程以好盈 Platinum-30A-OPTO-PRO 电调为例，其他品牌的校正过程差别不大，但发出的提示声调可能有所区别。

（1）确认飞行器没有连接 USB 线，电池断开，未安装螺旋桨，如图 12-3-1 所示，否则校正时会造成翻机，造成螺旋桨损坏，甚至造成人员伤害。

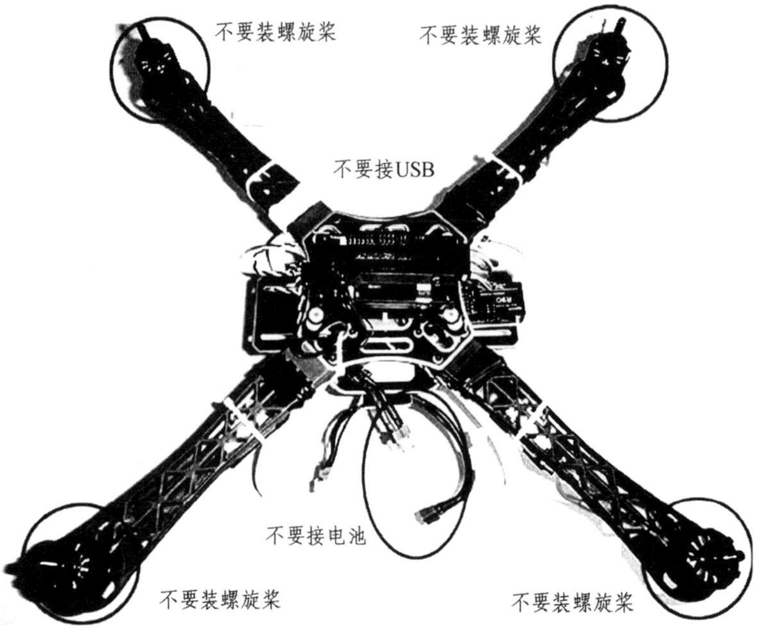

图 12-3-1 安装示意图

（2）打开遥控器开关，把油门杆推到最高。

（3）飞行器接上电池后，APM 上的红灯、蓝灯、黄灯会以循环模式亮起，电调刚通电时会发出音乐声“duo ri mi（123）”，然后电机逐个轻微动一下并发出“哔”声，以上状态说明 APM 已准备好进入电调校准模式，油门杆依然保持最高位置不动。

（4）迅速将电池电源线拔掉，油门杆依然保持最高位置不动。

（5）再接上电源线（红灯和蓝灯交替闪烁），电调发出音乐声“duo ri mi（123）”，再听到“哔”一声响后，迅速将遥控器油门杆拉到最低位置，等待 1 s 后会听到一声“哔”响，之后就再也无声音发出。此时轻轻地推高油门杆，电机会随着转动起来。

（6）最后一步，将电源线拔掉，此时 APM 已将校正好的油门航程记忆，油门航程校正完成。

任务四　电子调速器常见故障分析

电子调速器的使用过程中可能出现故障，多数故障出现时电调会发出特定的警示音，或者通过无人机的其他部件的工作状态显现，掌握电调常见的故障特征，对于及时排除故障，恢复无人机工作状态十分重要。电子调速器常见故障特征、原因及对应的解决措施如表 12-4-1 所示。

表 12-4-1　电子调速器常见故障特征、原因及对应的解决措施

故障特征	故障原因	解决措施
通电后电机无法起动，无任何声音	电源接头接触不良	重新插好接头或更换接头
通电后电机无法启动，电调发出“哔—哔—、哔—哔—、哔—哔—”警示音（每两声之间间隔 1 s）	电池组电压不正常	检查电池组电压
通电后电机无法起动，发出“哔—、哔—、哔—”警示音（每声之间间隔时 2 s）	接收机油门通道无油门信号输出	检查发射机和接收机的配合是否正常，油门控制通道接线是否插紧
通电后电机无法起动，发出“哔、哔、哔、哔、哔”急促单音	油门未归零或油门行程设置过小	将油门摇杆置于最低位置；重新设置油门行程
上电后电机无法起动，发出“哔—哔—”提示音然后发出特殊提示音	油门通道“正/反”向错误	参考遥控器说明书，调整油门通道的“正/反”向设置
电机反转	电调输出线和电机输入线连接顺序错误	对调 3 根输出线中的任意两根
电机转动中途停转	信号丢失保护	检查遥控器和接收机的配合是否正常，检查油门通道接线是否接触良好
	电池电压不足，进入低压保护状态	重新给电池充满电
	接线接触不良	检查电池组插头是否正常、电调输出线和电机输入线连接是否稳固可靠
随机性重新起动和工作状态失常	使用环境中有极强烈的电磁干扰源	远离电磁波干扰源

项目十三 电池的认知

电池是无人机的储能装置，电池的放电能力、容量大小等参数对于无人机的各项性能具有十分重要的影响。充电电池的种类很多，锂聚合物电池以比能量高、形状灵活、安全性好等特点，在无人机及航模领域得到了十分广泛的应用。电池也是电动无人机在日常使用中损耗较快、成本较高的部件，正确合理地使用和维护电池，对于降低无人机的使用成本十分重要。

通过项目十三的学习，学员应完成以下目标：

（1）掌握充电电池的原理和分类方式；

（2）掌握锂聚合物电池和普通锂离子电池在原理和性能方面的异同点；

（3）能够理解电池的基本参数，并利用电池的参数为无人机选配电池；

（4）能够正确使用和保养无人机电池。

工作任务单 15　无人机电池的选配

实践任务	无人机电池的选配		
工作须知	（1）在执行任何具有潜在危险的操作时，必须佩戴适当的个人防护用具； （2）确保自己已阅读并理解实践任务工作说明； （3）完成每个工作步骤后都必须由操作者与监督者签名		
序号	工作流程	操作人签名	监督人签名
1	确保工具清单中所列的工具可用，并处于可使用的状态		
2	查找并记录电池的各项参数		
3	观察电池的 S、P 数，与其参数进行对照		
4	测量电池的满电电压、正常工作电压和放电终止电压		
5	测量不同放电电流下电池的放电时间		
6	认识 T 型插头和 XT60 插头		
7	在任务记录表中记录各项测量结果		

工具清单		
序号	描述	取用位置
1	万用表	
2	电池功能测试仪	

续表

任务记录表			
序号	情况记录	操作人签名	监督人签名
1			
2			
3			
4			
5			

工作任务单 16　正确使用和维护无人机电池

实践任务	正确使用和维护无人机电池		
工作须知	（1）在执行任何具有潜在危险的操作时，必须佩戴适当的个人防护用具； （2）确保自己已阅读并理解实践任务工作说明； （3）完成每个工作步骤后都必须由操作者与监督者签名		
序号	工作流程	操作人签名	监督人签名
1	确保工具清单中所列的工具可用,并处于可使用的状态		
2	连接电池和平衡充电器为电池充电		
3	使用电压显示器监测电池放电过程电压		
4	将电池放电至合理存放电压		
5	安装和拆卸无人机电池		
6	清洁电池表面，检查电池接头处		
7	使用锂电池防爆箱存放电池		
8	在任务记录表中记录操作过程和关键参数		

工具清单		
序号	描述	取用位置
1	万用表	
2	平衡充电器	
3	电压显示器	
4	锂电池防爆箱	
5	清洁布	

任务记录表			
序号	情况记录	操作人签名	监督人签名
1			
2			
3			
4			
5			

任务一　电池的基础知识

广义的电池是一种将其他形式的能量直接转换为电能的装置。电池按能量转换方式分两大类：一类是物理电池，即在使用过程中电池内部不产生化学反应，如太阳能电池、飞轮电池等；另一类是化学电池，即把化学能转变为电能的装置，一般又称为化学电池或化学电源，如铅蓄电池、锂电池、干电池等。

化学电池是将化学能转变为电能的装置，主要部分包括电解质溶液和浸入溶液的正负电极。使用时，将导线连接两个电极，即有电流通过（放电），因而获得电能。化学电池按工作性质可分为一次性电池、二次性电池、燃料电池和激活电池。

1. 一次电池

一次电池又称原电池，如果电池中电解质不流动，则称为干电池。由于电池反应本身不可逆或可逆反应很难进行，电池放电后不能充电再用，如碱性锌锰电池，日常生活中我们经常用到干电池，比如 5 号、7 号电池等，如图 13-1-1 所示。

图 13-1-1　常见的锌锰干电池

锌锰干电池的电动势为 1.5 V，以碳棒为正极，以锌筒为负极，把化学能转变为电能供给外电路。在化学反应中由于锌比锰活泼，锌失去电子被氧化，锰得到电子被还原。锌锰干电池的主要成分及化学反应式如下。

正极材料：MnO_2、石墨棒。

负极材料：锌片（Zn）。

电解质：NH_4Cl、$ZnCl_2$ 及淀粉糊状物。

负极：$Zn - 2e^- = Zn^{2+}$。

正极：$2MnO_2+2NH_4^++2e^- = Mn_2O_3+2NH_3+H_2O$。

总反应：$Zn+2MnO_2+2NH_4^+ = Zn^{2+}+Mn_2O_3+2NH_3+H_2O$。

2. 二次电池

二次电池又称为可充电电池或蓄电池，是指在电池放电后通过充电的方式使活性物质重新激活而继续使用的电池。利用化学反应的可逆性，可以组建成一个新电池，即当一个化学反应转化为电能之后，还可以用电能使化学体系修复，然后再利用化学反应转化为电能，所以叫二次电池。市场上主要的二次电池有镍氢电池、镍镉电池、铅酸电池、锂离子电池、聚合物锂离子电池等，其重要性能参数及特点如表 13-1-1 所示。

表 13-1-1　常见的二次电池性能参数表

电池种类	电压/V	使用寿命/次	放电温度 / °C	充电温度 / °C	其他
镍镉	1.2	500	－20～60	0～45	有记忆效应，容量小
镍氢	1.2	1000	－10～45	10～45	记忆效应小，容量大
铅酸	12	200～300	0～45	0～45	体积大，内阻小、容量大
锂离子	3.6	500	－20～60	0～45	无记忆效应，体积小、质量轻、容量大
锂聚合物	3.7	500	－20～60	0～45	锂离子电池的一种，形状尺寸更灵活，更安全

（1）镍镉电池。

镍镉电池（Ni-Cd）是一种直流供电电池，可重复 500 次以上地充放电，经济耐用。其内部抵制力小，既内阻很小，可快速充电，又可为负载提供大电流，而且放电时电压变化很小，是非常理想的直流供电电池，如图 13-1-2 所示。

图 13-1-2　镍镉电池

镍镉电池充放电过程中的化学反应如下：

$$Cd+2NiO(OH)+2H_2O \underset{放电}{\overset{充电}{\rightleftharpoons}} 2Ni(OH)_2+Cd(OH)_2$$

镍镉电池具有以下特点：

① 可重复 500 次以上充放电，经济耐用；

② 内阻小，可供大电流的放电，当它放电时电压的变化很小，作为直流电源是一种质量极佳的电池；

③ 采用完全密封式，不会有电解液漏出的现象，也完全不需要补充电解液；

④ 与其他种类电池相比，镍镉电池可耐过充电或放过电，操作简单方便；

⑤ 长时间的放置不会使性能退化，当电池重新充电后即可恢复原来的特性；

⑥ 可使用温度范围宽泛。

（2）镍氢电池。

镍氢电池（Ni-MH）是由镍镉电池（Ni-Cd）改良而来，以能吸收氢的金属代替镉（Cd），可回收再利用，属于环保电池，如图 13-1-3 所示。

图 13-1-3　镍氢电池

镍氢电池正极活性物质为 $Ni(OH)_2$（NiO 电极），负极活性物质为金属氢化物，也称储氢合金（储氢电极），电解液为 6 mol/L 氢氧化钾溶液。镍氢电池的充放电化学反应如下。

正极：$Ni(OH)_2+OH^- = NiOOH+H_2O+e^-$。

负极：$M+H_2O+e^- = MH+OH^-$。

总反应：$Ni(OH)_2+M = NiOOH+MH$。

镍氢电池有以下特点：

① 相同体积下镍氢电池的容量较高，以常见的五号电池为例，镍氢电池的标称容量可达 2 900 mAh，而镍镉电池只有 1 100 mAh。

② 镍氢电池比碳锌电池或碱性电池有更大的输出电流，相对而言更适用于高耗电产品，某些动力型的特别型号甚至比普通镍镉电池的输出电流更大。

③ 记忆效应不明显，很多品牌的镍氢电池已经宣称无记忆效应。

④ 循环寿命长，在正确使用条件下可循环使用 500 次以上。

⑤ 旧款的镍氢电池自放电率高，满电常温下存储自放电率 30%～35%，但新款的镍氢电池已具有相当低的自放电率。

⑥ 耐高温性能差，尽量不要让电池的温度高于 45 °C，否则寿命会很快降低，电池内阻也会增大。

⑦ 过度充电对电池寿命影响很大，具有一定的危险性，所以当电池被充满时就要停止充电。

（3）铅酸电池。

铅酸电池是电极主要由铅及其氧化物制成，电解液是硫酸溶液的蓄电池。一个单格铅酸电池的标称电压是 2.0 V，能放电到 1.5 V，充电到 2.4 V；在应用中，经常用 6 个单格铅酸电池串联起来组成标称电压为 12 V 的铅酸电池，此外还有 24 V、36 V、48 V 等，如图 13-1-4 所示。

图 13-1-4　铅酸蓄电池

铅酸电池放电状态下，正极主要成分为二氧化铅，负极主要成分为铅；充电状态下，正负极的主要成分均为硫酸铅。铅酸蓄电池内部结构如图 13-1-5 所示。

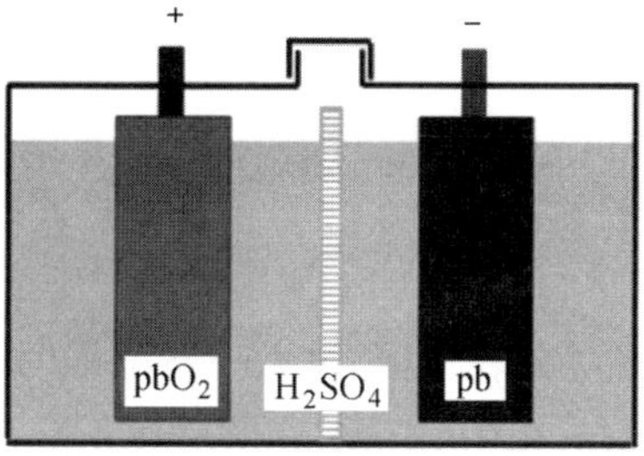

图 13-1-5　铅酸蓄电池内部结构

铅酸蓄电池内的阳极（PbO_2）及阴极（Pb）浸入电解液（稀硫酸），两极间产生 2 V 的电压，铅酸蓄电池在放电时，正负极的活性物质均变成硫酸铅（$PbSO_4$），充电后又恢复到原来的状态，即正极转变成二氧化铅（PbO_2），负极转变成海绵状铅（Pb）。铅酸蓄电池充放电过程中的化学反应如下：

$$PbSO_4+2H_2O+PbSO_4 \underset{\text{放电}}{\overset{\text{充电}}{\rightleftharpoons}} PbO_2+2H_2SO_4+Pb$$

铅酸蓄电池是化学电池中市场份额最大、使用范围最广的电池，特别是在大型储能领域，在较长时间尚难以被其他新型电池替代。铅酸蓄电池价格较低，具有技术成熟、高低温性能优异、稳定可靠、安全性高、资源再利用性好等比较优势，市场竞争优势明显。相对于其他类型的二次电池，铅酸蓄电池有以下的优势和不足。

① 铅酸蓄电池的优势。

a. 性能优势。

大规模产业化的二次电池主要有铅酸蓄电池、镉镍电池、镍氢电池和锂离子电池。镍镉电池含有剧毒元素镉，已逐步被其他电池所替代。目前，市场上应用最广泛的电池为铅酸蓄电池、锂离子电池和镍氢电池。

相较于其他二次电池，铅酸蓄电池主要有以下性能优势：实现工业化生产的时间最长，技术最成熟，性能稳定、可靠，适用性好；采用稀硫酸作电解液，无可燃性，电池采用常压或低压设计，安全性好；工作电压较高、工作温度范围较宽，适用于混合电动车等高倍率放电应用；能浮充电使用，浅充浅放电性能优异，适用于不间断电源、新能源储能、电网削峰填谷等领域；大容量电池技术成熟，能制成数千安时容量的电池，为大规模储能提供了便利。

b. 成本优势。

铅酸蓄电池是最廉价的二次电池，单位能量的价格是锂离子电池或氢镍电池的 1/3 左右。此外，铅酸蓄电池的主要成分为铅和铅的化合物，铅含量高达电池总质量的 60% 以上，废旧电池的残值较高。

c. 再生利用优势。

铅酸蓄电池组成简单，再生技术成熟，回收价值高，是最容易实现回收和再生利用的电池，全球再生铅产量已经超过原生铅产量，我国废旧铅酸蓄电池的再利用率也达到 90%以上。相比之下，镍镉电池、镍氢电池、锂离子电池等多为小型电池，且成本复杂，再生成本高，回收难度大，目前，上述电池在全球范围内的平均回收率不足20%，尤其是锂离子电池，多数国家尚未实现有效回收和再生。

② 铅酸蓄电池的不足。

a. 能量密度偏低。

传统的铅酸蓄电池质量和体积能量密度偏低，能量密度只有锂离子电池的 1/3 左右，氢镍电池的 1/2 左右，并且体积较大，不适宜在质量轻、体积小的装置上使用。

b. 循环寿命偏短。

传统铅酸蓄电池循环寿命较短，理论循环次数仅为锂离子电池 1/3 左右。

c. 产业链存在铅污染风险。

铅是铅酸蓄电池的主要原材料，占电池质量的 60%以上，全球铅酸蓄电池的用铅量占总用铅量的 80%以上。铅为重金属，铅酸蓄电池制造产业链存在着较高的铅污染风险，若管理不善将会对环境造成污染以及对人体健康产生危害。

3. 燃料电池

燃料电池又称为连续电池，是按电化学原理，即原电池工作原理，等温地把储存在燃料和氧化剂中的化学能直接转化为电能，因而实际过程是氧化还原反应，电池可连续放电，如氢-氧燃料电池。

燃料电池的组成与一般电池相同，其单体电池是由正负两个电极以及电解质组成，负极即燃料电极，正极即氧化剂电极。不同的是一般电池的活性物质储存在电池内部，因此，限制了电池容量；而燃料电池的正、负极本身不包含活性物质，仅为催化转换元件。因此，燃料电池其实是把化学能转化为电能的能量转换机器，电池工作时，燃料和氧化剂由外部供给，进行氧化还原反应；原则上只要反应物不断输入，反应产物不断排除，燃料电池就能连续地发电。这里以氢-氧燃料电池为例来说明燃料电池的工作原理。

氢-氧燃料电池的电极反应是电解水的逆过程，其放电过程的化学反应如下。

负极：$H_2+2OH^- \longrightarrow 2H_2O+2e^-$。

正极：$\frac{1}{2}O_2+H_2O+2e^- \longrightarrow 2OH^-$。

总反应：$H_2+\frac{1}{2}O_2 = H_2O$。

另外，仅有燃料电池本体还不能工作，必须有一套相应的辅助系统，包括反应剂供给系统、排热系统、排水系统、电性能控制系统及安全装置等。

4. 激活电池

激活电池又称为储备电池，这类电池的正负极活性物质在储存期不直接接触，使用前临时注入电解液或用其他方法使电池激活，由于这类电池的正、负极活性物质与电解液隔离，其化学变质或自放电的可能性基本被排除，从而使电池能长时间储存，如镁银电池、钙热电池、铅高氯酸电池。

储备电池有两种储存和激活方式：一种是将电解液和电极分开存放，使用前将电解液注入电池组而激活，如镁海水电池、储备式铬酸电池和锌银电池等；另一种是采用熔融盐电解质，常温时电解质不导电，使用前点燃加热剂将电解质迅速熔化而激活，称为热电池。热电池可用钙、镁或锂合金为负极，KCl 和 LiCl 的低共熔体为电解质，CaCrO4、$PbSO_4$ 或 V_2O_5 等为正极，以锆粉或铁粉为加热剂。采用全密封的结构可长期储存。

任务二　锂电池的原理及特点

1. 锂电池概述

锂电池是一类由锂金属或锂合金为电极材料，使用非水电解质溶液的可充电电池。锂电池并非单一的种类，而是锂金属电池和锂离子电池的统称。

锂金属电池以二氧化锰作为正极材料、用金属锂或锂合金作为负极材料，使用非水电解质溶液，由于锂金属电池的化学特性太过活泼，因此其加工、保存和使用过程中对于环境的要求非常高。

锂离子电池使用锂合金金属氧化物作为正极材料、石墨作为负极材料，使用非水电解质，具有循环寿命高、比能量大、自放电小、电压高等特点，因而被广泛应用于各类消费类电子产品中，比如手机、平板、笔记本电脑等，锂离子电池在动力汽车领域也发挥着很重要的作用。

从电化学原理区分，只要使用锂金属单质作为电极的电池就是锂金属电池，锂金属电池主要以电子传递产生电流，是一种一次性电池，无法完成二次充电功能，且易于爆炸，所以不在应用范围内。如果利用 Li^+离子当作电池正负极间离子迁移载体它就是锂离子电池，锂离子电池不含有金属态的锂，而是以锂掺杂金属的氧化物作为电极，并且可以二次充放电，其充电放电过程都通过锂离子的传递来完成。

2. 锂离子电池的工作原理

锂离子电池是一种充电电池，主要依靠锂离子在正极和负极之间移动来工作。在充放电过程中，Li^+在两个电极之间往返嵌入和脱嵌：充电时，Li^+从正极脱嵌，经过电解质嵌入负极，负极处于富锂状态，放电时则相反。

锂离子电池的充放电过程，就是锂离子的嵌入和脱嵌过程。锂离子的嵌入和脱嵌过程，同时伴随着与锂离子等当量电子的嵌入和脱嵌，习惯上正极用嵌入或脱嵌表示，而负极用插入或脱插表示。在充放电过程中，锂离子在正、负极之间往返嵌入/脱嵌和插入/脱插，被形象地称为“摇椅电池”。

当对电池进行充电时，电池的正极上有锂离子生成，生成的锂离子通过电解液运动到负极。而作为负极的碳呈层状结构，它有很多微孔，到达负极的锂离子就嵌入碳层的微孔中，嵌入的锂离子越多，充电容量越高。同样，对电池进行放电时，嵌在负极碳层中的锂离子脱出，又运动回正极，回到正极的锂离子越多，放电容量越高。

锂离子电池工作过程中的化学反应如下。

正极反应：放电时锂离子嵌入，充电时锂离子脱嵌。

$$LiC_OO_2 \underset{\text{放电}}{\overset{\text{充电}}{\rightleftharpoons}} Li_{1-x}C_OO_2+xLi^++xe^-$$

负极反应：放电时锂离子脱插，充电时锂离子插入。

$$C+xLi^++xe^- \underset{\text{放电}}{\overset{\text{充电}}{\rightleftharpoons}} CLi_x$$

电池总反应：

$$LiC_OO_2+C \underset{\text{放电}}{\overset{\text{充电}}{\rightleftharpoons}} Li_{1-x}C_OO_2+CLi_x$$

锂离子电池具有以下优点：

（1）工作电压高。锂离子电池的工作电压在 3.7 V，是镍镉和镍氢电池工作电压的 3 倍。

（2）比能量高。锂离子电池比能量可达 140 Wh/kg，是镍镉电池的 3 倍，镍氢电池的 1.5 倍。

（3）循环寿命长。锂离子电池循环寿命可达 1 000 次以上，在低放电深度下可达几万次，明显优于其他种类二次电池。

（4）自放电小。锂离子电池月自放电率仅为 6%～8%，而镉电池为 25%～30%，及镍氢电池为 30%～40%。

（5）无记忆效应。锂离子电池可以根据要求随时充电，而不会降低电池性能。

（6）对环境无污染。锂离子电池中不存在有害物质，是名副其实的“绿色电池”。

3. 锂聚合物电池

锂聚合物电池，又称聚合物锂电池、聚锂电池，是锂离子电池的一种，通常是由数个相同的平行子电池芯并联来增加放电电流，或由数个电池包串联来增加可用电压。

根据锂离子电池所用电解质材料不同，锂离子电池可以分为液态锂离子电池和聚合物锂离子电池两大类。聚合物锂离子电池所用的正负极材料与液态锂离子相同，正极材料可分为钴酸锂、锰酸锂、三元材料和磷酸铁锂材料，负极为石墨，电池的工作原理也基本一致，它们的主要区别在于电解质的不同，液态锂离子电池使用的是液体电解质，而聚合物锂离子电池则以固体聚合物电解质来代替，这种聚合物可以是“干态”，也可以是“胶态”，目前大部分采用聚合物胶体电解质，锂聚合物电池的工作原理如图 13-2-1 所示。

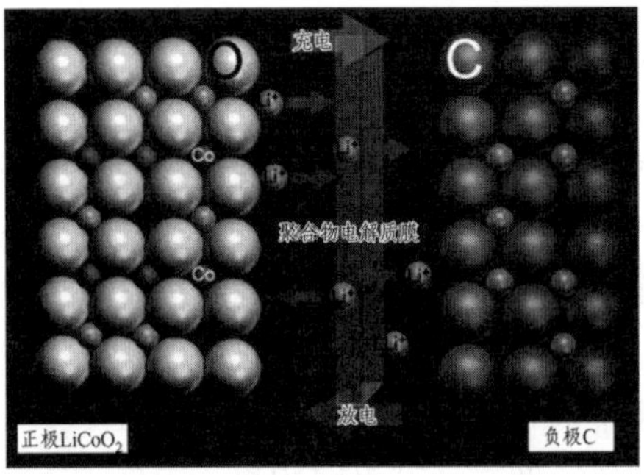

图 13-2-1　锂聚合物电池工作原理

一般锂离子电池使用液体或胶体电解液，因此需要坚固的二次包装来容纳可燃的活性成分，这就增加了质量，另外也限制了尺寸的灵活性。而聚合物锂离子电池中没有多余的电解液，因此它更稳定，也不易因电池的过量充电、碰撞或其他损害，以及过度使用等因素引发危险。

新一代聚合物锂离子电池在形状上可做成薄形化（ATL 电池最薄可达 0.5 mm，相于一张卡片的厚度）、任意面积化和形状化，大大提高了电池造型设计的灵活性，从而可以配合产品需求，做成任何形状与容量的电池，为应用设备开发商在电源解决方案上提供了高度的设计灵活性和适应性，以最大化地优化其产品性能。同时，聚合物锂离子电池的能量密度比普通锂离子电池提高了 50%，容量、充放电特性、安全性、工作温度范围、循环寿命及环保性能等方面都较锂离子电池有大幅度的提高。

锂聚合物电池具有比能量高、小型化、超薄化、轻量化和安全性好等多种优势，可制成任何形状与容量的电池，进而满足各种产品的需要。并且它采用铝塑包装，内部出现问题可立即通过外包装表现出来，即便存在安全隐患，也不会爆炸，只会鼓胀，提高了使用安全性。在锂聚合物电池中，电解质起着隔膜和电解液的双重功能：一方面像隔膜一样隔离正负极材料，使电池内部不发生自放电及短路；另一方面又像电解液一样在正负极之间传导锂离子。聚合物电解质不仅具有良好的导电性，而且还具备高分子材料所特有的质量轻、弹性好、易成膜等特点，也顺应了化学电源质量轻、安全、高效、环保的发展趋势。上述优点使得锂聚合物电池在遥控模型、无人飞行器、笔记本计算机、手机等产品中得到了十分广泛的应用，常见的锂聚合物电池如图 13-2-2 所示。

（a）航模电池

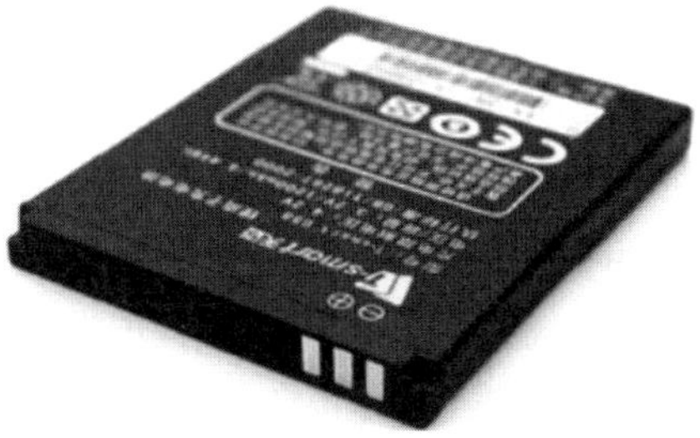

（b）手机电池

图 13-2-2　常见的锂聚合物电池

任务三　电池的主要参数

目前大型、轻型无人机广泛采用的动力装置为活塞发动机系统，而出于成本和使用便捷性考虑，小、微型无人机中普遍使用的是电力动力系统。电力动力系统主要由动力电源、电机、调速系统以及其他装置组成。

动力电源主要为动力电机的运转提供电能，通常采用化学电池作为电动无人机的动力电源，主要包括镍氢电池、镍铬电池、锂聚合物电池、锂离子电池等。其中，前两种电池因质量大、能量密度低，现已基本上被锂聚合物电池取代。无人机动力电池不同于普通意义上的电池，具有能量密度大、质量轻等特点，有很多参数来表征其性能，而最为关键的参数就是电池电压、容量、放电倍率、内阻、充电倍率、充电循环寿命等。

1. 电　压

电压的单位是伏特（V），表示电池正极和负极之间的电压降，与电池电压相关的概念有额定电压、标称电压、开路电压、放电终止电压等。无人机专用的聚合物锂离子电池单节电芯的标称电压是 3.7 V，充满电可达 4.2 V。

额定电压指的是各类电气设备等在正常运行时具有最大经济效益时的电压，是电器长时间工作时所适用的最佳电压。

标称电压通常指的是开路输出电压，也就是不接任何负载，没有电流输出的电压值，因此也可以认为这是该电源的输出电压上限。

开路电压指电池不放电时，电池两极之间的电位差被。电池的开路电压，会依电池正、负极与电解液的材料而异，如果电池正、负极的材料完全一样，那么不管电池的体积有多大，几何结构如何变化，其开路电压都一样。

工作电压指电池接通负载后在放电过程中显示的电压，又称放电电压，在电池放电初始阶段的工作电压称为初始电压。电池在接通负载后，由于欧姆电阻和极化过电位的存在，电池的工作电压低于开路电压，工作电压是不确定值，与实际工作时的电路情况和设备状态相关，是实时变化值。

放电终止电压指电池放电过程中，电压下降到电池不宜再继续放电的最低工作电压值，根据电池类型及放电条件的不同，电池的容量和寿命的要求也不同，因此规定的电池放电的终止电压也不相同。聚合物锂电池的放电终止电压是 2.5 ~ 2.75 V（根据生产企业和电池型号的不同而略有差异），电池的放电终止电压不应低于 2.5 V，否则会导致电池过放，对于聚合物锂电池，发生过放时电池表面呈现“胀肚”“鼓包”的现象，那是由于电池内部产生气体而导致，会对电池造成不可复原的伤害。

单节锂电池电压为定值，容量也不可能无限大，因此，为满足不同应用场景对电池容量和电压的要求，常常将单节锂电池进行串、并联处理，构成锂聚合物电池组。此时，通常把单节锂电池称为电芯，用字母 *S* 表示电芯的串联数，用字母 *P* 表示电芯的并联数。

电芯并联增加容量，电压不变；串联增加电压，容量不变。例如单节电芯电压 3.7 V，容量 1 000 mA·h，则 3*S*1*P* 表示 3 电芯串联，其总电压为 11.1 V，容量依然为 1 000 mA·h；3*S*2*P* 表示 6 节电芯分为两个并联支路，每个并联支路由 3 节电芯串联而成，其总电压为 11.1 V，容量为 2 000 mA·h。锂聚合物电池组电芯组合方式如图 13-3-1 所示。

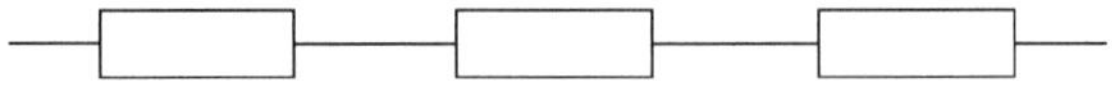

（a）3*S*1*P*

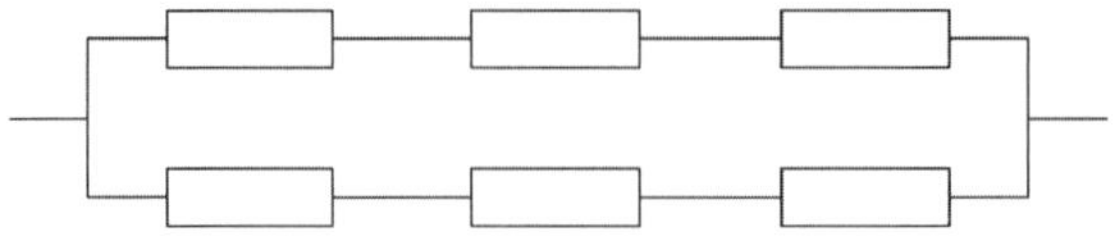

（b）3*S*2*P*

图 13-3-1　锂聚合物电池组电芯组合方式

在锂聚合物电池的实际使用过程中，电池的电压会随着电池剩余电量的减小而逐渐降低，在某放电量范围内，电池的输出电压与剩余电量呈线性变化的关系，在电池放电的后期，输出电压随剩余电量的减小而急剧下降。对于电驱动无人机而言，电池输出电压的急剧下降会导致无人机驱动力的迅速减小，这对于无人机的安全稳定运行是十分不利的，因此，为了保证无人机的安全运行，须设定一个输出电压的安全阀值。不同放电倍率下电池的放电电压与放电量的关系曲线如图 13-3-2 所示。

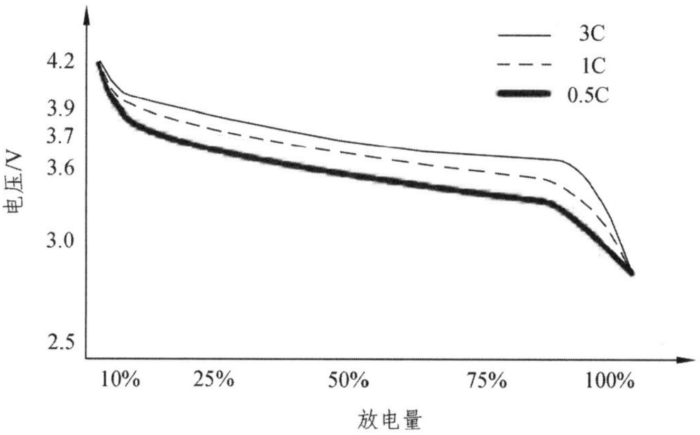

图 13-3-2 不同放电倍率下电池的放电电压与容量的关系曲线

2. 容 量

电池在一定放电条件下所能输出的电量称为电池的容量，常用的单位有安时（A・h）或毫安时（mA・h），电池的容量可以分为理论容量、额定容量、实际容量。

理论容量是把活性物质的质量按法拉第定律计算而得的最高理论值，为了比较不同系列的电池，常用比容量的概念，即单位体积或单位质量电池所能给出的理论电量。

实际容量是指电池在一定条件下输出的电量，它等于放电电流与放电时间的乘积，其值小于理论容量。

额定容量也叫保证容量，是按国家或有关部门颁布的标准，保证电池在一定的放电条件下应该放出的最低限度的容量。

如某电池的额定容量为 10 000 mA・h，如果以 10 000 mA 的电流放电，理论上可放电 1 h，如果以 5 000 mA 的电流放电，理论上可放电 2 h，但放电过程并不是均匀的，实际值与理论会存在着一定的差距。

随着放电过程的进行，电池的放电能力在下降，其输出电压会缓慢下降，所以导致其剩余电量与放电时间并非线性关系。在多旋翼无人机实际飞行过程中，有两种方式检测电池的剩余容量是否满足飞行安全的要求：一种是检测电池单节电压，另一种是实时检测电池输出电流做积分计算。

3. 放电倍率

锂聚合物电池能以很大的电流放电，而普通锂离子电池不能大电流放电，这是聚合物锂电池相对于普通锂离子电池的一个重要的性能优势。放电倍率代表电池的放电能力，是电池放电快慢的一个度量指标，单位为 C，在数值上等于放电电流和电池容量的比值。

放电倍率（C）= 放电电流（mA）/电池容量（mA·h）

锂电池上标称的放电倍率代表锂电池可以稳定放电的最大电流与电池容量的比值，例如某锂电池的容量为 1 000 mA·h，标称放电倍率为 10 C，则其最大放电电流为 10 000 mA，即 10 A；当其放电电流为 200 mA 时，其放电倍率为 0.2 C；当其放电电流为 1 000 mA 时，其放电倍率为 1 C；当其放电电流为 5 000 mA 时，其放电倍率为 5 C。

聚合物锂电池的瞬时输出电流不能超过其最大放电电流，否则会造成电池损坏，甚至自燃。高放电倍率的电池可以输出更大的电流，用于功率要求更高的无人机，同时其价格也更高，在容量相同的情况下，最大放电倍率为 30 C 的电池的价格可能是 10 C 的电池价格的 2～3 倍。

4. 内　阻

电流通过电池内部时受到阻力，使电池的电压降低，此阻力称为电池的内阻。电池的内阻不是常数，在放电过程中随时间不断变化，因为活性物质的组成、电解液浓度和温度都在不断地改变。

锂电池最初的内阻相对来说比较小，经过长时间使用，由于电池内电解液的耗散和化学物质活性的降低，内阻逐渐增大，电池的电压逐渐减小，直至电池不能正常放电，电池报废。

5. 充电倍率

与放电倍率类似，充电倍率是充电快慢的一种量度，决定了能以多快的速度，将一定的能量存储到电池里面，在数值上等于最大充电电流与额定容量的比值。

充电倍率（C）= 充电电流（mA）/电池额定容量（mA·h）

例如某 1 000 mA·h 的电池，如果充电倍率为 1 C，则充电电流为 1 000 mA。不能以超过规定的参数充电，否则会造成电池寿命缩短，甚至损坏电池。

6. 充电循环寿命

电池在完全充电后完全放电，循环进行，直到容量衰减为初始容量的 75%，此时经历的循环次数即为该电池的循环寿命。循环寿命与电池充放电条件有关，锂离子电池室温下 1 C 充放电循环寿命可达 300～500 次（行业标准），最高可达 800～1 000 次。

对于理想的锂离子电池，其循环周期内容量平衡不会发生改变，每次循环中的初始容量都应该是一定值。然而实际情况却要复杂得多，任何能够产生或消耗锂离子的副反应都可能导致电池容量平衡的改变，一旦电池的容量平衡状态发生改变，这种改变就是不可逆的，并且可以通过多次循环进行累积，对电池循环性能产生严重影响。

影响锂离子电池循环寿命的因素有很多，但其内在的根本原因，在于参与能量转移的锂离子数量在不断减少。需要注意的是，电池当中的锂元素总量并未减少，而是“活化”的锂离子少了，它们被禁锢在其他地方或活动的通道被堵塞，不能自由地参与循环充放电的过程。导致锂离子数量减少的原因主要有金属锂的沉积、正极材料的分解、正负极材料脱落以及外部使用因素等。

锂离子电池有其合理的使用条件和范围，如充放电截止电压、充放电倍率、工作温度范围、存储温度范围等。但是在实际使用当中，超出允许范围的滥用情况非常普遍，长期的不合理使用，会导致电池内部发生不可逆的化学反应，造成电池机理的破坏，加速电池的老化，造成循环寿命的迅速下降，严重时，还会造成安全事故。

任务四　电池的选配

在无人机电动动力系统中，电池作为能源储备装置，为整个动力系统和其他电子设备提供电能来源。目前，小、微型无人机一般采用普通锂聚合物电池或者智能锂电池等。

锂电池单个电芯的标称电压 3.7 V，满电状态下为 4.2 V，放电后的保护电压为 3.6 V；电池上标注的 *S*、*P* 前的数字代表电池组串联、并联的数量；*S* 数越大，电池的电压越大，*P* 数越大，电池的电流越大。

选配无人机电池时，主要关注的是电池组的电压、容量、最大放电电流。由于单个电芯的电压参数为统一标准，因此电池组电压仅与 *S* 数有关。电池组容量为单个电芯容量与 *P* 数的乘积，但由于电芯尺寸不同，容量也不同，因此不能通过 *P* 数推算电池组容量，电池组容量一般会直接标明。最大放电电流为电池容量与放电倍率的乘积。

通常依据无人机机型选择电池的参数，如表 13-4-1 所示给出了 3 种常见机型的锂电池选择参考方案。电池参数的提升伴随着价格的提高，因此，在选配无人机电池时，应根据无人机性能的需求，按电池与电机、电调的匹配情况，确定电池的参数范围，再根据电池的市场价格和无人机的成本预算进行综合考虑，确定最优方案。

表 13-4-1　不同机型适配锂电池选取参考表

机型	串联数/*S*	容量/（mA · h）	放电倍率/C
穿越机	3～4	1 000～2 200	≥25
航拍机	3～6	4 800～12 000	15～25
载重机	6～12	12 000～22 000	15～25

无人机电池的连接通常有两种插头（见图 13-4-1）：T 型插头和 XT60 插头。早期的无人机产品主要采用 T 型插头，但随着无人机产品的更新迭代，无人机的载重和航速不断增大，对电池的输出电流要求越来越高，越来越多的无人机电池开始配置 XT60 插头。

较之于 T 型插头，XT60 插头主要有以下优势。

（a）T 型插头（公/母）

（b）XT60 插头（公/母）

图 13-4-1　无人机电池插头类型

（1）能够耐较大的电流。

随着电动无人机的发展迅速，无人机对电能的需求越来越大，电池的放电性能越来越好，电子调速器承受电流的能力也越来越高，普通 T 型插头一般只能耐受 20 A 的电流，不能完全满足无人机的需求，XT60 插头可以很好地承受较大的电能输出，根据插头使用的金属成分不同，其电流耐受能力可达 50 ~ 120 A。

（2）插拔容易，使用便捷。

由于需要耐受大电流，T 型插头的结合紧密度很高，牺牲了插头的插拔便捷性，当电池电量耗尽，需要拆卸更换的时候，XT60 插头就显示出自身的优势：由于公母插头的结合部为圆柱状，插拔变得容易很多，同时没有降低对电流的耐受能力。

（3）安全可靠。

T 型插头电源线焊接完毕后，通常使用热缩管对电源的正负极焊点起到绝缘的作用，当大力插拔 T 插，很容易因操作不当而导致热缩管被拔下，进而导致插头损坏，甚至造成短路引发危险。XT60 插头插拔时的着力点在插头上，而非电源线上，而且焊接点的位置有一个圆槽，热缩管可深入到圆槽中，发挥对焊点的保护作用，因此可靠性更高。

任务五　电池的使用及维护

锂聚合物电池是目前电动无人机领域广泛使用的动力来源，是无人机动力系统的重要组成部分，在电池的充放电过程、使用过程、存储和运输过程以及发生意外事故后紧急处理的过程中，我们应遵守相应的规范，掌握合理的方法，以保持电池良好的运行状况，延长电池的使用寿命，保护作业人员自身安全。

1. 电池的充放电

锂离子电池的充电过程可以分为 3 个阶段：涓流充电（低压预充）、恒流充电、恒压充电。典型的充电过程如下：先检测待充电电池的电压，如果电压低于 3 V，先进行预充电，充电电流为设定电流的 1/10，电压升到 3 V 后，进入标准充电过程；标准充电过程首先以设定电流进行恒流充电，电池电压升到 4.2 V 时，改为恒压充电；保持充电电压为 4.2 V，此时，充电电流逐渐下降，当电流下降至设定充电电流的 1/10 时，充电结束。

（1）涓流充电。

涓流充电用来先对完全放电的电池单元进行预充（恢复性充电）。在电池电压低于 3 V 左右时采用涓流充电，涓流充电电流是恒流充电电流的 1/10，即 0.1 C 的充电倍率。

（2）恒流充电。

当电池电压上升到涓流充电阈值以上，提高充电电流进行恒流充电。恒流充电的电流在 0.2 C ~ 1.0 C，电池电压在恒流充电过程中逐步升高，一般单节电池设定的此阶段电压为 3.0 ~ 4.2 V。

（3）恒压充电。

当电池电压上升到 4.2 V，恒流充电结束，开始恒压充电阶段。根据电芯的饱和程度，随着充电过程的继续，充电电流由最大值慢慢减少，减小到 0.01 C 时，认为充电终止。

电池不管有无使用，由于各种原因，都会引起其电量损失的现象叫作电池的自我放电。电池完全充电后，放置一个月，然后用 1 C 放电至 3.0 V，其容量记为 C_2，电池初始容量记为 C_0，则 $1 - C_2/C_0$ 即为该电池的月自放电率值。

聚合物锂电池的充放电应遵循以下规范。

（1）不过放。

电池的放电曲线表明，刚开始放电时，电压下降比较快，但放电到 3.9～3.7 V，电压下降速度较缓慢。一旦降至 3.7 V 以后，电压下降速度又会加快，控制不好就导致电池过放，轻则损伤电池，重则电压太低造成炸机。正确的使用策略应该是尽量少飞 1 min，电池就能多使用一个循环，宁可多配备备用电池，也不要每次将电池放电超过容量极限。要充分利用电池报警器，一旦发生报警就应尽快降落。

（2）不过充。

有些充电器在充满以后的断电功能不完善，导致单片电池充满到 4.2 V 还没有停止充电，另外，有些充电器使用一段时间以后，因为元器件老化，也容易出现充满不停止的问题。因此，聚合物聚电池充电的时候一定要有人照看，当发现充电时间过长时，应人工检查充电器是否出现故障，如果出现故障应尽快拔掉电池，否则会造成电池过充，轻则影响电池寿命，重则出现爆炸起火。此外，要严格按照电池的充电倍率和容量计算最大充电电流，不可超过规定电流充电。

（3）不满电保存。

充满电的电池，不可满电保存超过 3 天，如果超过一个星期不放电，有些电池会发生“鼓包”，有些电池可能暂时不会“鼓包”，但经历几次满电保存后，电池可能会直接报废。因此，应在接到飞行任务后再充电，电池使用后如在 3 天内没有飞行任务，应将单片电芯电压充至 3.8～3.9 V 保存，如果电池充满电后因各种原因没有使用，也应在充满后 3 天内把电池放电至 3.8～3.9 V 保存。如果电池在 3 个月内没有使用，可将电池充放电 1 次后继续保存，这样可延长电池寿命。电池应在阴凉的环境下储存，长期存放时，最好放在密封袋中或密封的防爆箱内，放置在阴凉干燥的室内，建议环境温度为 10～25 °C，无腐蚀性气体。

2. 正确使用和保养电池

定期检查电池的本体、把手、线材、电源插头等位置，观察外观是否受损、变形、腐蚀、变色、破皮，以及插头与飞机的接插是否过松。正确使用无人机锂电池应在每次作业完成后，对电池进行必要的检查和保养。

（1）在将电池安装或从无人机上拆卸之前，应保持电池的电源关闭，不可在电池电源打开的状态下拔插电池，否则会损坏电源接口。

（2）假如电池接口有污物，应使用干抹布擦干净，否则会造成接触不良，从而引起能量损耗或造成无法充电。

（3）避免刺破电池，假如电池发生“鼓包”，就会存在着火的隐患，尤其是正在充电时发生“鼓包”，此时应立即停止充电，并将电池转移到安全的区域。

（4）避免损坏外皮，电池的外皮是防止电池爆炸和漏液起火的重要结构，锂聚合物电池的铝塑外皮的破损将直接导致电池起火或爆炸。电池要轻拿轻放，在无人机上固定电池时，扎带要束紧，因为无人机在做大动态飞行或发生摔机时，电池可能因扎带固定不紧而被甩出，造成电池外皮破损。

（5）避免撞击电池，撞击会损坏锂聚合物电池，有时发生撞击后，电池从外表看起来似乎是完好的，但其内部可能已经短路。假如电池受到了撞击，应小心地将电池从飞机上取下来转移到安全区域，静置 20 min，仔细观察其是否损坏。

（6）避免发生短路，短路会直接导致电池打火或者起火爆炸，当电池出现断线需要重新焊线时，特别要注意电烙铁不可同时接触电池的正极和负极。

（7）电池出现“鼓包”情况要立即停止使用，有些无人机的电池有保护壳，假如在安装电池过程中出现安装不畅，则有可能是电池发生了“鼓包”将保护壳挤变形而导致的。

3. 正确存储和运输电池

存储是无人机电池保养十分重要的一环，是安全使用电池的必要常识，对延长电池使用寿命具有十分重要的意义，掌握正确的存储和运输方法，对于确保电池安全运行，延长电池使用寿命十分重要。电池的存储与运输中应该注意以下几点。

（1）勿将电池靠近明火或者有加热源的地方。

（2）勿将电池存放在潮湿的环境或阳光直射的地方。

（3）确保将电池储存在干燥常温的环境里（环境温度在 10～25 °C 为最佳）。

（4）确保电池周边无易燃易爆等物品。

（5）确保电池储存和运输中无挤压现象，确保电池不受到任何外力挤压。

（6）长期不使用的电池，请将电池充电至 50%左右电量储存（单电芯电压为 3.8～3.9 V）。

（7）经常检查电池存放环境，最好每 2～3 个月对电池进行 1 次充放电，以维持电池的稳定性。

（8）远离农药等腐蚀性液体，对于植保无人机，由于农药对电池有一定腐蚀性，部分农药助剂属易燃助剂，不正确的操作方式还可能对电池的插头产生腐蚀，所以在操作时应尽量避免农药接触电池及其零部件。

（9）运输磕碰可能引起电池外部均衡线短路，导致电池打火或者起火爆炸，同时导电物质同时接触电池的正极和负极会造成短路，因此运输过程中最好的办法是给电池单独套自封袋后置于防爆箱内。

4. 意外事故后紧急处理

在电池发生起火等紧急情况时，应掌握正确的应急处置方法，防止损失扩大或造成人身伤害。

电池在充电站上发生起火时，首先应切断设备电源，用石棉手套或火钳摘下充电站架上燃烧的锂电池，隔置于地面或消防沙桶中，用石棉毯盖住地面上锂电池燃烧的火苗，用消防沙掩埋石棉毯，使其隔绝空气而熄灭。若需将使用殆尽的电池报废，应用盐水完全浸泡电池 72 h 以上，确保完全放电后再进行晾干报废。

在灭火器的选择方面，隔离窒息是应对锂电池起火的最好方法，但切忌使用干粉灭火器，因为干粉用于固体金属化学火灾时需要大量粉尘覆盖，对设备有腐蚀作用；二氧化碳不污染空间和腐蚀机器，但只能达到对火苗瞬间抑制作用，因此二氧化碳灭火器需配合沙石、石棉毯使用。

第一时间发现者应尽快扑救，同时使用通信工具通知其他人员增援，最大限度减少财产损失和人员伤害。

任务六　智能锂电池

锂聚合物电池在多旋翼无人机和航模上得到了十分广泛的应用，在使用过程中对电池进行正确的充放电，对电池的电压和容量进行监控，防止电池发生过放电，防止电池插接头老化或损坏，延长电池的使用寿命，这些使用规范对操作人员提出了较高的要求。在实际使用电池的过程中，由于各种主观或者客观的原因，使用人员操作不当，致使电池寿命缩短，电池损坏，甚至无人机炸机，引发更加严重的后果。为解决上述问题，锂聚合物电池内置智能电池管理系统，对电池的各项运行状态进行智能化管理和控制，降低电池的使用难度，在无人机领域已经得到了广泛的应用。较之于传统锂聚合物电池，智能锂电池有以下优势。

（1）解决过放电问题。

为了避免过放电，智能锂电池在电池组内增加了过放电保护电路，当放电电压下降到预设电压值时，电池停止向外供电。实际的情况还要复杂一些，比如笔记本计算机、无人机、电动汽车，如果因避免电池过放电而立即停止供电，那么计算机就会立即关机，很多数据来不及保存；无人机就会从天上直接掉下来；电动汽车就会在毫无征兆的情况下抛锚。因此，智能电池的放电截止只是电池自我保护的最后一道防线，在此之前，管理电路还要计算出末端续航时间，为用户提供预警，以便用户有足够的时间采取相应的安全措施。

以某厂家生产的电动多旋翼无人机为例，它采用的智能锂电池与飞控数据融合后可实现三级电压预警保护措施。

第一级：当检测到电量剩余 30%时，开始报警，提示用户应该注意剩余电量，提前做好返航准备。

第二级：当检测到剩余电量仅够维持返航时，自动执行返航。而这个时间点的把握，与飞行距离、高度有关，由智能电池数据与无人机飞控数据融合后实时计算得出。

第三级：当检测到剩余电量不足以维持正常返航时（例如无人机在返航途中遇到逆风，则有可能超出预估的返航时间），执行原地降落，以最大限度避免无人机因缺电导致坠毁。

续航时间的计算结果与飞行距离、飞行高度、当前电机输出功率等因素有关，这些因素都是动态变化的，而且变化幅度有可能很大，所有数据都需要实时计算，这对于智能锂电池管理芯片、算法设计都提出了极高的要求。

（2）解决充电和保存问题。

锂聚合物电池的充电有特殊技术要求。目前大量锂电池组采用了多电芯串并联形式，由于电芯个体存在差异，导致充电和放电不可能做到 100%均衡，因此一套完善的充电管理电路就显得尤为必要。

智能锂电池可对锂电池组进行完善的充放电管理，以某厂家生产的电动多旋翼无人机为例。

① 智能锂电池内置专用充电管理电路，能够对电芯单体进行电压均衡管理，可降低对充电器（电源适配器）的要求，只要提供合适的充电电压和电流，就能够对该智能锂电池进行充电。

② 智能锂电池具有自放电功能，当电池电量大于 65%时，在无任何操作放置 10 天后，电池会启动自放电程序，将电量放到 65%，以便于锂电池长时间保存，自放电时间间隔还能通过 App 进行设置。

（3）解决电池电量检测问题。

传统的电池要检测电压，需要额外连接检测装置，比如电压表等，而且这种检测不能在飞行过程中实时进行。智能锂电池可实时监测电池的剩余电量以及其他电池使用信息，以某厂家生产的电动多旋翼无人机为例。

功能之一：检测剩余电量，通过 LED 灯直观提示用户电池的当前剩余电量，既能实时显示，在飞行过程中也能通过地面站显示。

功能之二：数字图传，实时回传电压数据，可通过 APP 查看电池组单体的电压，简单便捷。

功能之三：记录电池历史数据，如使用次数，异常次数，电池寿命等。

功能之四：提示电池异常。能够通过 LED 灯提示各种电池异常，如短路、充电电流过大、电压过高、温度过高、温度过低等。

（4）解决电极触点电腐老化问题。

在普通锂聚合物电池与无人机的插接过程中，插头时常冒出火花，并伴随打火的响声，长期的插接会降低插头的连接可靠性，导致插头发热，甚至空中熔解，因插头老化问题导致无人机坠毁的案例屡见不鲜。智能锂电池通过智能电路管理系统，防止插接瞬间出现火花，以某厂家生产的电动多旋翼无人机为例。

把电池安装到无人机上，电极触点并不会真正放电，因此不会产生火花，也不会产生电蚀现象，接触点的寿命得到了很大的提升。电池安装完成之后，通过点按电池上的轻触开关按钮，电池才会真正进入电能输出状态，关闭电池时，也通过轻触开关按钮来执行。

项目十四　动力系统的组装与调试

电动多旋翼无人机动力系统组装与调试的基本任务是将动力系统各零部件按照需求合理安装好，系统各零部件之间以及与其他系统零部件之间达到良好的配合状态，确保各个电机与螺旋桨之间正确配合且旋转方向正确。动力系统的组装与调试质量与无人机的使用性能和飞行安全之间有着密切的关系，过程中的每一步的完成质量都会对整机的使用产生直接或间接的影响，因此每一道工序都需要做仔细的质量检查。

通过项目十四的学习，学员应完成以下目标：

（1）能够完成四旋翼无人机动力系统各部件的组装。

（2）掌握四旋翼无人机各飞行姿态的基本原理。

（3）能够对电机的旋转方向进行调试。

工作任务单 17　多旋翼无人机螺旋桨的选配

实践任务	多旋翼无人机螺旋桨的选配		
工作须知	（1）在执行任何具有潜在危险的操作时，必须佩戴适当的个人防护用具； （2）确保自己已阅读并理解实践任务工作说明； （3）完成每个工作步骤后都必须由操作者与监督者签名		
序号	工作流程	操作人签名	监督人签名
1	确保工具清单中所列的工具可用，并处于可使用的状态		
2	查找并记录不同电机型号及参数		
3	调试电机转向		
4	判断螺旋桨的正桨和反桨		
5	根据电机的 KV 值选配合适的螺旋桨		
6	使用工具将螺旋桨安装到电机上		
7	测试电机四轴是否能离地		
8	在任务记录表中记录各项结果		

工具清单		
序号	描述	取用位置
1	通用拆解工具	
2	万用表	

续表

工具清单		
序号	描述	取用位置
3	钢尺	
4	转速仪	

任务记录表			
序号	情况记录	操作人签名	监督人签名
1			
2			
3			
4			
5			

工作任务单 18　电动动力系统的组装

实践任务	电动动力系统的组装		
工作须知	（1）在执行任何具有潜在危险的操作时，必须佩戴适当的个人防护用具； （2）确保自己已阅读并理解实践任务工作说明； （3）完成每个工作步骤后都必须由操作者与监督者签名		
序号	工作流程	操作人签名	监督人签名
1	确保工具清单中所列的工具可用，并处于可使用的状态		
2	焊接电调电源输入线和电池输出线		
3	将电调固定在机臂上		
4	将电机安装在机臂上		
5	将电池固定于下中心板		
6	将螺旋桨安装在电机输出轴上		
7	在任务记录表中记录操作过程和异常情况		

工具清单		
序号	描述	取用位置
1	通用拆解工具	
2	电烙铁	
3	焊锡	
4	魔术贴	

续表

工具清单		
序号	描述	取用位置
5	尼龙扎带	
6	螺丝胶	

任务记录表			
序号	情况记录	操作人签名	监督人签名
1			
2			
3			
4			
5			

工作任务单 19　动力系统的调试

实践任务	动力系统的调试		
工作须知	（1）在执行任何具有潜在危险的操作时，必须佩戴适当的个人防护用具； （2）确保自己已阅读并理解实践任务工作说明； （3）完成每个工作步骤后都必须由操作者与监督者签名		
序号	工作流程	操作人签名	监督人签名
1	确保工具清单中所列的工具可用，并处于可使用的状态		
2	确定并记录四旋翼无人机各电机正确的旋转方向		
3	测试各电机当前旋转方向		
4	调整旋转方向有误的电机与对应电调的接线头		
5	再次测试各电机旋转方向		
6	根据桨叶的形状、型号及标注，确定螺旋桨正反桨类型		
7	将螺旋桨安装到各个电机上		
8	在任务记录表中记录操作过程和异常情况		

工具清单		
序号	描述	取用位置
1	通用拆解工具	
2	电工胶布	
3	热缩管	

续表

任务记录表			
序号	情况记录	操作人签名	监督人签名
1			
2			
3			
4			
5			

任务一　动力系统的组装

动力系统的组装以 F450 四轴飞行器为例，该机型结构简单，成本较低，适合用于练习安装和调试飞行器。

1. 准备零件及工具

动力系统安装前需准备好对应数量的无刷电机、电调、电池、螺旋桨，以及相关的配套零部件、安装过程中需使用的耗材和工具等。

（1）无刷电机。

电机将电能转换为机械能，为螺旋桨的旋转提供动力，电机的选择需考虑机架和载重，多旋翼无人机选用的电动机以无刷直流电机为主，无刷直流电机及相关零部件如图 14-1-1 所示。

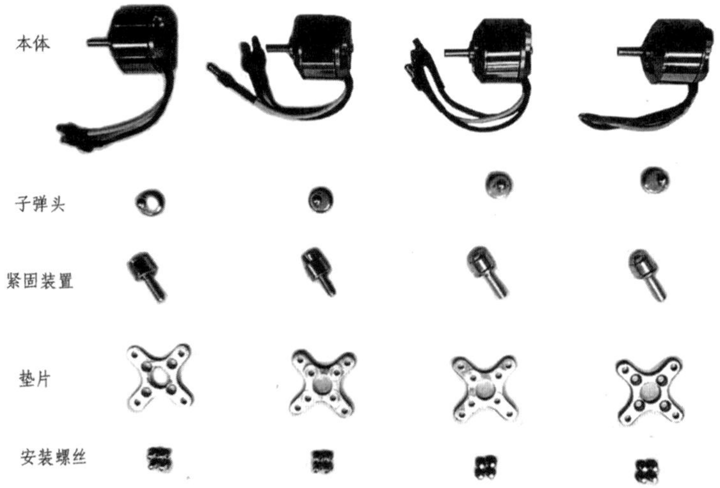

图 14-1-1　无刷直流电机及相关零部件

（2）螺旋桨。

螺旋桨为无人机提供升力，并通过不同位置螺旋桨的转速差使无人机产生俯仰、滚转、偏航等运动，螺旋桨及其相关零部件如图 14-1-2 所示。

螺旋桨和电机是配套使用的，不同 KV 值的电机需要适配不同直径的螺旋桨，如表 14-1-1 所示列举了常见的电机的适配方案。

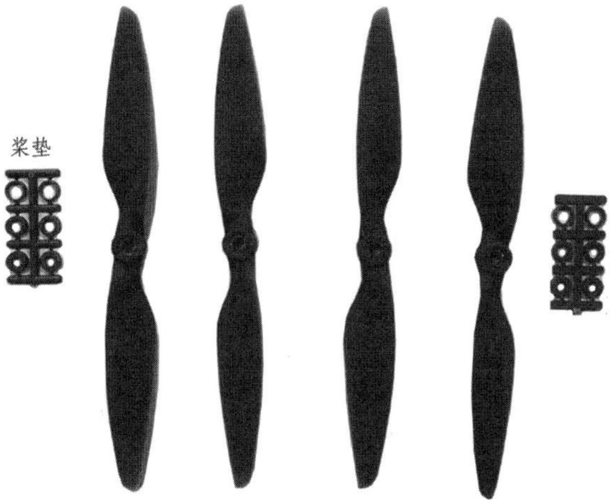

图 14-1-2　螺旋桨及桨垫

表 14-1-1　常见的电动机与螺旋桨适配方案

电机/KV 值	螺旋桨直径/in（英寸，1 in = 0.025 m）
800 ~ 1 000	11 ~ 10
1 000 ~ 1 200	10 ~ 9
1 200 ~ 1 800	9 ~ 8
1 800 ~ 2 200	8 ~ 7
2 200 ~ 2 600	7 ~ 6
2 600 ~ 2 800	6 ~ 5

（3）电调。

电调将飞控的控制信号转换为电流信号，以此控制电机的转速，如图 14-1-3 所示，同时，电调还起到给飞控、接收机供电的作用。电调的持续电流要大于电机的持续电流，电池的输出电压需要在电调的支持电压范围之内。

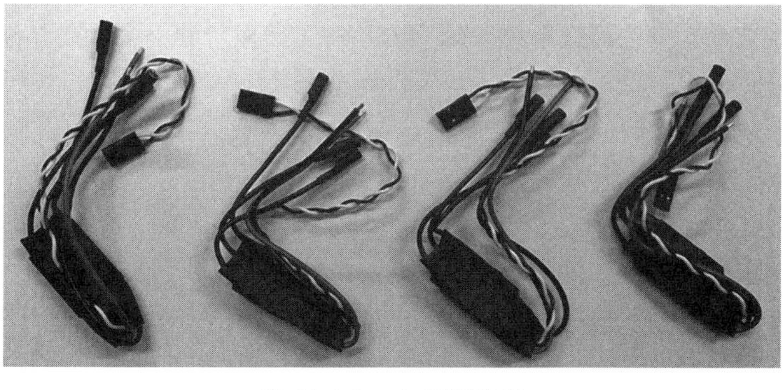

图 14-1-3　电子调速器

（4）电池。

根据无人机的整备质量和设计飞行时间确定电池容量，电池的选用应重点考虑质量可靠性，防止因为电池状态异常或失效造成无人机失控。一般飞行中都要准备多块电池，电池的品牌很多，同样容量的电池价格差别较大，质量好的电池容量标注真实，充放电次数多，寿命长。无人机用锂聚合物电池及相关零部件如图 14-1-4 所示。

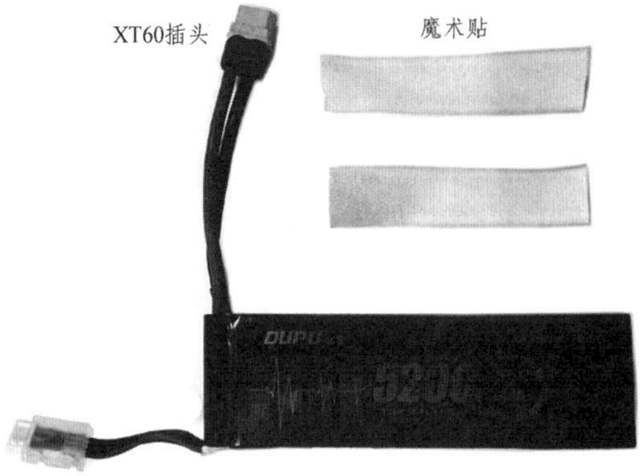

图 14-1-4　无人机用聚合物锂电池及魔术贴

（5）零部件。

① 电源主线。

一条 XT60 型插头的电源线，用于机架的 PCB 的电源输入与飞控供电模块连接，如图 14-1-5 所示。

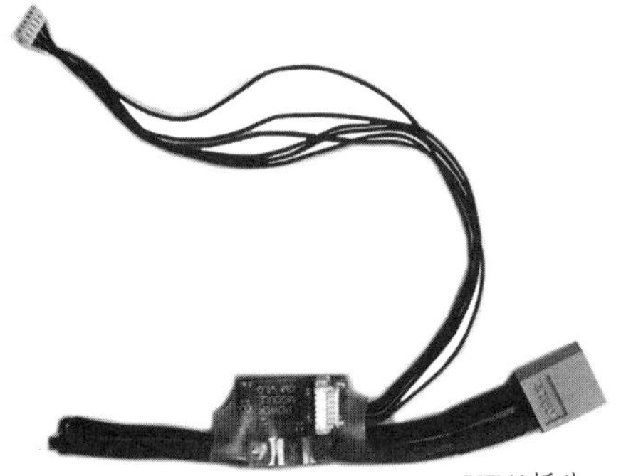

图 14-1-5　XT60 型电源线

② 魔术贴扎带。

为了更换方便，电池装在下中心板下方，为了确保电池不会松动，除了使用魔术贴黏住电池外，还需用魔术贴扎带固定电池，如图 14-1-6 所示。

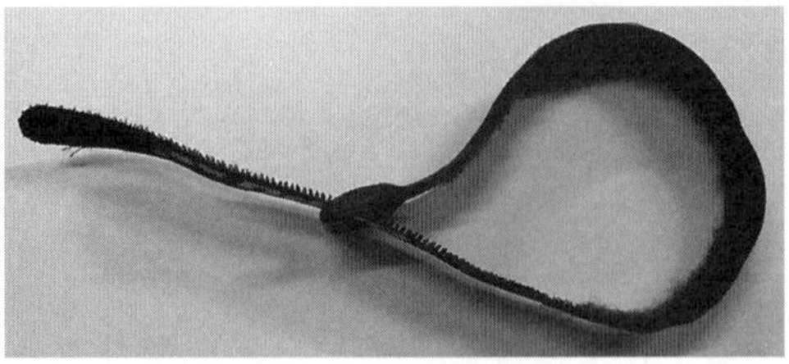

图 14-1-6　魔术贴扎带

（6）耗材。

① 尼龙扎带。

尼龙扎带用于固定电调、接收机等零部件，如图 14-1-7 所示。

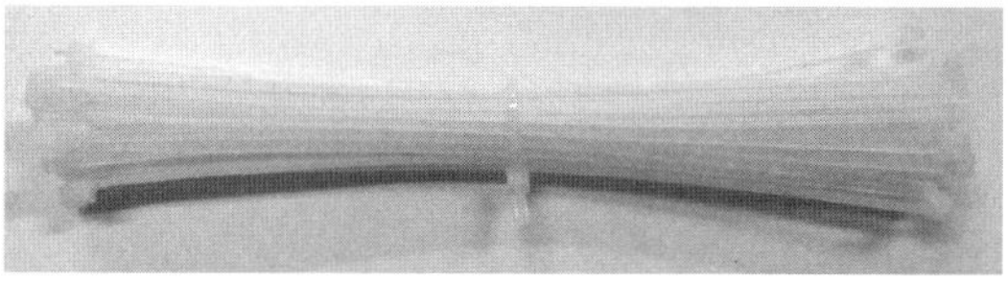

图 14-1-7　尼龙扎带

② 螺丝胶。

螺丝胶用于固定电机与桨夹间的螺丝、电机和机臂间的螺丝等，如图 14-1-8 所示。每个螺丝在拧紧前都需要滴适量的螺丝胶，保证螺丝 100%的稳固，避免由于飞行器振动引起螺丝的松动；在需要拧下螺丝的时候，用电烙铁轻轻加热螺丝就可将其熔化。

③ 双面胶。

双面胶用于黏住电池的魔术带，如图 14-1-9 所示。

图 14-1-8　螺丝胶

图 14-1-9　双面胶

（7）工具。

① 电烙铁。

使用 40W 以上功率的电烙铁焊接电调、电源线等，如果电烙铁功率太小，会导致焊接不良。特别注意的是，电烙铁需具备防静电功能，否则焊接电调时有可能损坏电调芯片。在预算充足的情况下，建议使用可调温的焊台，高温用于焊接电源线，低温用于焊接数据线。电烙铁及相关耗材如图 14-1-10 所示。

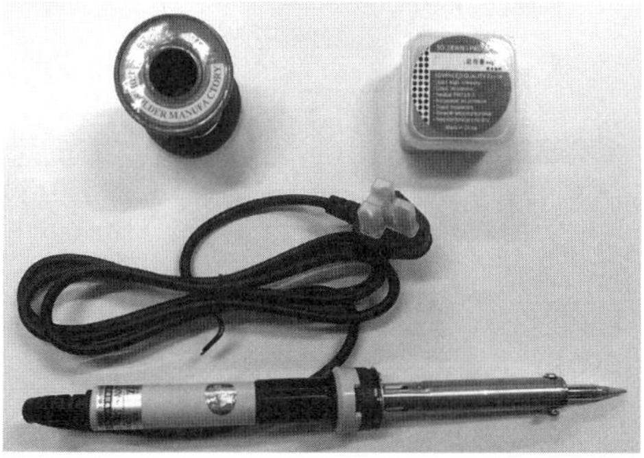

图 14-1-10　电烙铁、焊锡机助焊剂

② 内六角扳手套装。

固定电机桨夹的螺丝与固定机臂的螺丝规格不同，需要不同的内六角扳手，可使用多规格内六角扳手套装，如图 14-1-11 所示。

图 14-1-11　内六角扳手套装

2. 动力装置的安装

（1）电调的安装。

① 焊接电源输入线。

a. 放好下中心板，将标记有“+、－”符号的一面朝上，如图 14-1-12 所示，用纸擦拭标记有“+、－”符号的触点，一手用电烙铁加热触点，另外一只手不断地送焊锡丝到触点上，直到整个触点都覆盖一层较厚的焊锡，如图 14-1-13 所示。注意焊锡区不可超出触点的范围。

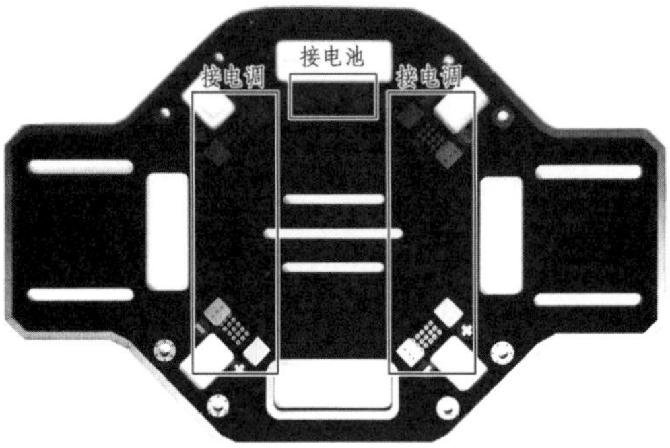

图 14-1-12　下中心板接线

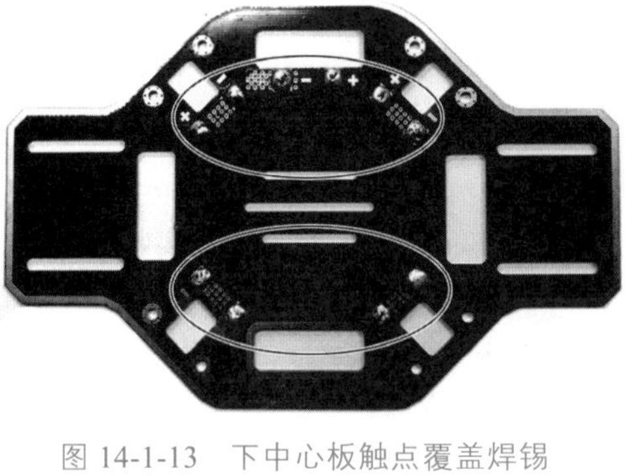

图 14-1-13　下中心板触点覆盖焊锡

b. 取出一个电调，将电调红、黑两根输入线端头分别对着“+、－”符号，分别用电烙铁将两个端头焊接牢固，如图 14-1-14 所示，注意正负极不能接反，否则会烧掉电调，用同样的方式焊接剩余的电调，如图 14-1-15 所示。

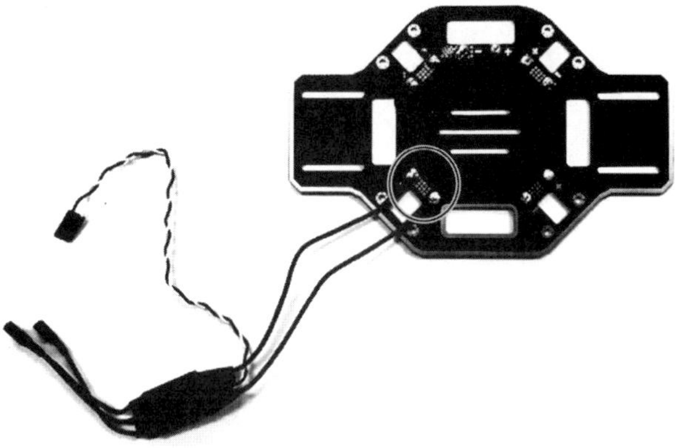

图 14-1-14　下中心板与单个电调连接

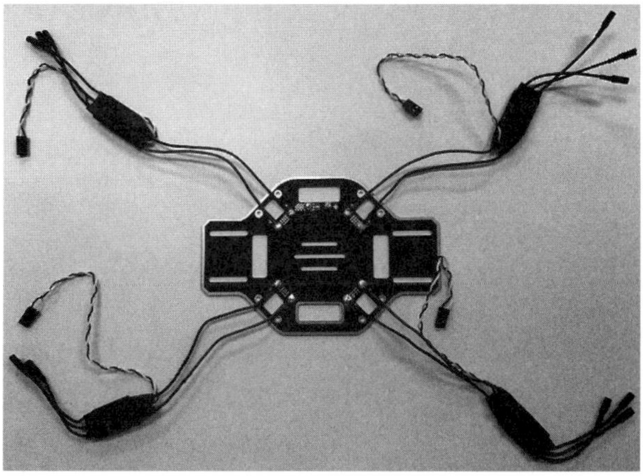

图 14-1-15　电调焊接完成示意图

② 将电调固定在机臂上。

a. 剪一块适量大小的魔术贴双面胶，一面黏在电调平整面的中间，应注意双面胶不能覆盖整个电调平整面，以免影响电调的散热，如图 14-1-16 所示。

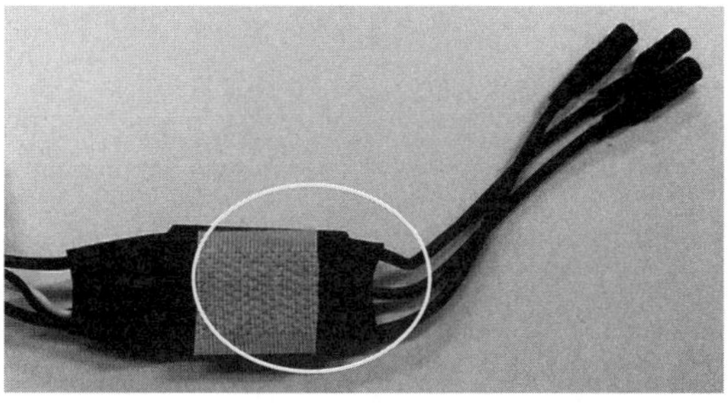

图 14-1-16　电调平整面黏贴魔术贴双面胶

b. 将魔术贴双面胶的另一面黏在机臂上，将电调黏在机臂上，用扎带从电调中间将其固定在机臂上，应注意确保四个电调固定于机臂的位置保持一致，以保证无人机整机的平衡，如图 14-1-17 所示。

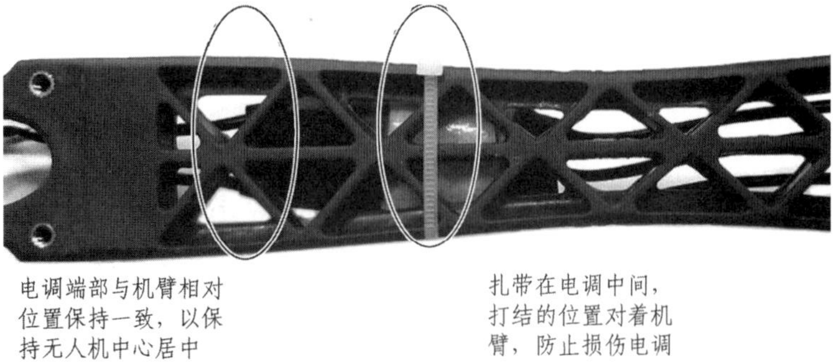
电调端部与机臂相对
位置保持一致，以保
持无人机中心居中
扎带在电调中间，
打结的位置对着机
臂，防止损伤电调

图 14-1-17　电调固定位置

（2）电机的安装。

将电机放置于机臂电机安装座上，电机电源线朝向中心板方向，3 条电源线分别向下穿过机臂安装孔，如图 14-1-18 所示，在电机安装螺丝上滴适量螺丝胶，用内六角扳手拧紧，在拧紧过程中应注意避免螺丝太长而顶到电机定子。

图 14-1-18　电机安装

电调电源输出线与电机电源输入线在此阶段可随意对接，到调试飞控阶段，再根据需要的电机旋转方向，任意互换两对香蕉头，这样就可以改变电机的旋转方向。

（3）电池的安装。

① 在电池的正面黏上魔术贴双面胶，用直尺量取电池的中心位置，用记号画线标记，如图 14-1-19 所示。

图 14-1-19　电池处理及标记

② 将电池通过魔术贴黏到下中心板下，安装位置要与之前画的中心线对应，但考虑电池接线口有一定的质量，安装位置可以往电池接线口的反方向移动 2 mm 左右，

如图 14-1-20 所示。

魔术贴扎带的扣不要扣在电池上，魔术贴
扎带通过下中心板时不压着任何线材

图 14-1-20　电池安装及固定

（4）螺旋桨的安装。

螺旋桨的安装应在动力系统调试确定电机正确的旋转方向之后进行，安装前应正确区分正桨和反桨。

① 把桨垫逐个套在电机轴上，找到合适的桨垫后用小刀将桨垫切下，把桨垫装到螺旋桨背面孔中，如图 14-1-21 所示。

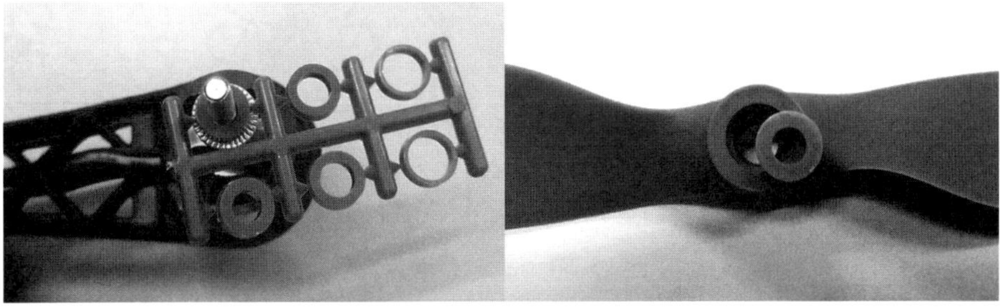

图 14-1-21　桨垫处理及安装

② 在电机轴上套上紧固装置，把装好垫片的螺旋桨有字的一面向上，按照各电机对应的螺旋桨的正反桨类型，套到电机轴上，再用螺丝批插入子弹头小孔将其拧紧，如图 14-1-22 所示。

图 14-1-22　螺旋桨安装

任务二　动力系统调试基础知识

1. 螺旋桨基础知识

多旋翼无人机按轴数分为三轴、四轴、六轴、八轴等；按电机个数分为三旋翼、四旋翼、六旋翼、八旋翼等；按旋翼布局分为 I 型、X 型、V 型、Y 型、IY 型等（见图 14-2-1）。由于 X 型结构的任务载荷前方的视野比 I 型的更加开阔，且控制灵活，所以在实际应用中，多旋翼无人机大多采用 X 型外形结构。但对于初学者，建议采用 I 型，较安全。

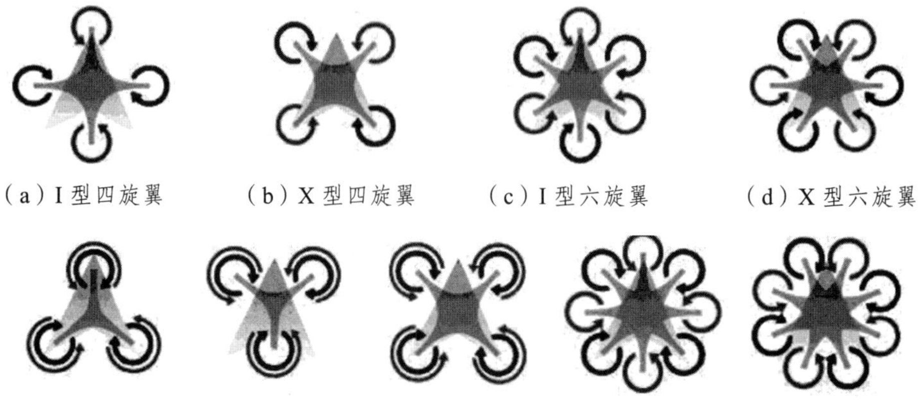

（a）I 型四旋翼　（b）X 型四旋翼　（c）I 型六旋翼　（d）X 型六旋翼

（e）IY 型共轴双桨六旋翼　（f）Y 型共轴双桨六旋翼　（g）X 型共轴双桨八旋翼

（h）I 型八旋翼　（i）V 型八旋翼

图 14-2-1　旋翼布局类型

（1）型号。

螺旋桨的型号采用四位数字来描述，前两位数字指的是螺旋桨的直径，后两位数字指的是螺旋桨的桨距，单位是 in（1in = 25.4 mm）。

例如 1047 螺旋桨，指的是螺旋桨的直径为 10 in，桨距为 4.7 in。需要注意，对于小于 10 in 的螺旋桨，直径数字写在最前面，比如 8050，螺旋桨直径为 8 in 而并非 80 in。

（2）正反桨。

多旋翼无人机为了抵消螺旋桨的自旋，相邻的桨旋转方向是不一样的，因而有正反桨之分。一般螺旋桨正面光滑，且刻有相应的参数值，当该面朝上时，逆时针旋转的螺旋桨称为正桨，顺时针旋转的螺旋桨称为反桨。正反桨的风都是向下吹，安装的时候，一定要记得无论正反桨，有字的一面是向上的。

（3）电机与螺旋桨的搭配。

螺旋桨越大，升力就越大，但对应需要更大的力量来驱动；螺旋桨转速越高，升力越大；电机的 KV 值越小，转动力量就越大。

大螺旋桨就需要采用低 KV 值电机，小螺旋桨就需要采用高 KV 值电机（因为需要用转速来弥补升力不足)。如果高 KV 值电机带大桨，力量不够，实际还是低速运转，且电机和电调很容易烧掉。如果低 KV 值电机带小桨，完全没有问题，但升力不够，可能造成无法起飞。所以不同的电机需要使用对应的螺旋桨，如表 14-2-1 所示。

表 14-2-1 电机与螺旋桨的搭配

电机/KV 值	螺旋桨/in
800~1 000	11~10
1 000~1 200	10~9
1 200~1 800	98
1 800~2 200	8~7
2 200~2 600	7~6
2 600~2 800	6~5
>2 800	5~4

2. 多旋翼无人机飞行原理

以四旋翼无人机为例，讲解如下。

如图 14-2-2 所示，电机 1 和电机 3 逆时针旋转的同时，电机 2 和电机 4 顺时针旋转，因此当无人机平衡飞行时，陀螺效应和空气动力扭矩效应均被抵消。与电动直升机相比，四旋翼飞行器有下列特点：各个旋翼对机身所施加的反扭矩与旋翼的旋转方向相反，因此当电机 1 和电机 3 逆时针旋转的同时，电机 2 和电机 4 顺时针旋转，可以平衡旋翼对机身的反扭矩。四旋翼无人机在空间共有六个自由度(分别沿三个坐标轴作平移和旋转动作)，这六个自由度的控制都可以通过调节不同电机的转速来实现，但只有四个输入力，所以它又是一种欠驱动系统。

基本运动状态：垂直运动、俯仰运动、滚转运动、偏航运动。

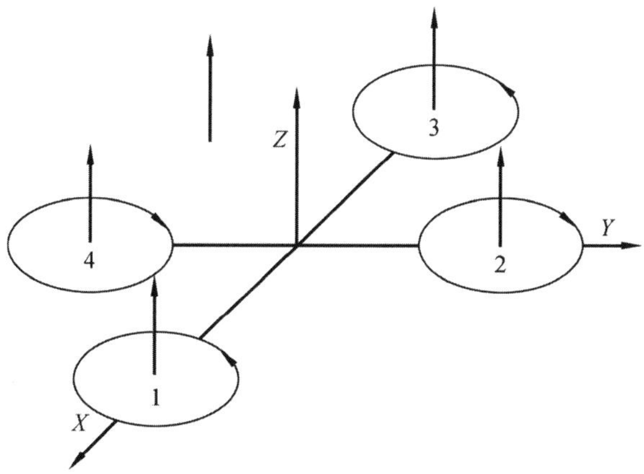

图 14-2-2 四旋翼无人机飞行原理

（1）垂直运动，升降控制。

如图 14-2-3 所示，当同时增加四个电机的输出功率，螺旋桨转速增加使得总的升力增大，总升力足以克服整机的重力时，四旋翼无人机便离地垂直上升；反之，同时减小四个电机的输出功率，四旋翼无人机则垂直下降，直至平衡落地，实现了沿 z 轴的垂直运动。当外界扰动量为零，螺旋桨产生的升力等于四旋翼无人机的自重时，四旋翼无人机便保持悬停状态。保证四个螺旋桨转速同步增加或减小是垂直运动的关键。

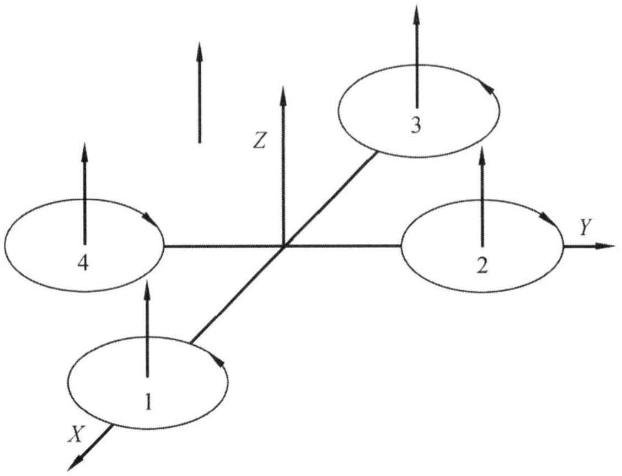

图 14-2-3　四旋翼无人机飞行原理

（2）俯仰运动、前后运动。

如图 14-2-4 所示，电机 1 的转速上升，电机 3 的转速下降，电机 2 和电机 4 的转速保持不变。为了不因为螺旋桨转速的改变引起四旋翼无人机整体扭矩及总拉力改变，螺旋桨 1 与螺旋桨 3 转速变量的大小应相等。由于螺旋桨 1 的升力上升，螺旋桨 3 的升力下降，产生的不平衡力矩使机身绕 y 轴旋转，螺旋桨升力产生水平分量，因此可以实现四旋翼无人机的后飞运动。抬头，向后飞；同理，当电机 1 的转速下降，电机 3 的转速上升，机身便绕 y 轴向另一个方向旋转，低头，向前飞，实现四旋翼无人机的俯仰运动及前后运动。

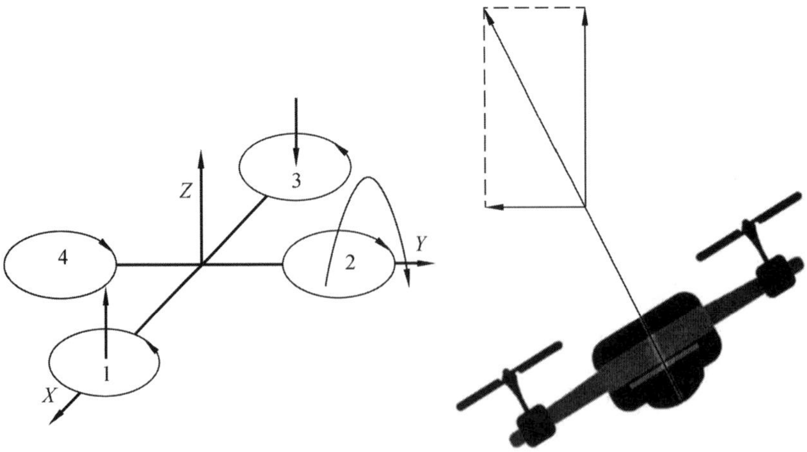

图 14-2-4　俯仰运动

（3）滚转运动、侧向运动（左右运动）。

如图 14-2-5 所示，改变电机 2 和电机 4 的转速，保持电机 1 和电机 3 的转速不变，则可使机身绕 x 轴旋转（正向和反向），实现四旋翼无人机的滚转运动。同时，四旋翼无人机首先发生一定程度的倾斜，从而使螺旋桨升力产生水平分量，因此可以实现四旋翼无人机的侧向飞运动。例如，电机 4 的转速上升，电机 2 的转速下降，电机 1 和电机 3 的转速保持不变，无人机左滚，向左运动。

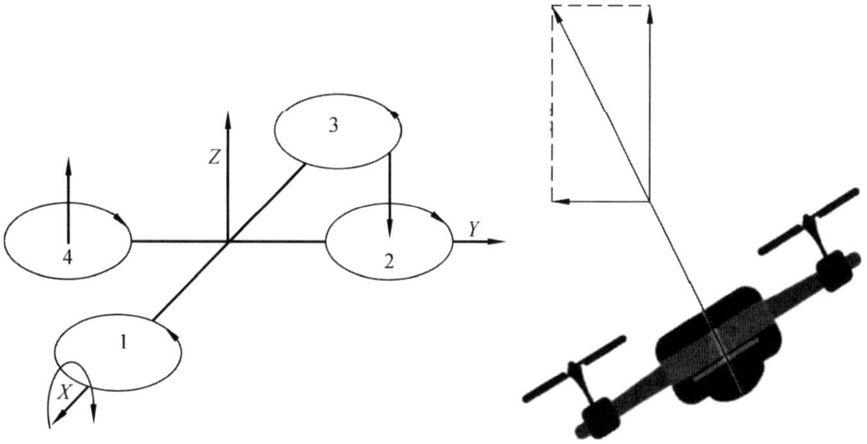

图 14-2-5　滚转运动

（4）偏航运动。

四旋翼无人机偏航运动可以借助螺旋桨产生的反扭矩来实现。螺旋桨转动过程中由于空气阻力作用从而形成与转动方向相反的反扭矩，为了克服反扭矩影响，可使四个螺旋桨中的两个正转，两个反转，且对角线上的各个螺旋桨转动方向相同。反扭矩的大小与螺旋桨转速有关，当四个电机转速相同，螺旋桨产生的反扭矩相互平衡，四旋翼无人机不发生转动；当四个电机转速不完全相同，不平衡的反扭矩引起四旋翼无人机转动。如图 14-2-6 所示，当电机 1 和电机 3 的转速上升，电机 2 和电机 4 的转速下降时，螺旋桨 1 和螺旋桨 3 对机身的反扭矩大于螺旋桨 2 和螺旋桨 4 对机身的反扭矩，机身便在富余反扭矩的作用下绕 z 轴转动，实现四旋翼无人机的向右偏航运动，转向与电机 1、电机 3 的转向相反。

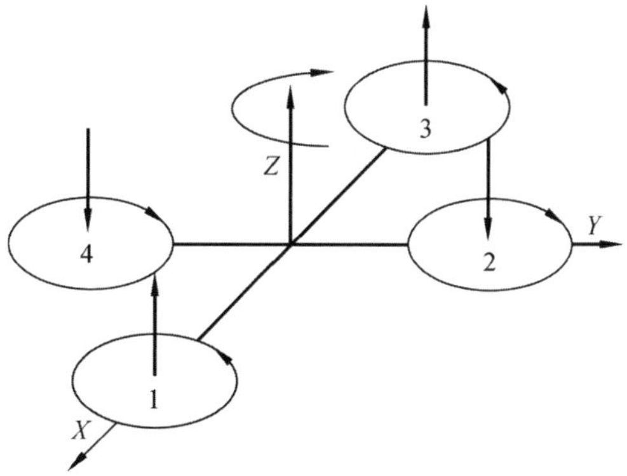

图 14-2-6　偏航运动

常见的四旋翼无人机有两种飞行姿态："+" 型和 "X" 型。"+" 型飞行姿态根据四旋翼无人机机架梁十字对称的结构特点，将处于同一直线上的一对机架梁作为 x 轴，另一对机架梁作为 y 轴的；"X" 型飞行姿态将两对机架梁的对称轴线分别作为 x 轴、y 轴。如图 14-2-7 所示。

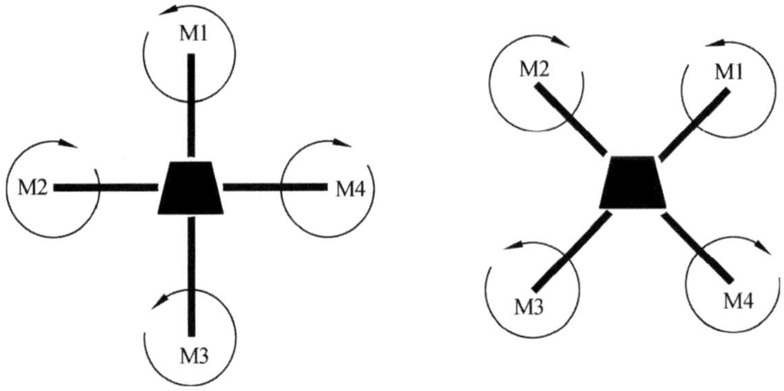

（a）"+" 型　　（b）"X" 型

图 14-2-7　四旋翼无人机飞行姿态模式示意图

3. "+" 型飞行姿态飞行原理

四旋翼无人机 "+" 型飞行姿态飞行原理如图 14-2-8 所示。

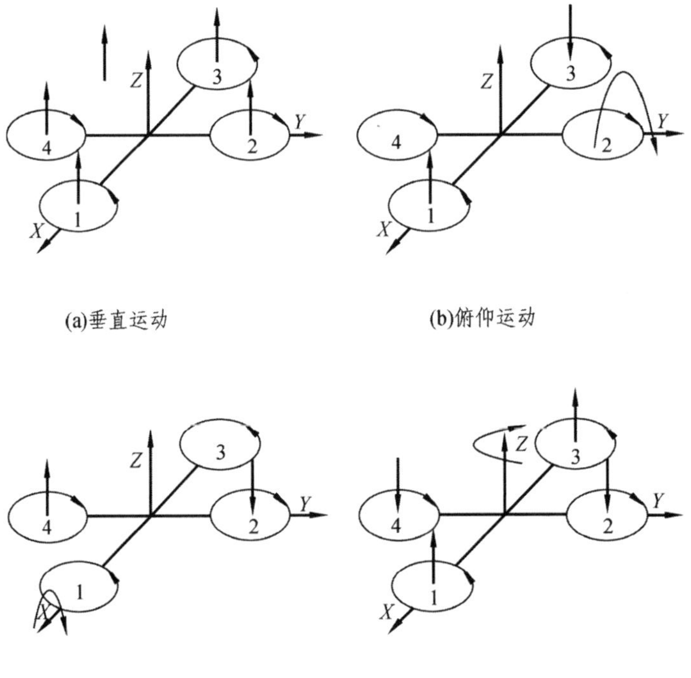

(a)垂直运动　(b)俯仰运动

(c)滚转运动　(d)偏航运动

图 14-2-8　"+" 型飞行姿态飞行

（1）垂直运动。

M1、M2、M3、M4 四个电机的转速同时增大或减小，四旋翼产生向正上方或正下方的合力，使无人机垂直向上或垂直向下飞行，如图 14-2-8（a）所示

（2）俯仰运动。

M1 的转速减小或 M3 的转速增大，M2、M4 的转速不变，四旋翼产生向前上方的合力，使无人机向前飞行；反之，M1 的转速增大或 M3 的转速减小，M2、M4 的转速不变，四旋翼产生向后上方的合力，使无人机向后飞行。上述转速的控制，使无人机进行前后移动，实现俯仰运动，如图 14-2-8（b）所示。

（3）滚转运动。

M2 的转速增大或 M4 的转速减小，M1、M3 的转速不变，四旋翼会产生向右上方的合力，使无人机向右飞行；反之，M2 的转速减小或 M4 的转速增大，M1、M3 的转速不变，四旋翼产生向左上方的合力，使无人机向左飞行。上述转速的控制，使无人机进行左右移动，实现滚转运动，如图 14-2-8（c）所示。

（4）偏航运动。

M1、M3 的转速增大或 M2、M4 的转速减小，四旋翼向右旋转，实现向右偏航；反之，M1、M3 的转速减小或 M2、M4 的转速增加，四旋翼向左旋转，实现向左偏航，如图 14-2-8（d）所示。

4. “X”型飞行姿态飞行原理

四旋翼无人机“X”型飞行姿态飞行原理如图 14-2-9 所示。

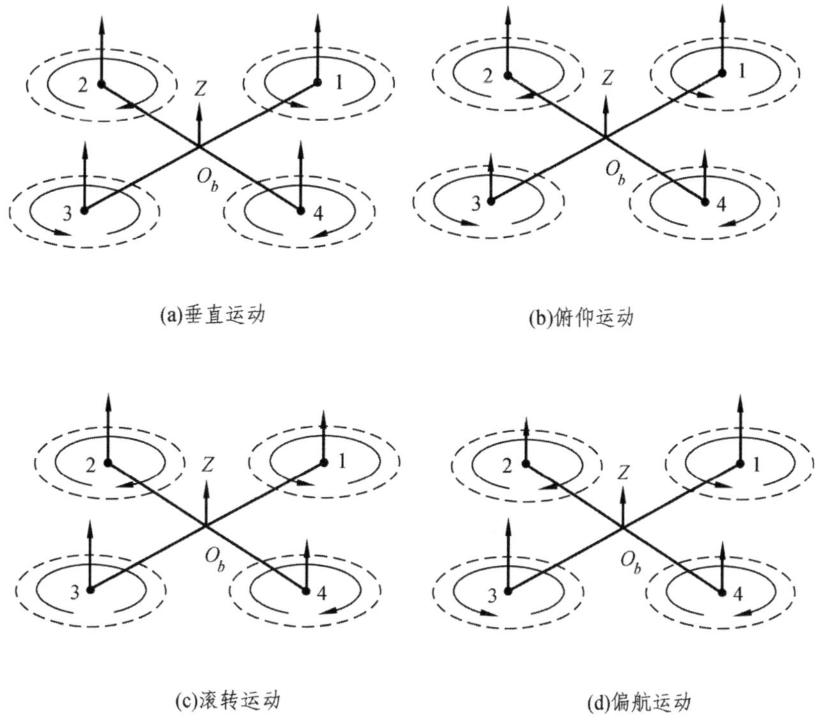

(a)垂直运动　(b)俯仰运动

(c)滚转运动　(d)偏航运动

图 14-2-9　“X”型飞行姿态飞行

（1）垂直运动。

M1、M2、M3、M4 四个电机的转速同时增大或减小，四旋翼产生向正上方或正下方的合力，使无人机垂直向上或垂直向下飞行，如图 14-2-9（a）所示。

（2）俯仰运动。

M1、M2 的转速减小或 M3、M4 的转速增大，四旋翼产生向前上方的合力，使无人机向前飞行；反之，M1、M2 的转速增加或 M3、M4 的转速减小，四旋翼产生向后上方的合力，使四旋翼向后飞行。上述转速的控制，使无人机进行前后移动，实现俯仰运动，如图 14-2-9（b）所示。

（3）滚转运动。

M2、M3 的转速增大或 M1、M4 的转速减小，四旋翼产生向右上方的合力，使无人机向右飞行；反之，M2、M3 的转速减小或 M1、M4 的转速增大，四旋翼产生向左上方的合力，使无人机向左飞行。上述转速的控制，使无人机进行左右移动，实现滚转运动，如图 14-2-9（c）所示。

（4）偏航运动。

M1、M3 的转速增大或 M2、M4 的转速减小，四旋翼向右旋转，实现向右偏航；反之，M1、M3 的转速减小或 M2、M4 的转速增大，四旋翼会向左旋转，实现向左偏航，如图 14-2-9（d）所示。

相对于“+”型飞行姿态，“X”型飞行姿态对于电机转速的控制要更加复杂，但是“X”型控制飞行姿态的联动性更好，因此，大多数四旋翼无人机采用“X”型飞行姿态。

任务三　动力系统的调试

动力系统的调试主要是电机转向的调试，不同飞行姿态的无人机，其各个旋翼的旋转方向有所不同，因此，我们应根据机架类型，确定各个电机的旋转方向，然后对各个电机的旋转方向进行调整。螺旋桨的属性（正桨或反桨）与其形状和旋转方向是相互对应的，首先确定其属性，然后结合各个电机的旋转方向正确安装。

F450 四轴飞行器为“X”型机架，其各个旋翼的旋转方向如图 14-3-1 所示。

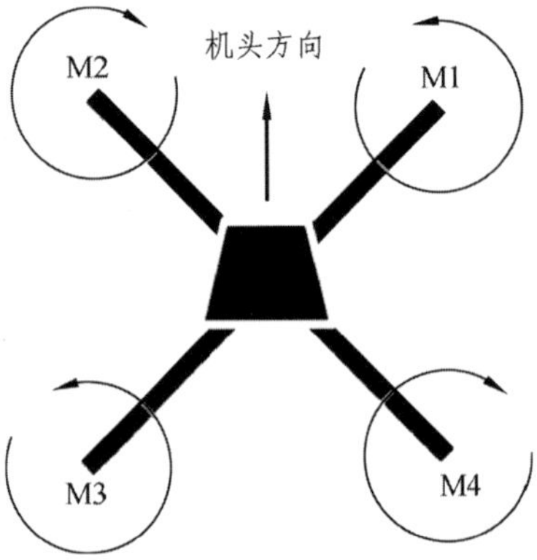

图 14-3-1　“X”型机架各旋翼旋转方向

1. 电机旋转方向的调试

（1）首先在电机轴上黏一小块电工胶布，便于观察电机旋转方向，如图 14-3-2 所示。

用电工胶布或者透明胶黏在电机轴上

图 14-3-2 电机旋转方向测试

（2）轻推遥控器的油门杆，让电机慢慢旋转起来，观察电机的旋转方向与如图 14-3-1 所示是否一致，记下旋转方向有误的电机序号。

（3）对于旋转方向有误的电机，将其与对应电调连接的 3 个香蕉头中的任意两个拔下，调换位置后再重新连接上，如图 14-3-3 所示。

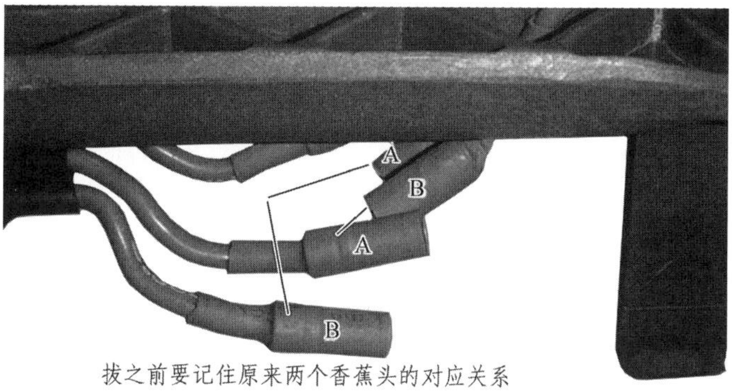

拔之前要记住原来两个香蕉头的对应关系
拔后把两个香蕉头调换位置再插上去（A插到B上）

图 14-3-3 电调与电机接线调整示意图

（4）调整结束后再次检查 4 个电机的旋转方向是否正确。

（5）加热电机与电调连接处香蕉头的热缩管，然后用扎带将各机臂上的 3 条线固定好。

2. 螺旋桨正反桨的确定

螺旋桨正桨以逆时针旋转，通常用 CCW 表示，反桨以顺时针旋转，通常用 CW 表示，安装螺旋桨前，应区分正桨和反桨，通常根据螺旋桨的形状或桨叶上的标注来确定。

（1）根据螺旋桨的形状。

根据桨叶迎风面区分正反桨，将螺旋桨横着放置于桌面上，桨叶有字的一面向上，观察右侧桨叶的迎风面（桨缘为平滑弧线并朝斜上方的一侧为迎风面）。右侧桨叶的迎风面朝上方的为正桨，逆时针旋转，右侧桨叶的迎风面朝下方的为反桨，顺时针旋转，如图 14-3-4 所示。

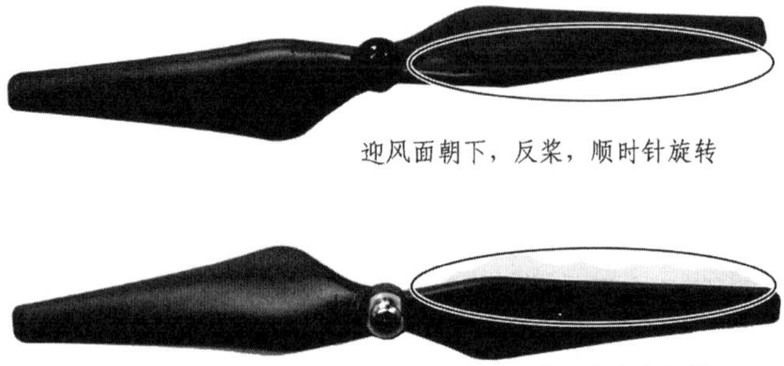

图 14-3-4　根据桨叶迎风面识别正反桨

（2）根据桨叶上的标注。

桨叶上标注有螺旋桨的型号规格，比如一个螺旋桨的型号为 10X5.5MR，另外一个螺旋桨的型号为 10X5.5MRP，后者型号里多了字母 P，为反桨，前者为正桨。不同的生产厂家区分正反桨的方式也不同，有些是以 CCW 和 CW 来区分，有些是以 L 和 R 来区分，可综合利用桨叶上的标注和迎风面的位置来确定。

模块三 无人机动力装置

燃气涡轮发动机

项目十五 认识燃气涡轮发动机

燃气涡轮发动机是目前载人航空领域应用最广泛的航空发动机，是 20 世纪 50 年代以来主要的航空动力形式，而且在可预见的未来，还没有其他动力形式可以完全取代它。在无人飞行器领域，虽然由于历史原因，燃气涡轮发动机的应用比例低于活塞式发动机，但涡轴、涡扇、涡喷发动机的性能和结构特点各异，给无人机提供了较大的选择空间，如涡轴发动机常用于无人直升机，后两者则多用于固定翼无人机。需要强调的是，400 ~ 4 000 daN 推力的中小型涡扇发动机受到了无人机研制商的青睐，因为，这类涡扇发动机耗油率相对较低，质量和推力等级能与无人机较好匹配，易于实现系列化发展。

通过项目十五的学习，学员应完成以下目标：

（1）掌握空气动力学、热力学及传热学的基础知识；

（2）掌握燃气涡轮发动机的典型类型；

（3）理解典型燃气涡轮发动机的工作原理及重要参数。

任务一 基础知识

航空燃气发动机以空气和燃气作为工作介质。它将燃料的化学能转变成气体内能，再将内能转变成机械功。掌握力学、热力学、气体动力学、传热学的基础知识和运动规律对理解发动机工作原理是必要的。

1. 气体运动、工质及理想气体

航空燃气发动机在获取动力的过程经历着复杂的能量转换，在能量转换过程中，发动机内部气体的状态也在不断的变化，这一系列的变化都遵循一定的规律，而这属于气体动力学的研究范畴。

气体动力学是流体力学的一个分支，在连续介质假设下，研究与热力学现象有关的气体的运动规律及其与相对运动物体之间相互作用的学科。

（1）工质的定义。

对于航空燃气发动机，不论是燃气涡轮发动机还是活塞式发动机，都是利用气体（燃气）作为媒介以完成不同能量形式之间的转换，这种媒介物质便称为工作介质，简称工质。相对于液体而言，气体具备更好的膨胀性、压缩性和流动性，是航空燃气发动机的理想工质。

（2）连续性假设。

从微观角度出发，任何实际气体都是由大量微小的气体分子组成，而且每个分子都在不断地作无规则的热运动。而气体动力学更多关注气体的宏观运动，所以可以不考虑流体的微观结构，而把流体看作连续介质。1753 年，物理学家欧拉提出气体（流体）的连续性假设。其假设流体在充满一个体积时不留任何自由空隙，既没有真空的地方也不考虑分子的微观运动，即把流体看作连绵不断不留任何自由空隙的连续介质。

对于航空工程而言，除了在飞行高度很大（空气很稀薄）的情况下，连续性假设失效。在多数的情况下，利用连续介质假设得到的计算结果和实验符合得很好。

（3）气体的压缩性与膨胀性。

气体的密度随着压力或温度的变化而变化的性质称为气体的压缩性，压缩性是气体的重要属性。

根据流体压缩性对流动影响程度的大小，流体的运动可分为可压缩流体与不可压缩流体。对于大多数现实问题来说，液体可认为是不可压缩的，而气体的压缩性对于流动的影响则相对显著得多。一般情况下，气体的密度依赖于气体的热力学状态，当气体的速度发生改变时，会引起气体密度变化。只有当气体的流速非常小（速度小于 0.3 倍的声速）时，气体才可以看作不可压缩。

温度升高时，气体体积增加的特性称为气体的膨胀性。

如表 15-1-1 所示，可以看到不同流速下速度变化引起的气流密度变化的差异。

表 15-1-1　不同马赫数下气流速度变化所引起的密度变化

马赫数	0.3	0.4	0.6	0.8	1.0	1.2	1.4	1.6
$\mathrm{d}v/v$	1%	1%	1%	1%	1%	1%	1%	1%
$\mathrm{d}\rho/\rho$	−0.09%	−0.16%	−0.36%	−0.64%	−1%	−1.44%	−1.96%	−2.56%

（4）气体黏性。

黏性是流体固有的属性之一，它表现为气体对于切向力的一种反抗能力。在流动的流体中，如果相邻流层之间流速不相等，那么在其接触面上会形成一对等大反向的内摩擦力（黏性阻力）来阻碍两流体层做相对运动。即流体质点具有抵抗其他质点作相对运动的性质，就称为流体的黏性。

举例说明流体黏性产生的物理原因，以及黏性对于气体流动状态的影响。

如图 15-1-1 所示表示安装于稳定气流中的平板，当气流流过平板，在贴近板面的位置，气流速度为零。沿板面法线方向，越靠外气体流速越大，直至离开板面一段距离，气流速度才与未扰动的气流速度基本相同。上述流速分布，正好说明了气体黏性对于气体流动状况的影响。黏性作用使得直接接触板面的一层气体与平板之间没有相对运动，完全贴合于板面上，而运动较慢的流体层，都是在运动较快的流体层的带动下才运动的，同时运动较快的流体层也受到运动较慢的流体层的阻碍，使其流速减小，最终形成平板边界层流速分布。

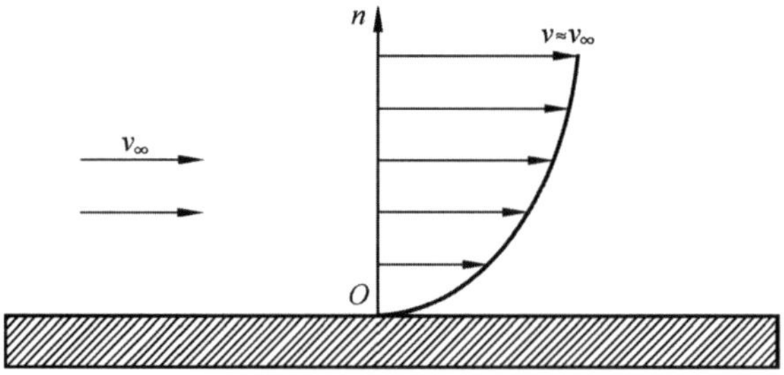

图 15-1-1　绕平板的黏性流动

通常将靠近物体表面附近，存在较大速度梯度的薄层气体称为边界层。气体黏性的影响范围不大，边界层的厚度与平板的长度相比，只是一个很小的量。

（5）理想气体。

气体分子不规则运动所产生的动量交换和分子彼此间的吸引力是导致气体黏性产生的物理原因。由于黏性的存在，气流流动过程存在内摩擦力，对研究流动气体运动规律以及气体与物体间的相对运动都会产生影响。为了更加方便研究，问题进行了适当的简化。

实际中，如果气流的黏性系数很小，或速度梯度很小，即黏性切应力很小的气体都可以看作无黏性。将真实流体的流动分成不同的区域，分别处理为理想流动区域和黏性流动区域，会给问题的求解带来极大方便。边界层以外的气体，可以近似认为无黏性，即理想气体。

（6）声速与马赫数。

声速是弱扰动波在介质中的传播速度，用符号 a 表示。声速公式为。

$$a=\sqrt{\frac{\Delta P}{\Delta \rho}}$$

其中，ΔP 为受到扰动后介质压力的变化微量，$\Delta\rho$ 为受到扰动后介质密度的变化微量。由公式可以看出，声速受到介质自身可压缩性的直接影响，对于不易压缩的介质而言，在相同的压力变化下，介质自身密度变化较小，声速在其内部的传播速度更快。例如，常温下声音在水中的传播速度为 1 450 m/s，而在海平面上，空气温度为 288 K（15 ℃）时，声速值为 340 m/s。

若将空气当作理想气体，则公式可进一步简化为

$$a=\sqrt{kRT}$$

其中：k 为比热比，R 为气体常数，T 为气体静温。对于理想气体而言，k、R 均为常数，声速仅与介质温度有关。温度升高，声速也随之升高，介质的可压缩性变差。同样以空气中的声速为例，当测定点为 11 000 m 的高空，大气温度下降至 216.5 K（−56.5 ℃），声速值为 295 m/s。

流场中任意一点的流速 v 与该点处的气体的声速 a 的比值，称为该点气流的马赫数，用符号 Ma 表示，即

$$Ma=v/a$$

根据马赫数的大小可以把流动分为亚声速流动（$Ma<1$），声速流动（$Ma=1$）、超

声速流动（$Ma>1$）。气流速度等于当地声速时，介质的状态叫作临界状态。临界状态时的气流参数称为临界参数，临界参数有临界声速、临界速度、临界温度、临界密度和临界面积等。值得注意的是，由于当地声速受到温度的影响（对于理想气体）而变化，介质的临界参数也随之而变化，绝非一成不变的。

2. 热力学基础知识

热力学是研究能量的性质及其转换规律的一门科学，尤其是研究热能和机械能相互转换规律的科学。目前，热力学已涉及航空工程的各个领域，研究高速气体流动问题以及在发动机内的流动规律及其能量转换关系时都要用到它。

（1）热力系统。

在分析热力学问题时，为了便于研究，可以选取某些确定的物质或某个确定空间区域中的物质作为研究对象，并称之为热力学系统，简称系统。与热力学系统有关（发生能量或者物质上的交换）的周围物体称为外界或环境。系统与外界之间的分界面称为边界。边界可以是固定的，也可以是运动的，可以是真实的，也可以是假想的。

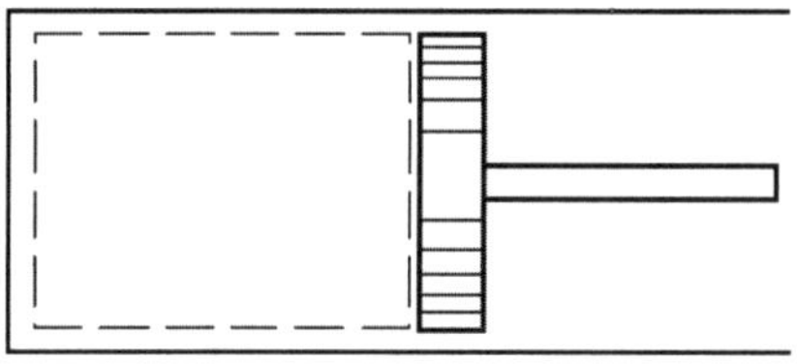

图 15-1-2 封闭系统

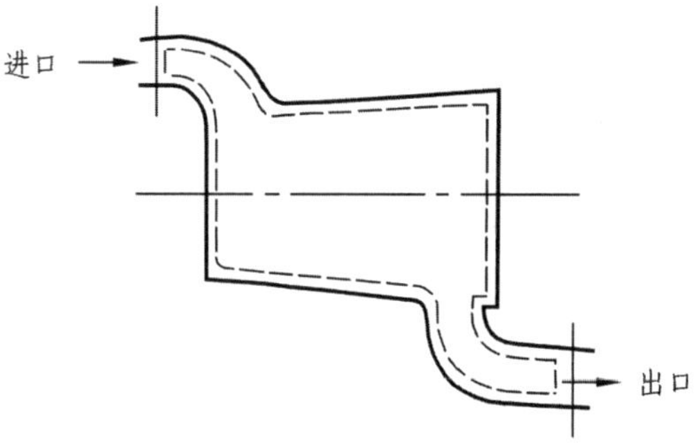

图 15-1-3 开口系统

根据热力系统与外界相互作用的不同特点，可以将热力系统分为以下几类：

① 闭口系统。热力学系统与外界可以有能量（功、热）上的交换，但无物质交换。如图 15-1-2 所示，选取封闭在活塞内的气体作为热力学系统，气体随着活塞的运动改变体积，进而引发热力学系统的变化。在此过程中，系统边界随活塞运动不断变化，但在系统边界上则没有任何的物质交换。

② 开口系统。热力学系统和外界之间不仅可以有能量交换，而且还可以有物质的交换。如图 15-1-3 所示，物质不断从进口流入，由出口流出，若选择容器内壁面（虚线）与进出口截面作为假想的边界，将此部分空间及内部的物质可作为热力学开口系统进行研究。

③ 绝热系统。若系统与外界之间没有热量交换，则称为绝热系统。由于能量转换方式的多样性，在研究大多数实际问题时，绝热系统都是不存在的。

④ 孤立系统。系统和外界不发生任何能量和物质的交换，这样的系统就是一个孤立系统。

（2）热力学状态与状态参数。

对于普遍意义上的航空燃气发动机（热机）而言，工质从热源吸热，对外膨胀做功以实现功热转换，在过程中，工质本身也在不断发生变化。在某一指定的瞬间，工质组成的热力学系统所处的状态，称为热力学状态，简称状态，它是系统具有的宏观物理特性的总表现。

热力系统的平衡状态是指系统与外界不发生相互作用的条件下，其宏观性质不随时间变化的状态。系统处于平衡态时，系统内部各点介质温度与压强等宏观参数分别与外界的温度和压强相等， 系统内部各处介质的成分也相同。当外界的温度或压强发生变化，界面两侧将出现温度差或压力差，平衡状态就变成非平衡状态。若外界参数停止改变，经过一定时间后，系统内部各处的温度或压强又均匀一致且与外界温度或压强相等， 此时系统又重新达到了新的平衡状态。

热力系统中工质的状态经常使用一些物理量进行描述，这种物理量称为状态参数。状态参数的数值仅取决于系统当前的状态，而与如何达到此状态时系统所经历变化的过程无关。状态参数与系统状态呈现一一对应的关系，具备明显的单值性。常用的状态参数有比容、压强、温度、内能、焓和熵。其中，比容、压力、温度是基本状态参数，可以直接进行测量，其他状态参数则由基本状态参数计算后间接得到。

① 比容。单位质量气体所占有的容积称为比容，其表达式为

$$\upsilon = \frac{V}{m}$$

其中，υ为比容，V为容积、m为质量。由公式可知，比容与密度互为倒数。

② 压强。压强（p）是用于描述热力学系统内部力学状况的状态参数，是大量气体分子无规则热运动频繁撞击单位面积容器内壁的统计平均结果。压强的单位是帕（Pa），1 Pa = 1 N/m^2，工程中也常用兆帕（MPa）作为压强的单位，1 MPa = 10^6 Pa。

③ 温度。温度（T）表示物体的冷热程度，是描述处于热平衡状态下热力学系统宏观特性的物理量。对于气体而言，其表征了气体分子热运动的激烈程度。

温度的数值表示法称为温标，常用的温标有热力学温标、摄氏温标、华氏温标等。国际单位制中采用热力学温标， 用开尔文（K）表示。热力学温度 T 与摄氏温度 t 的关系为

$$T(\mathrm{K}) = t(℃) + 273.15$$

热力学温度 T 总是大于 0 的，绝对零度无法达到。

④ 内能。内能（U）也称为热力学能，是指组成热力学系统的物质本身具有的能量（不包括系统宏观运动动能和外场作用的能量）。内能包括分子动能、分子间势能、分子化学能及原子能等。由于热力学过程中一般不涉及化学反应与核反应，因此在工程热力学中，内能只考虑分子动能与分子间势能。而分子动能大小与气体温度相关，分子间势能的大小则受到分子间距离的影响，以及在压力一定时与热力系统的比容有关，因此内能也是状态参数。

⑤焓。焓（H）是一个组合的状态参数，由气体内能与推进功两部分构成，更多地用来表征流体的能量大小。其法定计量单位为焦耳（J），表达式为

$$H = U + pV$$

其中，U 为内能，p 为压强，V 为体积。

由公式可知，构成焓的各物理量均为状态参数，所以焓同样也是状态参数。

⑥熵。熵（S）是在微元可逆过程中热力系统与外界交换的热量 δQ 与换热时热力

系统的温度 T 的比值，同样也为状态参数，其法定计量单位为 J/K，表达式为

$$S=\frac{\delta Q}{T}$$

熵最初是根据热力学第二定律引出的反映自发过程不可逆性的物质状态参数，在孤立系统中，系统与环境没有能量交换，系统总是自发地向混乱度增大的方向变化，总使整个系统的熵值增大，此即熵增原理。

（3）理想气体状态方程。

忽略气体分子的自身体积，将分子看作有质量的几何点；假设分子间没有相互吸引和排斥，即不计分子势能，分子之间及分子与器壁之间发生的碰撞是完全弹性的，不造成动能损失。这种气体称为理想气体。在实际的研究场景中，当气体压力不太大和温度不太低的时候，气体可以近似地看作理想气体。

根据气体的分子运动理论，理想气体各项状态参数之间关系即理想气体状态方程为

$$p\upsilon=RT$$

其中：p 为气体的绝对压力，υ为比容，T 为气体的热力学温度，R 为气体常数。R 的数值只决定于气体的种类而不随气体的状态变化而变化，几种常见的气体常数如表 15-1-2 所示。

表 15-1-2　常见气体的气体常数

气体	相对分子质量	气体常数 R/[J·（kg·K）$^{-1}$]
氧气	32.00	260
氮气	28.01	297
氢气	2.018	4 120
一氧化碳	28.01	297
二氧化碳	44.01	187
空气	28.97	287.06
燃气		287.4

理想气体热力系统的平衡状态可以由两个相互独立的状态参数确定。理想气体在任一状态下，只需知道三个状态参数中的任意两个就足以描述气体当前的状态。根据这个原理，气体的热力学状态可以形象地用平面坐标图上的点来表示。其中，最为常用的是 p-υ图（压-容图），如图 15-1-4 所示。

（4）气体的热力过程与热力循环。

系统由一个平衡态向另一个平衡态变化时所经历的全部状态的总和称为热力过程。气体热力学系统发生变化时，其状态参数的改变往往比较复杂，气体理想的热力过程有等容过程、等压过程、等温过程和绝热过程，如图 15-1-5 所示。

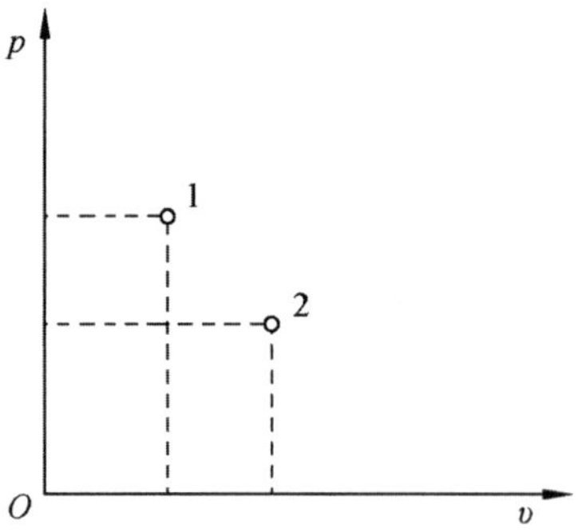

图 15-1-4　气体 P-v图

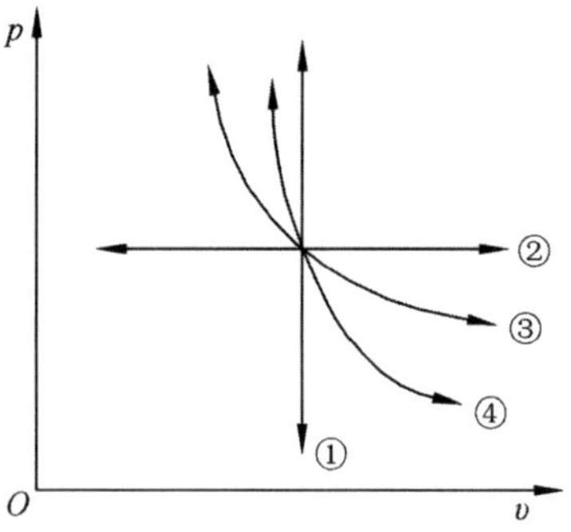

图 15-1-5　气体理想热力过程

① 等容过程。等容过程是比容不变的热力过程。

② 等压过程。等压过程是压力不变的热力过程。

③ 等温过程。等温过程是温度不变的热力过程。

④ 绝热过程。绝热过程是气体和外界没有热交换的热力过程，在航空燃气发动机中，空气的压缩与燃气的膨胀过程由于时间短暂，可认为工质来不及与外界进行热交换，是近似的绝热过程。

封闭的热力过程称为热力循环，简称循环，如图 15-1-6 所示。此时系统从一个平衡态经过一系列的状态又回到原来的状态（1—2—3—4—1）。实施热力循环的目的是实现系统与外界连续不断地进行热与功的转换。

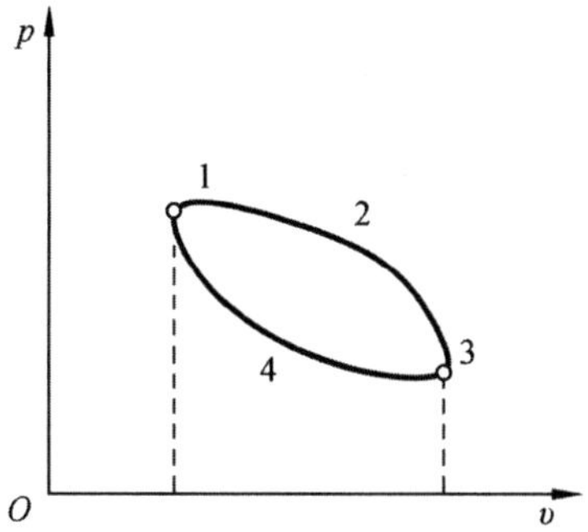

图 15-1-6　气体的热力循环

（5）热力学基本定律。

热力学定律是描述物理学中热学规律的定律，包括热力学第零定律、热力学第一定律、热力学第二定律和热力学第三定律。本书重点讲解热力学第一定律与第二定律，其余部分仅作简单介绍。

在开始热力学基本定律的学习前，我们先认识功与热。

① 功与热。

热量是热力系统和外界之间由于温度不同而通过边界传递的能量，热量是一个过程量，区别于热力系统状态参数，与具体的热力过程相关，用 Q 来表示，单位是焦耳（J）。系统和外界之间相互作用时，除了热量以外的任何能量形式称为功，记为 W，单位也是焦耳。与热量的概念相同，功也是过程量。

在热力学中，不能说在某状态下，系统具有多少功或多少热量，而只能说系统在热力过程中与外界交换了多少功与热。并规定，在热力系统变化过程中，系统对外界做功为正，外界对系统做功为负；系统吸热时热量为正，系统放热时热量为负。

② 热力学第一定律。

能量守恒与转换定律是自然界的基本规律之一。它指出：自然界中的一切物质都具有能量，能量不可能被创造，也不可能被消灭。但能量可以从一种形态转变为另一种形态，且在能量的转化过程中能量的总量保持不变。

热力学第一定律是能量守恒与转换定律在热现象中的应用，它确定了热力过程中热力系统与外界进行能量交换时，各种形态能量在数量上的守恒关系。具体到工程热力学领域，主要考虑的是热能和机械能之间的相互转换与守恒。即在热能与机械能相互转换过程中，如果系统消耗一定的热能，它就会完成相当数量的机械功；反之，若消耗一定的机械功，就会产生相当数量的热能。

对于一个确定的热力系统，在一个无限小的时间间隔内进行一个微元过程， 在此时间内传入系统内的热量δQ 与系统所做的功δW 和系统内的总能量的增量 $\mathrm{d}E$ 之间的关系应符合以下表达式：

$$\delta Q = \delta W + \mathrm{d}E$$

上述公式说明：在 $\mathrm{d}t$ 时间内，传入系统的热量等于系统总能量的增量与系统所做功的总和。

热力学第一定律的描述形式还有很多，如第一类永动机是无法制成的。它说明那种企图不消耗能量而可以产生机械功的动力机械是不可能制成的，其违背了能量守恒的基本规律。

③ 热力学第二定律。

热力学第二定律是阐明与热现象相关的各种过程进行的方向、条件及限度的定律，其中一种最简单的说法是，自然界中的一切自发过程都是不可逆的。由于工程实践中热现象普遍存在，热力学第二定律应用范围也极为广泛，如热量传递、功热转换、化学反应、燃料燃烧、气体扩散、混合、分离、溶解、辐射以及其他许多领域。

热力学第二定律同样也有其他不同的描述方式，常见的有开尔文说法：“不可能制造出从单一热源吸热并使之全部转变为功的循环发动机”。这意味着，在热动力机械中，工质从热源所得到的热量，不可能全部变为功，而只能将其中一部分热量变为功，其余的热量必须通过工质放给某个冷源。转换为功的能量与工质从热源处得到的全部热量之前的比值称为热机的热效率。热源（T_1）与冷源（T_2）之间进行的卡诺循环（理想循环）的效率，是工作于这两个热源和冷源之间的任何热机可能达到热效率的极限。卡诺循环的热效率的表达式为

$$\eta_c = 1 - \frac{T_2}{T_1}$$

分析公式中的各项参数，冷源（T_2）温度不可能达到绝对零度，而热源（T_1）温度也是一个有限大小的数值，因此，卡诺循环的效率不可能达到 100%，现实中热力机械的工作循环的效率也不能达到 100%。

热力学第二定律的另一种描述是克劳修斯的说法:“不可能由低温物体向高温物体传送热量而不引起其他变化”。即热量在由低温物体向高温物体的传递过程中,必须要有制冷机,依赖外界做功才能实现。克劳修斯说法从另一方向体现了自发过程的方向性。

3. 燃烧与火焰传播

燃料燃烧是燃气涡轮发动机中的重要热力过程之一,在发动机燃烧室内,经由燃烧将燃油的化学能转变为工质的热能。

(1)燃烧的基本概念。

燃烧是物质产生发光、发热的化学反应,其反应过程极其复杂,游离基的链锁反应是燃烧反应的实质,光和热是燃烧过程中发生的物理现象。

燃气是空气与燃料进行燃烧后的气体产物。燃气的成分随燃料化学成分的不同以及燃料与空气的混合比例的不同有很大的差异。燃气涡轮发动机通常使用航空煤油作燃料,航空煤油的主要成分是碳原子和氢原子,如 C_8H_{18}。

燃烧的三要素为燃料、氧化剂与点火条件。燃气涡轮发动机使用的氧化剂为大气中的氧气,因此发动机内燃烧过程进行得顺利与否在一定程度上受到大气中含氧量的限制,在海拔高度越高的地区飞行,发动机燃烧性能的要求也就越高。

点火是触发燃烧的关键步骤,明火、摩擦、冲击以及高能电火花等手段均可实现点火。在燃气涡轮发动机维护工作中,需注意上述点火条件,以免发生人身、财产危险。

(2)燃烧可靠性。

燃烧室的燃油和空气应能在地面和空中可靠地点燃,影响点火可靠性的主要因素是燃油和空气的比例。表述燃油和空气比例的参数有油气比、空燃比以及余气系数等。

油气比指混合油气中,燃油的质量流量 $q_{m,f}$ 与空气的质量流量 $q_{m,a}$ 的比值,用符号 f 表示:

$$f = \frac{q_{m,f}}{q_{m,a}}$$

空燃比即空气质量流量与燃油质量流量的比值,用符号 L 表示。

$$L = \frac{q_{m,a}}{q_{m,f}}$$

由油气比与空燃比的定义可知,两者互为倒数。由化学反应公式可知,单位质量的空气并不能与单位质量的燃油完全反应。上述两参数可以直接反映混合油气当中燃料与空气的比例,但不能直观反映在燃烧过程中的贫富油程度。为了反映燃烧过程中,燃料与空气在化学反应中的配比情况,引入了余气系数概念。

余气系数,是指进入燃烧室的空气量与进入燃烧室的燃油完全燃烧所需要的最少的理论空气量之比,用符号 α 表示。

$$\alpha=\frac{q_{m,a}/q_{m,f}}{L_0}$$

其中，L_0为理论空燃比。

对于不同类型的燃料，理论空气量的数值不同，但任意燃料的理论空气量都能够通过燃烧的化学反应式进行计算。例如在常规大气条件下，要完全燃烧 1 kg 航空煤油所需要的最小理论空气量为 14.7 kg。在发动机实际工作的过程中，实际空气量与理论空气量不一定相等。

余气系数的一个重要物理意义是直接表征燃烧过程中贫油或富油的程度，即

① $\alpha<1$。混合气中的实际空气量小于理论空气量，由于氧气不足，燃料无法完全燃烧，这种混合气称为富油混合气。余气系数比 1 小得越多，表征燃烧越富油。

② $\alpha>1$。混合气中的实际空气量大于理论空气量，由于氧气有剩余，燃料能够完全燃烧，这种混合气称为贫油混合气。余气系数比 1 大得越多，表征燃烧越贫油。

③ $\alpha=1$。混合气中的实际空气量恰好等于理论空气量，氧气与燃料实现完全反应，反应完成后两者均无剩余。这种混合气称为理论混合气。

（3）燃烧稳定性。

燃烧稳定性是指在燃气涡轮发动机在宽广的工作范围内平稳燃烧和火焰保持的能力。

就具体发动机而言，都有能够维持正常工作的富油极限和贫油极限，超出这些限度后火焰就会熄灭。发动机在急剧减速、慢车状态下滑或俯冲期间极有可能出现熄火，这时的空气流量大而又只有很小的燃油流量，即处于极端贫油状况。同理亦可推导出极端富油状况下发动机燃烧室的工作状况。

如图 15-1-7 所示，燃气涡轮发动机能够维持正常工作时的空燃比在富油和贫油极限之间的范围随空气速度的增加而减小，如果空气的质量流量增加超过一定的值，就会熄火。点火过程同样拥有贫油和富油极限，由于点火阶段发动机各项参数指标尚未接近其设计工作点，对于燃烧条件的要求更为苛刻，因此燃烧室的点火阶段的燃烧稳定区域较正常飞行时更为狭小。

火焰沿火焰锋表面的法线方向传播，通过气体分子或气团把热量传给相邻的未燃混合气体层并点燃它，这一层的反应放热使温度升高，又去点燃临近的未燃混合气体以此类推不断地向前面的混合油气推进。这是一种化学反应和传热传质相互作用的复杂过程，不仅受到可燃气的温度、压强、流速和油气比例等因素的影响，而且还与发动机燃烧室的结构、形状和大小有关。这些影响因素常有一定的极限值，超出此极限值，火焰便不能传播。

燃气涡轮发动机的燃烧室工作时，进来的气流压力、温度较高，在一般条件下是能稳定燃烧的，但在某些情况下，火焰有被吹熄的危险。要使得火焰停留在燃烧室内的固定位置，源源不断地点燃新喷入的燃料，其首要条件是燃烧时的气流速度等于火焰的传播速度。

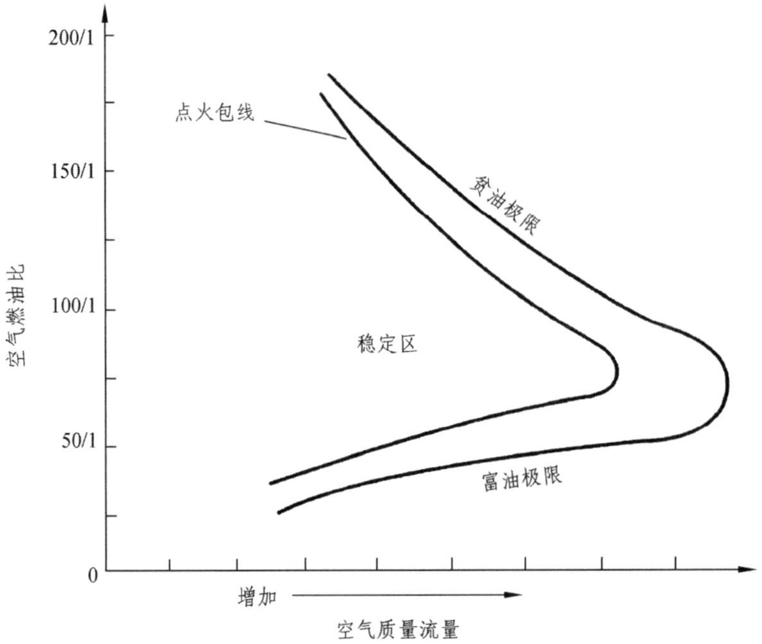

图 15-1-7　燃烧稳定性极限

（4）燃烧完全程度。

衡量燃油燃烧完全的程度常用燃烧效率来表示。燃烧效率是指单位质量燃油燃烧后工质实际吸收的热量与单位质量燃油燃烧理论上释放出的热量之比，用符号 η_b 表示。目前燃气涡轮发动机燃烧室的燃烧效率一般在 98%～99%，其损失主要来源于燃料的不完全燃烧以及热量传递过程中产生的热损失。

（5）燃料热值。

燃料热值也称为燃料发热量，是指单位质量（固体或液体）或单位体积（气体）燃料完全燃烧，其燃烧产物冷却到燃烧前的温度（一般为环境温度，通常定为 25 °C）时所释放出来的热量，单位为千焦耳/千克（kJ/kg）。

燃料热值有高位热值 H_h 与低位热值 H_l 两种，其区别在于燃料燃烧产物中的水呈液态还是气态。当燃烧产物冷却至环境温度时，这部分水分便凝结成液态水，释放凝结热，燃料的高位热值需要计入这部分热量。由于航空燃料基本为碳氢化合物，燃烧后必将生成大量的水，但由于燃气涡轮发动机的排气温度通常较高（一般在 300 °C 以上），水分不会以液态形式出现，因此航空发动机在实际工作时都只能利用到燃料的低热值。如表 15-1-3 所示给出几种常见燃料的低热值数据。

表 15-1-3　常见燃料的低热值

燃　料	低热值 H_l/（$kJ \cdot kg^{-1}$）	燃　料	低热值 H_l/（$kJ \cdot kg^{-1}$）
汽油	43 961	柴油	41 868
煤油	43 124	酒精	2 710

（6）火焰传播。

燃气涡轮发动机燃烧室中的混合油气达到一定数值后，在点火装置的激发下被点燃，产生的火焰在混合气中传播从而使得所有的混合气逐渐燃烧起来。火焰的传播形式主要有扩散燃烧与预混燃烧两种形式。

扩散燃烧。燃料与空气分别送入燃烧室，边混合、边燃烧的过程称为扩散燃烧。扩散燃烧时，燃料与空气中的氧气进行化学反应所需时间与通过混合扩散形成可燃混合气所需时间相比可以忽略不计，由于混合油气生成需要时间，因此扩散燃烧形成的火焰通常较长。

预混燃烧。燃料和氧气（或空气）预先混合成均匀的混合气，此可燃混合气称为预混合气，预混合气在燃烧室内进行着火、燃烧的过程称为预混燃烧。预混燃烧时形成的火焰较短，温度更高。

任务二　燃气涡轮发动机类型

无人飞行平台不同，所选用的动力装置，主要是发动机也不尽相同。喷气式发动机，是指靠喷管高速喷出的气流直接产生反作用推力的发动机。燃料和氧化剂在燃烧室内起化学反应而释放热能，然后热能在喷管中转化为气流。除燃料外，氧化剂由飞行器携带的称为火箭发动机，包括固体燃料火箭发动机和液体燃料火箭发动机，特点是能在大气层外工作。不携带氧化剂从大气中吸取空气作为氧化剂的称为“空气喷气发动机”，包括冲压发动机、脉冲发动机、涡轮喷气发动机和涡轮风扇发动机等主要类型。涡轮螺旋桨与涡轮轴发动机则属于空气喷气式发动机中的“异类”，其动力产生并不依靠高速气流产生的直接推力。喷气式发动机的主要类型如图 15-2-1。

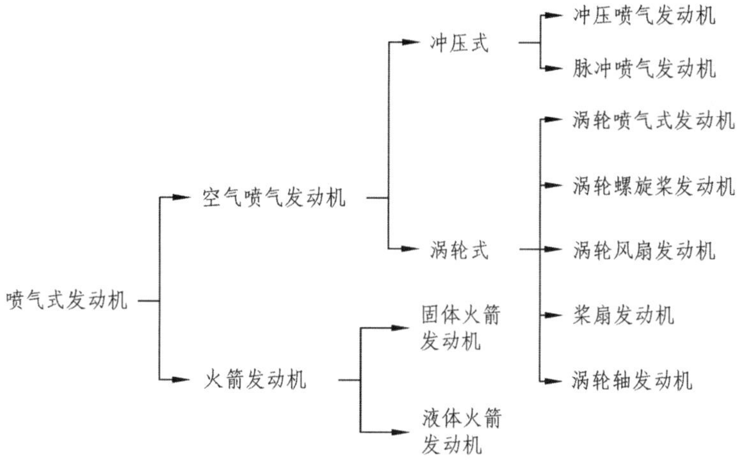

图 15-2-1　喷气式发动机分类

1. 燃气涡轮发动机简述

涡轮喷气发动机以空气作为工质，进气道将所需的外界空气以最小的流动损失送到压气机；压气机通过高速旋转的叶片对空气压缩做功，提高空气的压力；空气在燃烧室内和燃油混合燃烧，将燃料化学能转变成热能，生成高温高压的燃气；燃气在涡轮内膨胀，将热能转变为机械能，驱动涡轮旋转，带动压气机；燃气在喷管内继续膨胀，加速以较高速度排出，产生推力。

涡轮喷气发动机（见图 15-2-2）产生高速气流，进而使得飞行器获得更高的飞行速度，伴随而来的是发动机噪声也高。有的涡轮发动机（多为军用飞机）带加力燃烧室，它位于涡轮和喷管之间，目的是提高喷管前燃气温度，使喷气速度增加，进一步增大推力。

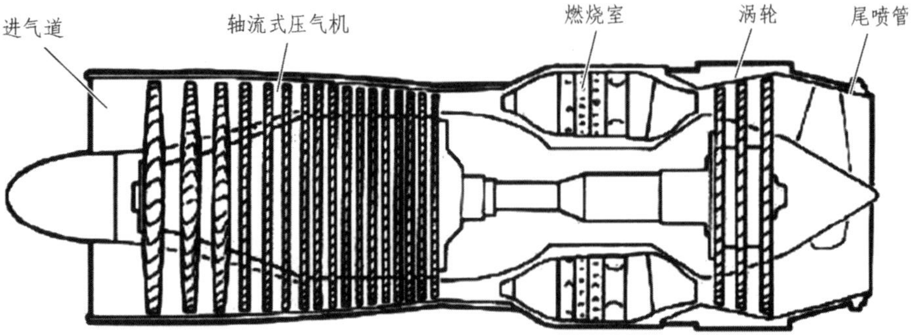

图 15-2-2　涡轮喷气发动机

涡轮螺桨发动机（见图 15-2-3）由燃气涡轮发动机和螺旋桨组成，其驱动原理大致与活塞发动机的雷同，是以螺旋桨旋转时所产生的拉力作为飞机前进的推进力。与活塞螺旋桨发动机主要的差异点除了驱动螺旋桨轴的动力来源不同外，涡桨发动机的螺旋桨通常以恒定的速率运转，而活塞动力的螺旋桨则依照发动机的转速不同而有转速高低的变化。由于涡轮轴转速远高于螺旋桨的工作转速，涡轮螺旋桨发动机通常装有减速器。

在涡轮螺旋桨发动机中，涡轮输出功率带动螺旋桨旋转，使其产生拉力，而从喷管喷出的燃气产生的推力对整个推进力只占很小的份额，约 10%。

涡轮螺旋桨发动机不仅在海平面和飞行器起飞条件下可以很好地工作，而且在 10 000 m 的高度，它的工作性能依然很好。由于螺旋桨效率降低的限制，它不能用于高速飞行，但是在中低速下，使用涡轮螺旋桨发动机是适当的。与更为传统的活塞式发动机+螺旋桨动力装置相比，它的功率大，功重比也更大。其次，由于减少了运动部件，尤其是没有做往复运动的活塞，涡轮螺旋桨发动机运转稳定性好，噪声小，工作寿命长，维修费用也较低。而且，由于核心部分采用燃气发生器，涡轮螺旋桨发动机的适用高度和速度范围都要比活塞式发动机高很多。

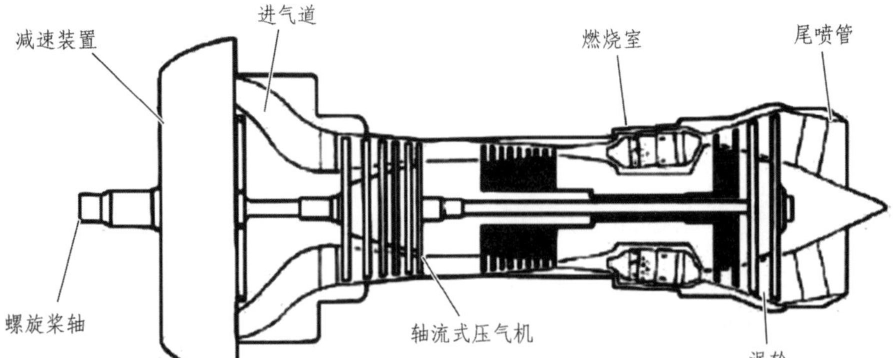

图 15-2-3　涡轮螺旋桨发动机

相较于涡轮喷气发动机，涡轮风扇发动机（见图 15-2-4）拥有其特有部件——风扇，它可由单独的涡轮驱动（如三转子发动机），也可成为低压涡轮驱动的低压压气机的第 1 级（如双转子发动机）。空气流经风扇后分成两路，一路是内涵气流，空气继续经压气机压缩，在燃烧室和燃油混合燃烧，燃气经涡轮和喷管膨胀，燃气以高速从尾喷口排出，产生推力；另一路是外涵气流，流经风扇后的空气直接通过外涵道排到机外，或者一直流到尾喷口同内涵气流混合或分别排出。

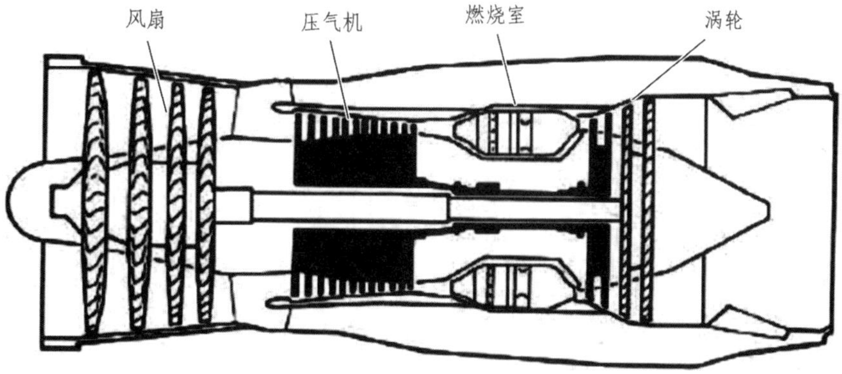

图 15-2-4　涡轮风扇发动机

上述典型的空气喷气式发动机中，涡桨发动机的排气速度低，推力有限，影响飞机飞行速度的提高，要进一步提升飞行速度只能选择提高喷气发动机的效率，受到高温、高转速等诸多限制。而涡喷发动机的排气速度大多超过声速，而无人机大多数时候是以亚声速飞行，因此，片面地加大热功率，即加大涡轮前温度，会导致推进效率的下降。要全面提高发动机效率，必须解决热效率和推进效率这一对矛盾。

涡轮风扇发动机结合了涡轮喷气发动机和涡轮螺桨发动机的优点。涡扇发动机的燃气能量被分派到风扇和燃烧室分别产生的两种排气气流上。这时，为提高发动机热效率而提高涡轮前温度，可以通过适当的涡轮结构和增大风扇直径，使更多的燃气能量经低压涡轮驱动风扇传递到外涵道气流，从而避免大幅增加排气速度。这样，热效率和推进效率取得了平衡，发动机的效率得到极大提高。

桨扇发动机（见图 15-2-5）既可看作带高速先进螺桨的涡桨发动机，又可看作除去外涵道的大涵道比涡扇发动机，因而兼有前者耗油率低和后者飞行速度高的优点。桨扇发动机需要研制一种介于螺旋桨和风扇之间的混合结构，这种结构与风扇和螺旋桨在设计上都不同，但看上去很像螺旋桨，这就是桨扇。由于历史原因，桨扇发动机未能大规模投入应用。

涡轮轴发动机通过轴输出功率，如无人直升机的动力装置，涡轮轴高速旋转，通过减速器驱动直升机旋翼或工业机械。涡轮轴发动机包括燃气发生器和自由涡轮（即不带动压气机，专为输出功率用的涡轮）。自由涡轮和燃气发生器涡轮只有气动联系，即流过燃气发生器涡轮的燃气再驱动自由涡轮，自由涡轮输出功率。

涡轮轴发动机和直升机常用的另一种动力装置——活塞发动机相比，涡轮轴发动机的功重比要大得多，在 2.5 以上。而且就发动机所产生的功率来说，涡轮轴发动机也大得多。在经济性上，涡轮轴发动机的耗油率略高于最好的活塞式发动机，但它所用的航空煤油要比前者所用的汽油便宜，这在一定程度上得到了弥补。当然，涡轮轴发动机也有不足之处。它制造比较困难，制造成本也较高。特别是由于旋翼的转速更低，它需要比涡轮螺旋桨发动机更重更大的减速系统，有时减速装置的质量竟占发动机总质量一半以上。

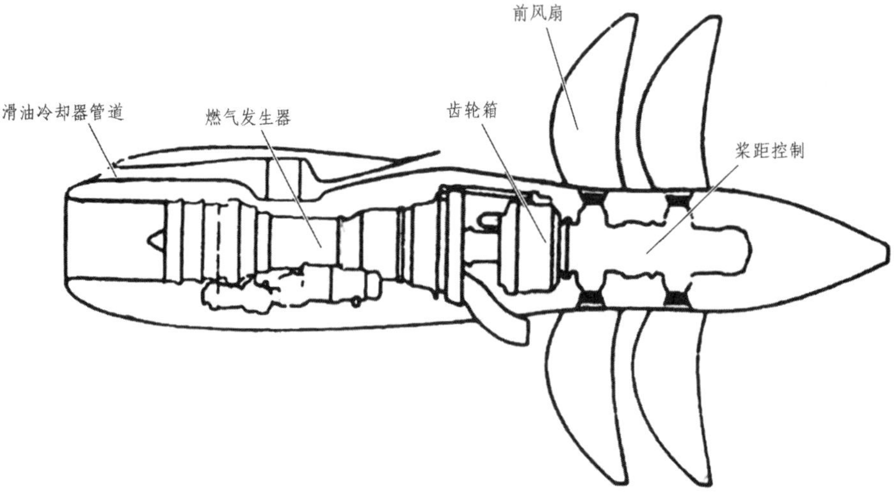

图 15-2-5　桨扇发动机

在带有压气机的涡轮发动机这种类型中，涡轮轴发动机（见图 15-2-6）出现得较晚，但已在直升机和垂直/短距起落飞机上得到了广泛的应用。涡轮轴发动机于 1951 年 12 月开始装在直升机上，作第一次飞行。那时它属于涡轮螺桨发动机，并没有自成体系。以后随着直升机在军事和国民经济上使用越来越普遍，涡轮轴发动机才获得独立的地位。

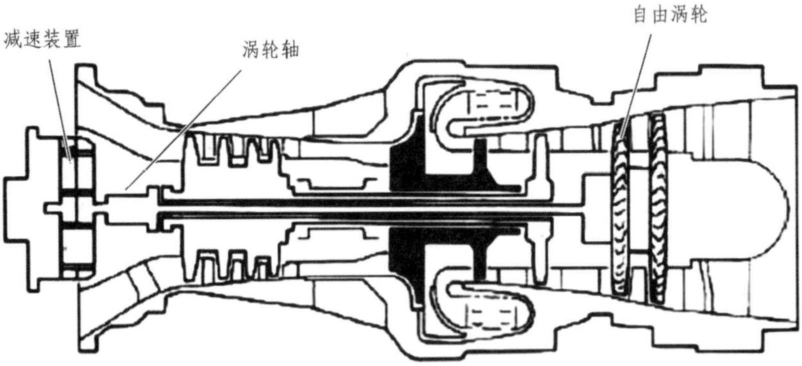

图 15-2-6　涡轮轴发动机

冲压喷气式发动机（简称冲压发动机）是一种构造非常简单、可以发出很大推力、适用于高空高速飞行的空气喷气发动机。冲压发动机是一种利用迎面气流进入发动机后减速，使空气提高静压的空气喷气发动机，没有压气机结构（自然也就不需要驱动压气机转动的燃气涡轮），所以又称为不带压气机的空气喷气发动机，如图 15-2-7 所示。

冲压发动机的工作时，高速气流迎面向发动机吹来，在进气道内扩张减速，气压和温度升高后进入燃烧室与燃油（一般为煤油）混合燃烧，将温度提高到 2 000～2 200 °C，甚至更高，高温燃气随后经推进喷管膨胀加速，由喷口高速排出而产生推力。冲压发动机的推力与进气速度有关，进气速度越大，即飞行速度越大，发动机产生的推力也就越大。

由于没有压气机，冲压发动机不能在静止的条件下起动，所以不宜作为普通飞机或无人机的动力装置，而常与别的发动机配合使用，成为组合式动力装置。超声速靶机大多采用“火箭+冲压发动机”为动力装置，美国的典型产品 GQM-163A“郊狼”（Coyote）是海军研制的一种超声速掠海飞行靶机，用于模拟超声速掠海飞行的反舰巡航导弹。“郊狼”为两级圆柱形机体，前段为主发动机段，安装涵道式火箭/冲压发动机，后段为一个 MK70Mod1 标准导弹助推器。

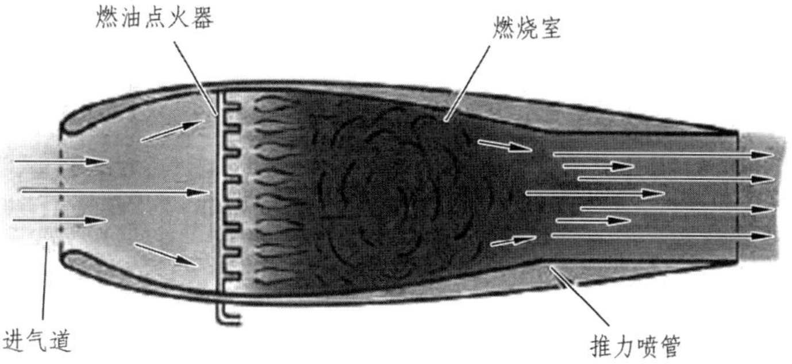

图 15-2-7　冲压喷气发动机

2. 航空涡轮轴发动机

涡轮轴发动机、涡轮螺旋桨发动机和涡轮喷气式发动机、涡轮风扇发动机虽然有很多共同之处，但也有很大的差别。前两者的工作方式是将燃料燃烧产生的热能转变为发动机输出轴上的机械能；后两者则是把燃料燃烧产生的热能转变为喷射气流的动能。另外，涡桨发动机、涡轴发动机多属于小型航空涡轮发动机，因而在中小型无人机上使用较多，而涡喷发动机、涡扇发动机多属于大型航空涡轮发动机，在军用大型固定翼无人机领域得到应用。

由于涡轮轴发动机的动力输出并不主要依靠排气反推推力，通常以功率量级和不同的结构形式进行划分。

（1）功率量级。

① 大于 3 680 kW 级的，一般称为大型发动机；

② 等于、小于 3 680 kW 级的，一般称为中小型发动机；在 1 420 kW（或压气机进口换算流量小于 9 kg/s）以下级的，称为小型发动机。

（2）不同的结构形式。

以驱动输出功率轴的涡轮、转子数或输出轴的方向划分。

① 定轴涡轮和自由涡轮。

涡轮轴发动机拥有一个驱动输出轴，带动螺旋桨或旋翼进行旋转，驱动该功率输出轴的涡轮称为动力涡轮。动力涡轮又分为定轴涡轮和自由涡轮两种。

a. 定轴涡轮，又称为固定涡轮，输出轴由压气机与涡轮的同一根轴驱动。

定轴式涡轮轴发动机，也称为固定涡轮式涡轮轴发动机，其涡轮既驱动压气机又驱动功率输出轴。定轴式涡轮轴发动机的涡轮产生的功率远大于压气机所需的功率，通过减速器将其剩余的功率输出。由于功率输出轴与核心机为机械连接，因此发动机存在功率传输方便、结构简单、操纵调节简单的优点。但也存在起动性能差、加速性不好、功率输出轴转速高而需要大减速器等缺点。

b. 自由涡轮。输出轴由与燃气发生器涡轮没有机械联系的涡轮（又称动力涡轮）驱动。两者之间的区别如图 15-2-8 与图 15-2-9 所示。

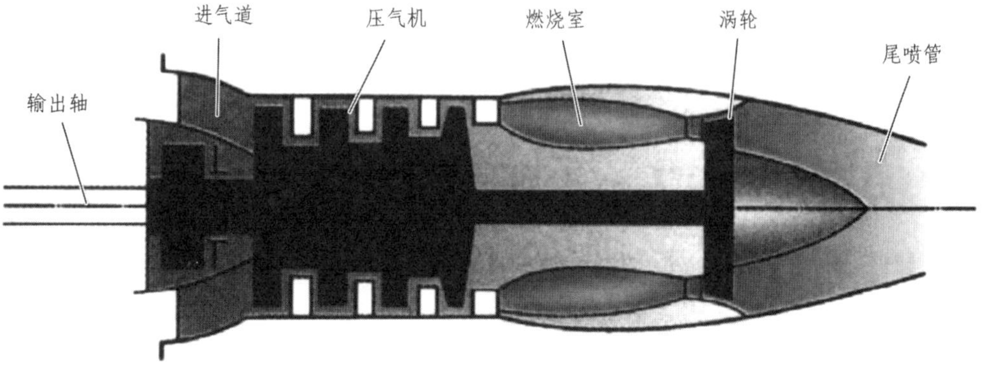

图 15-2-8　定轴涡轮轴发动机

自由涡轮式涡轮轴发动机由燃气发生器和自由涡轮组成。产生输出功率的自由涡轮安装在发动机功率输出轴上，此轴与核心机转子无机械联系，它们之间仅有气动联系。自由涡轮转子不受压气机转子的影响，能独立地按照给定的规律运转，或保持转速恒定不变。这个特点对安装有多台发动机的无人直升机和改善无人直升机操纵控制性能是非常重要的。与定轴式涡轮轴发动机相比，自由涡轮式涡轮轴发动机起动性能好，工作稳定，加速性能较好，调节性能和经济性好，但结构比较复杂。

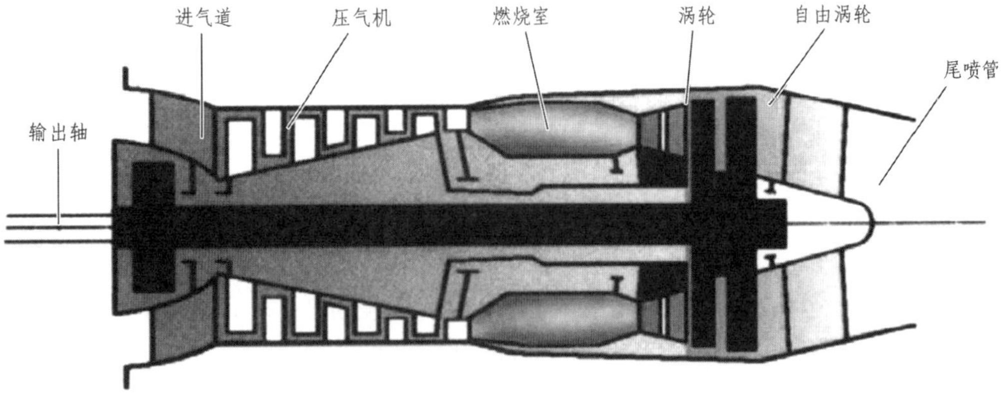

图 15-2-9　自由涡轮轴发动机

大部分涡轮轴发动机为自由涡轮式涡轮轴发动机，定轴式涡轮轴发动机用于一些功率较小的发动机中，在无人机动力装置领域得以应用。

② 单转子和双（多）转子。

单转子发动机中，压气机与涡轮共用同一根轴，并以其轴或自由涡轮轴通过减速器驱动功率输出轴。其特点是设计简单，质量轻，例如，英国 Rolls-Royce 的达特，美国 Allison 的一些发动机等。

双（多）转子发动机内有两根（或多根）只有气动联系的同心轴，每根轴上都有自己的压气机和带动它的涡轮级组，并由低压轴或自由涡轮轴通过减速器传动输出轴。其特点是操纵更灵活、起动容易、加速性好、输出轴转速能独立地在很大范围内变化，如 PW100（加）、M602（捷克）、GEM（英）等发动机。

③ 前输出轴和后输出轴。

前、后输出轴是以发动机功率输出轴的方向相对于发动机的前后方向而定义的。发动机自由涡轮输出轴，有前出的，也有后出的。国产 WZ8A 发动机自由涡轮轴为后出轴，但它的功率输出轴则是经过减速传动折向发动机进气方向而为前输出轴。可见，功率输出轴的方向是以输出功率由发动机进气或排气方向输出划分的。如图 15-2-10 所示。

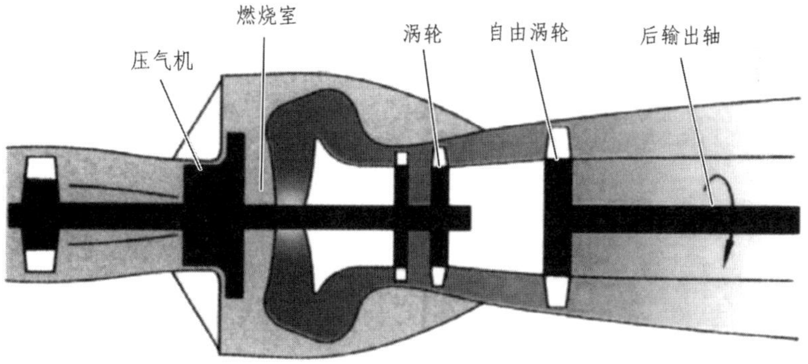

图 15-2-10　后输出轴涡轮轴发动机

目前，使用中的航空涡轮轴发动机通常为自由涡轮式，其基本组成部件包括进气装置、燃气发生器（压气机+燃烧室+燃气发生器涡轮），自由涡轮、排气装置和输出轴等，如图 15-2-11 所示。进气装置的主要作用是确保空气顺利进入发动机，进气装置中有防尘、防冰装置。排气装置使燃气顺利排出发动机，由于涡轮轴发动机的排气量较小，因此涡轮轴发动机的尾喷管不必像涡轮喷气式发动机那样沿发动机中轴线向后排出，可以与中轴线安排成一定的角度。

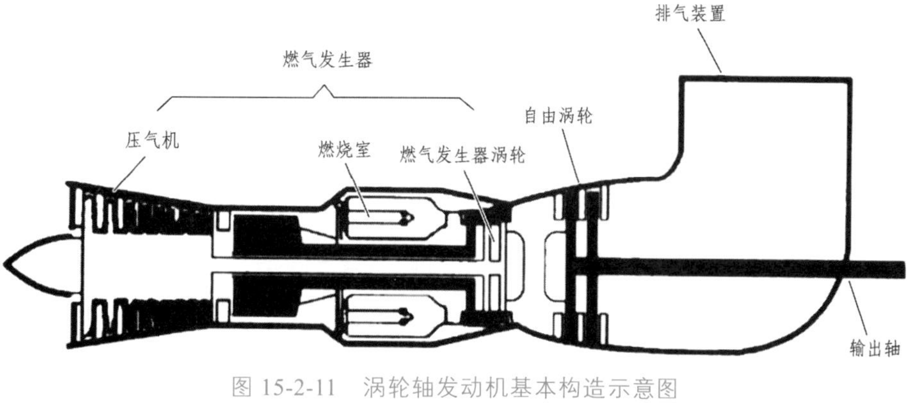

图 15-2-11　涡轮轴发动机基本构造示意图

任务三　燃气涡轮发动机工作原理及重要参数

1. 工作原理

单转子涡轮轴发动机主要由进气道、压气机、燃烧室、涡轮（动力涡轮）、尾喷管 5 大基本部件组成。各部件的主要功能如下。

进气道：恢复尽可能多的自由气流的总压，以最小的紊流输送空气到压气机并保持发动机外形的气动阻力最小。

压气机：通过旋转的叶片对空气做功，压缩空气提高空气的压力。

燃烧室：空气和燃油混合、燃烧，将燃料化学能转变成热能，生成高温燃气。

涡轮：燃气在涡轮内膨胀做功，涡轮功驱动压气机和发动机其他附件，自由涡轮驱动功率输出轴。

喷管：燃气通过喷管继续膨胀，将燃气以一定的速度和要求的方向排入大气。

压气机、燃烧室、涡轮称为燃气发生器。燃气发生器是燃气涡轮发动机的核心部件，其作用是产生高温、高压燃气，膨胀做功，输出功率。

涡轮轴发动机与旋翼配合，构成了无人直升机，乃至旋翼无人飞行器的动力装置。在涡轮轴发动机中，燃气发生器产生的可用能量基本上全被动力涡轮吸收并由功率输出轴向外输出，通过减速装置后驱动旋翼或者工业机械。由尾喷管喷射出的燃气温度和速度极低，基本上不产生反推推力。

2. 涡轮轴发动机工作的热力循环

从前面章节对热力循环的描述中，可知封闭的热力过程称为热力循环，系统从一个平衡态经过一系列热力变化又回到最初的状态。而在涡轮轴发动机进行的热力过程中，工质并没有形成闭合循环。工质与外界有热量的交换、功的交换，空气在流动过程中存在摩擦损失，并进行了化学反应，工质由空气变成了燃气。为了便于进行热力分析，我们假设：工质完成的是一个封闭的热力循环，即排出的燃气和新吸入发动机内的空气压力都接近于大气压力；略去压缩和膨胀过程中工质与各部件之间的热量交换，忽略摩擦；燃烧室内喷入的燃油质量忽略不计，且工质是完全气体。

由上述假设得到的航空涡轮轴发动机的理想热力循环称布雷顿循环或等压加热循环，由绝热压缩过程、定压加热过程、绝热膨胀过程和定压放热过程组成，如图 15-3-1 所示。

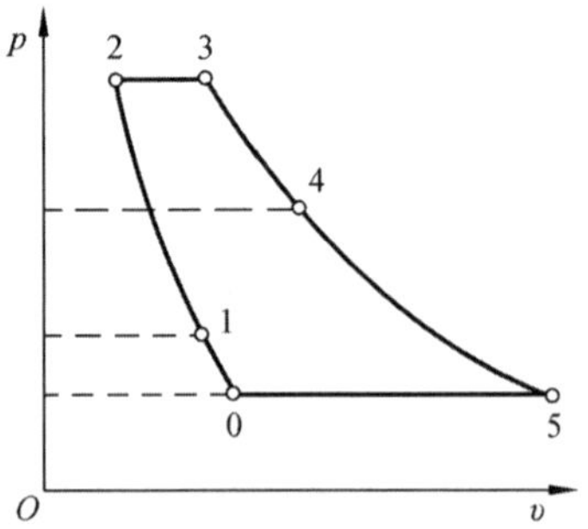

图 15-3-1　布雷顿循环

此理想循环中，

（1）绝热压缩过程：在进气道和压气机中进行（0—1—2）；

（2）定压加热过程：在燃烧室中进行（2—3）；

（3）绝热膨胀过程：在涡轮、尾喷管中进行（3—4—5）；

（4）定压放热过程：在大气中进行（5—0）。

空气由外界大气环境进入发动机进气道，此时流场各项参数均与环境参数一致，经过进气道和压气机的压缩作用，气体压力、温度上升。现代大型燃气涡轮发动机起飞时压气机出口压力超过 0.4 MPa，温度接近 600 °C。在燃烧室中，空气与喷入的燃油混合燃烧，燃气温度和体积增加。燃气离开燃烧室通过涡轮，在涡轮中膨胀做功，压力、温度下降，体积增加。燃气离开涡轮通过喷管，压力和温度继续减少，速度增加，最终排入大气。

3. 重要参数

（1）轴功率。

涡轮轴发动机可用功率取自动力输出轴，因此称为轴功率。用符号 P_e 表示，单位为 kW。

$$P_e = \eta P_{\mathrm{t}}$$

其中，η为航空涡轮轴发动机的工作效率系数，P_{t} 为航空涡轮轴发动机的总功率。

（2）轴功率质量比。

轴功率与涡轮轴发动机质量之比，也称功重比，用符号 R_{pm} 表示，单位为 kW/kg。

$$R_{pm} = P_e / m$$

其中，m 为涡轮轴发动机的总质量。

（3）单位功率。

单位时间内流过涡轮轴发动机的单位质量的空气在功率输出轴上所产生的轴功率，即涡轮轴发动机轴功率与空气流量之比。

$$P_s = P_e / q_{me}$$

其中，q_{me} 为流过发动机的质量流量。

单纯增大涡轮轴发动机的轴功率可以依靠增大发动机尺寸，增加进气流量来实现，但在增加功率输出的同时，发动机结构重力也随之增加。使用单位功率进行涡轮轴发动机的性能衡量则可以规避此类问题，与功重比这一概念相似，单位功率是衡量涡轮轴发动机性能的重要指标。

（4）单位迎面轴功率。

涡轮轴发动机轴功率与发动机最大截面面积之比。单位迎面轴功率与单位功率类似，也是衡量发动机性能优劣的重要指标。在相同的输出轴功率的情况下，越大的单位迎面轴功率即意味着更小的发动机截面尺寸，在飞行中可以降低飞行阻力，这对性能提升是有利的。

（5）燃油消耗率。

涡轮轴发动机每小时消耗的燃油量与涡轮轴发动机轴功率之比，也可以称为单位燃油消耗率，用符号 SFC 表示，单位为 kg/（kW・h）。

$$\mathrm{SFC}=\frac{3\,600q_{mf}}{P_e}$$

其中，q_{mf} 为航空涡轮轴发动机每小时的燃油消耗量，单位为 kg/h。

燃油消耗率是决定飞行器的航程和续航时间的重要参数，是重要的经济性指标。

（6）发动机压力比。

压力比是在发动机上两个不同地点之间的压力关系。压气机的增压比便是其中的一个典型参数，指压气机出口与进口空气总压之比，说明压气机增加吸入空气压力的能力。发动机压力比用 ERP 表示。一般是指低压涡轮的出口总压与低压压气机进口总压之比，同气流通过发动机的加速幅度成比例。

（7）排气温度。

排气温度用 EGT 表示。涡轮进口的燃气总温是涡轮轴发动机最重要、最关键的一个参数，燃气温度越高，其在涡轮内做功的能力也就越强，但同时也会对涡轮结构的热强度与冷却措施提出更高的要求。由于涡轮进口燃气温度高，温度场不均匀，温度测量较为困难，目前实际上测量涡轮排气温度是用间接方法反映涡轮进口温度的高低。涡轮轴发动机工作时，需要限制 EGT 的高低以保证涡轮进口温度不超限。

项目十六　航空涡轮轴发动机部件认识

涡轮轴发动机的部件包括进气装置、压气机、燃烧室、涡轮、尾喷管、减速器（主要指体内减速器）以及附件传动部分。压气机、燃烧室和涡轮组成核心发动机。从工作环境来看，部件分为冷端部件和热端部件。冷端部件指进气道和压气机；热端部件有燃烧室、涡轮和喷管。由于各类燃气涡轮发动机的基本部件的结构和特点有很多共同之处，本项目将对涡轮轴发动机主要部件进行讲解，并对和其他类型燃气涡轮发动机差异较大的部件予以说明。

通过项目十六的学习，学员应完成以下目标：

（1）能够识别航空涡轮轴发动机的主要部件；

（2）大致了解航空涡轮轴发动机部件的主要故障现象，并知晓简单故障的原因。

任务一　进气装置

燃气涡轮发动机的进气道有以下主要功能：一是尽可能多地恢复自由气流的总压并输送该压力到压气机，称之为冲压恢复；另一个功能是提供均匀的气流到压气机使压气机有效地工作，即气流流经进气道时具有尽可能小的流动损失，在压气机的进口处有尽可能均匀的气体流场。

在飞行器飞行过程中，压气机进口处气流马赫数小于飞行马赫数时（此种情况在高亚声速飞行与超声速飞行时较为常见），气流在进气道内冲压压缩，提高空气的压力。对于军用有人/无人飞行器来说，容易暴露于机体外的进气道，除了要避免其气动外形引起过高的飞行阻力之外，还有“隐身性”方面的要求——降低雷达反射面积以及噪声抑制功能。

1. 类型及相关参数

根据不同飞行马赫数下的适用范围，进气道可区分为亚声速和超声速进气道。

由于使用旋翼作为拉力来源的航空飞行器的前飞速度一般较低，大多数均采用亚声速进气道。其结构由壳体和前整流锥组成，为典型的收敛形短进气道。进气道的进口又称为“唇口”，在设计时应保证气流流经进口时有最小的流动损失，并有侧向来流时，避免气流在进口处的分离，形成大量旋涡，影响进气。进气道结构如图16-1-1所示。

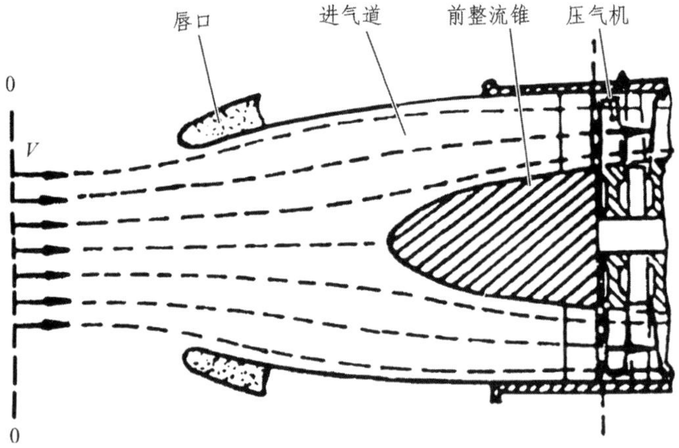

图 16-1-1　进气道结构

进气道前方气流的速度由飞机的飞行速度决定，而进气道出口的气流速度由发动机的工作状态决定，一般情况下两者不相等。空气流经进气道时产生流动损失是不可避免的。进气道的流动损失用进气道总压恢复系数 σ_i 来表示：

$$\sigma_i = \frac{p_1^*}{p_0^*}$$

其中，p_1^* 为进气道出口出气流的总压，p_0^* 为进气道前方来流的总压。

空气流经进气道时，存在唇口损失和内部流动损失。唇口损失是由于气流在唇口处突然改变流动方向和高速撞击壳体而引起的，若唇口设计不佳，还容易产生气流分离现象。通常采用圆头较厚的设计，以适应不同的来流方向。进气道内部流动损失包括气流黏性摩擦损失和气流分离损失，气流流过进气道外壁面时，也有黏性摩擦损失和分离损失，如图 16-1-2 所示。为了减小流动损失，在维修过程中特别注意不要损坏进气道的型面，保持壁面的光滑。

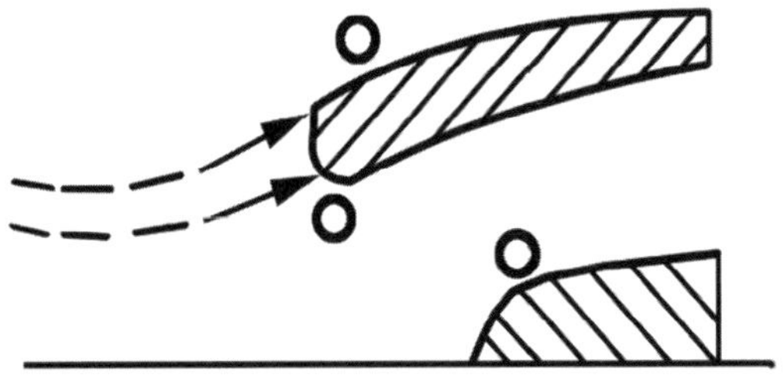

图 16-1-2　进气道流动损失

总压恢复系数是小于 1 的一个数字，飞行中亚声速进气道的总压恢复系数通常为 0.94 ~ 0.98。σ_i 每下降 1%将使推力 F 下降 1.5% ~ 2%，SFC 上升 0.3% ~ 0.5%。

进气道出口流场不均匀对发动机的稳定工作有很大影响，会导致压气机喘振和燃烧室熄火，因此进气道出口气流流场应均匀。衡量流场均匀度的参数是畸变指数 $\bar{D}$，其定义为进气道出口气流总压的最大值和最小值之差与平均值的比。

$$\bar{D}=\frac{p_{1,\max}^{*}-p_{1,\min}^{*}}{\bar{p}_{1}^{*}}$$

进气道的冲压比是进气道出口处的总压与远方气流静压的比值，用 π_i^* 表示：

$$\pi_i^*=\frac{p_1^*}{p_0}$$

冲压比越高，表明空气在压气机前的冲压压缩程度越大。影响进气道冲压比的因素有流动损失、飞行速度和大气温度。

当大气温度和飞行速度一定时，流动损失大，总压恢复系数小，则冲压比下降。除此之外由于流动损失大，还会造成压气机进口处空气压力低，进入发动机的空气流量也随之减少。

当大气温度和流动损失一定时，飞行速度越大，则冲压比越高。如图 16-1-3 所示，在没有流动损失的情况下，进气道的冲压比随飞行速度的增大而增大，且增加幅度逐渐上升。

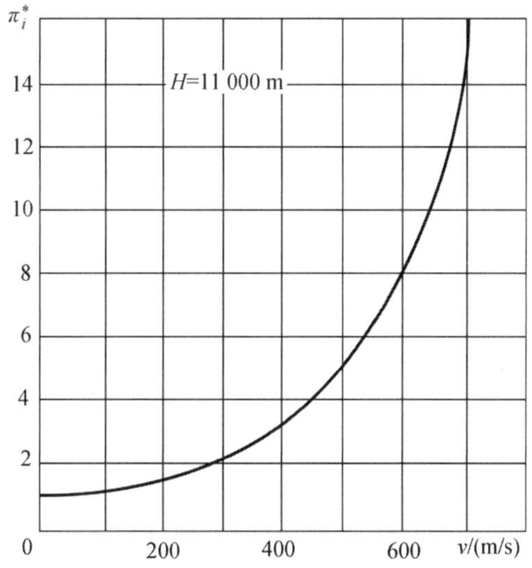

图 16-1-3　进气道冲压比随飞行速度的变化规律

当飞行速度和流动损失一定时，大气温度越高，冲压比越低。由于大气温度随飞行高度变化，在对流层内，随着飞行高度 H 的增加，大气温度下降，进气道冲压比上升。

2. 亚声速进气道

亚声速进气道是为亚声速或低超声速范围内飞行的飞机所设计的进气道，有收敛形通道与扩张形通道两种类型。

对于扩张形通道而言，根据相对运动原理，进气道吸入气流的速度与飞行器飞行速度大小相等，方向相反。由于进气道内部扩张形通道，气流的速度下降，压力和温度升高，实现冲压压缩。流经整流锥后，气流流通通道略微收敛，气流速度稍有上升，压力和温度稍有下降，气流比较均匀地流入压气机保证压气机的正常工作，实现整流作用。

对于收敛形通道的亚声速进气道，空气在收敛管道中，速度略微增大，压力和温度有所降低。由于进气道所承担的初步压缩空气的设计要求，在飞行速度大于压气机进口气流流速的情况下，采用收敛形进气道，空气的冲压压缩完全是在进气道前完成的。

在飞行速度未超过压气机进口气流流速两倍的情况下，采用收敛形进气道，能够在外部阻力不大的情况下，很好地控制进气道内部阻力，这对于前飞速度较慢的无人直升机或无人旋翼机来说，显得更为有利。

3. 涡轮轴发动机进气装置

相较于其他类型燃气涡轮发动机，涡轮轴发动机由于其特有的使用环境，通常带有进气道防护装置。

砂尘防护功能主要考虑到发动机的使用环境。对于涡轴发动机，由于直升机起降环境条件较差，特别是武装直升机经常在野外执行作战任务，砂尘、草根、树叶等外来物容易进入发动机，轻则影响发动机性能，重则影响正常工作，降低发动机使用寿命，甚至造成事故。无人机直升机的工作环境则更为开放，因此，必须十分重视涡轮轴发动机的进气防护和吞咽能力的问题。

早期的涡轴发动机进气防护，主要是采取各种阻拦式过滤装置，如机械滤网，它通常装在发动机进气道口处。由于阻拦式防护装置进气损失大，过滤效果不理想，而且极易堵塞，甚至引起压气机喘振，因此现代涡轮轴发动机采用的大多是惯性分离器，特别是整体式惯性粒子分离器，其结构如图 16-1-4 所示。

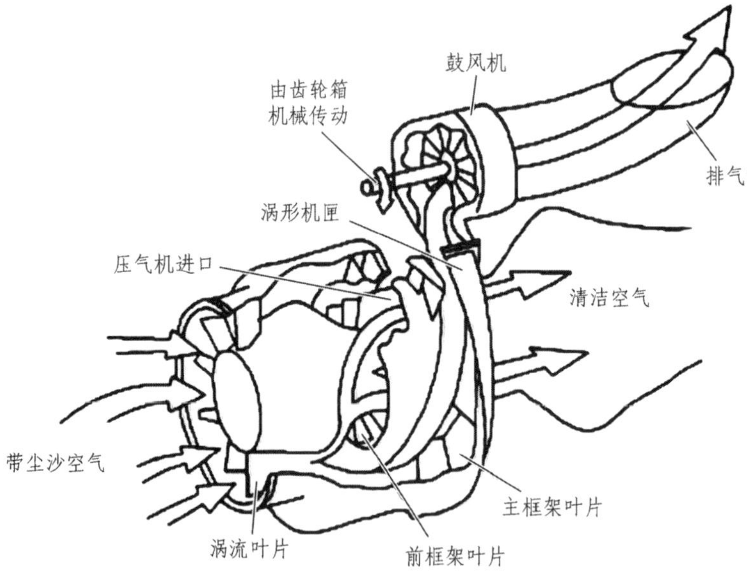

图 16-1-4　T700 涡轮轴发动机整体式惯性粒子分离器

空气进入惯性粒子分离器后，在进口涡流叶片的作用下，使含有砂粒的空气沿着一定几何形状的通道流动，由于沙粒的质量更大，在流动通道的弯道处获得更大的惯性力，使得沙粒能够聚集在一起并与空气分离，随同部分空气（约 10%）排出发动机外。采用带惯性粒子分离器的进气道，由于气流损失，会使涡轮轴发动机的功率损失 2%～4%。

砂尘防护是涡轴发动机用作直升机动力时，必须解决的至关重要的技术问题。进气防护装置，有一些基本要求：分离效率高；功率损失小；耗油率增加少；不因它而降低压气机喘振裕度；足够的抗腐蚀能力；足够的抗外物损伤能力、装置工作可靠，使用维修方便。几种不同形式防护装置的分离效率如表 16-1-1 所示。

表 16-1-1　不同形式防护装置的分离效率

发动机型号	防护装置形式	分离效率	
		粗砂/%	细砂/%
阿赫耶	分离式，飞机带	>90	>85
马基拉	分离式，飞机带	92	88
T700	整体式	94	85
RTM322	整体式	92	80

实践证明，不管是何种分离器，细砂的分离效率都是比较差的，这就是涡轴发动机内部细小孔容易堵塞（如燃烧室和涡轮叶片上的气膜冷却小孔）、叶片冲刷磨损、转子不平衡量变大等故障的主要原因之一，因此设计时应增强发动机吞咽细砂的能力。

从结构重力上来看，整体式分离器和管式分离器相比，显得较轻，同时可以作为一种多功能的进气装置，结构紧凑，所占体积和迎风面积小，同时可以作为附件机匣的安装平台。从目前的发展趋势来看，越来越多的先进涡轴发动机采用整体式进气粒子分离器。现代涡轮轴发动机更为常见的做法是将整体式进气粒子分离器作为一个独立的单元体，可以根据情况，方便进行装拆，其结构简单，工艺性好。但由于是单元体结构，可装可拆，整体式分离器需要另设前承力机匣进行承力传力，并要考虑在承力机匣上安装滑油箱，在一定程度上对发动机提出了更高的工艺要求。

涡轮轴发动机在设计时要合理选择进气口和排气口的位置，这是因为直升机的旋翼旋转时会造成空气旋流，在直升机近地悬停或在大风环境下起飞时，会导致燃气排气回流到发动机进气装置中。燃气进入进气装置，会使发动机输出功率减少和影响发动机稳定工作，还可能引起发动机超温。

任务二　压气机

燃气涡轮发动机工作时吸入大量的空气，增加了能量，才能够在涡轮中进行能量转换，由功率输出轴输出至旋翼或相连接的工业机械。进入涡轮轴发动机的空气越多，输出功率也就越大。迫使空气进入发动机的部件是压气机，它的主要功用是对流经它的空气进行压缩，提高空气的压力和温度，为接下来的混合燃烧创造有利条件。涡轮轴发动机和其他燃气涡轮发动机一样，为了使发动机获得较高的热效率和单位功率，压气机需要不断提高其增压比和效率。

除支持燃烧外，压气机还有其他功能。例如，压气机提供引气冷却发动机热端部件，压气机后端热空气引气用于防冰。增压之后的空气还用于机舱增压、空调、发动机起动气源等多种用途。压气机引气后会引起压气机性能的变化，通常会造成涡轮轴发动机轴功率的损失和耗油率的增加，排气温度也会上升，但引气可以增加压气机的稳定工作范围。

根据压气机的结构型式和气流的流动特点，航空燃气涡轮发动机用的压气机分为离心式和轴流式两大主要类型。

1. 离心式压气机

离心式压气机是早期燃气涡轮发动机常用的形式，又称为径向外流压气机。它由进气装置、叶轮、扩压器和集气管等组成，压气机通过中间联轴节与涡轮轴相接（见图 16-2-1、图 16-2-2）。

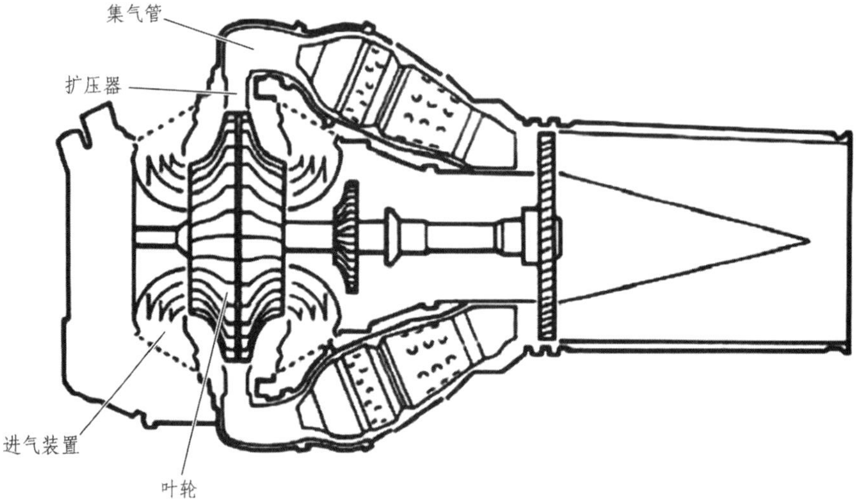

图 16-2-1　采用离心式压气机的涡喷发动机

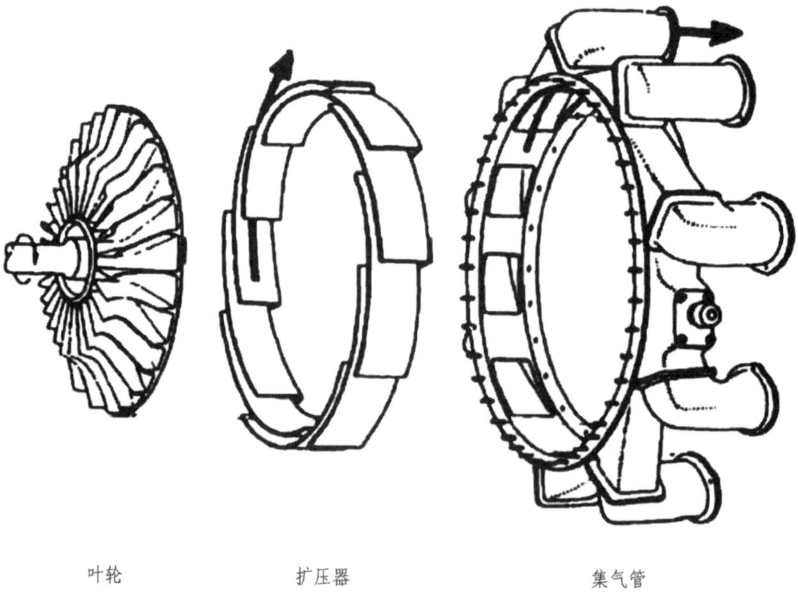

图 16-2-2　离心式压气机部件

进气装置位于叶轮的进口处，其通道是收敛形的，气流在收敛形通道内略微减压加速，以尽可能小的流动损失，沿通道均匀地进入工作叶轮。为了将空气尽可能低损失地引入离心叶轮，叶轮叶片的进口部分迎合气流相对运动的速度方向，做成向旋转方向前弯，且在叶尖处弯曲较多，叶根弯曲较少。

叶轮上叶片间的通道是扩张形的，叶轮高速旋转，空气流过它时对空气做功，将轴旋转的机械能转变为空气的内能，加速空气的流速，同时提高空气压力，同时实现离心增压与扩散增压。叶轮分单面叶轮和双面叶轮两种（见图 16-2-3），双面叶轮能够实现两侧进气，增大进气量，有效提升发动机功率，而且对于平衡作用在压气机轴承上的轴向力也有好处。

图 16-2-3　单面叶轮与双面叶轮

气流从工作叶轮流出后进入扩压器。扩压器位于叶轮的出口处是一个环形室，装有一定数量的整流叶片，相邻叶片间的通道是扩张形的（见图 16-2-4），空气流过时，速度下降，动能转变为压力位能，气流压力和温度进一步上升。

集气管使气流变为轴向，将空气引入燃烧室。为了减小流动损失，集气管内装有一些弯曲的叶片，使得空气沿着叶片引导的方向流动。

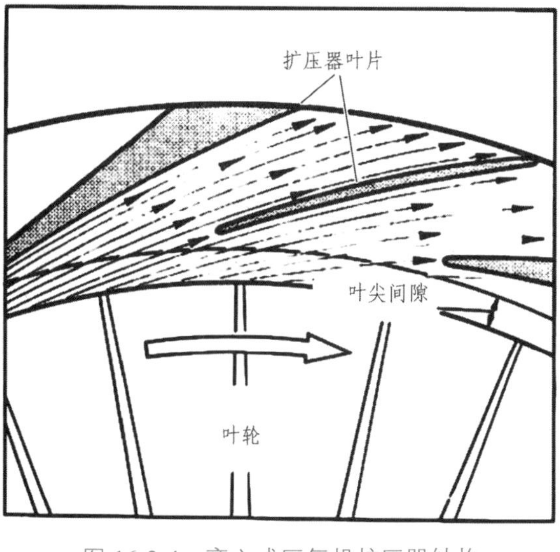

图 16-2-4　离心式压气机扩压器结构

离心式压气机的叶轮由涡轮驱动高速旋转，空气连续地吸入叶轮的中心。离心力的作用使空气沿导向叶片径向向外流向叶轮尖部，使空气加速并造成压力升高。空气离开叶轮后进入扩压器段，那里的通道呈扩张形，将大部分动能转化成压力能。通常设计这种压气机时要使压力升高值的一半在叶轮中完成，另一半在扩压器中完成。气体流经离心式压气机的状态变化见如图 16-2-5 所示。

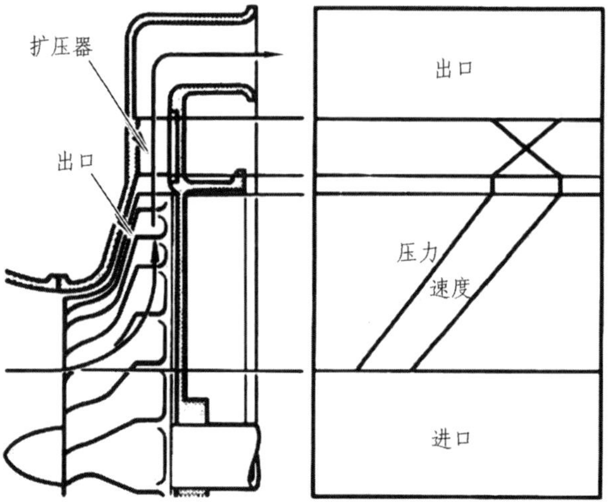

图 16-2-5　离心式压气机中的气流状态变化

离心式压气机的主要优点：单级增压比高，现代离心压气机增压比可达 15∶1；稳定工作范围宽；结构简单可靠、质量轻、长度短；所需要的起动功率小。但是它的流动损失大，尤其级间损失更大，不适用于多级，仅两级串联是有效的。离心式压气机的效率较低，一般只有 83%～85%，甚至不到 80%。单位面积流通能力低，迎风面积大，阻力大。

离心式压气机主要用于小型涡轴、涡桨发动机以及发动机辅助动力装置（APU），也可以与轴流式压气机配合使用，作为组合式压气机的最后一级。

2. 轴流式压气机

轴流式压气机由带有许多翼型截面叶片的一个或多个转子和与机匣固定在一起不动的静子组成，静子也有许多翼型截面叶片（见图 16-2-6）。这种压气机是一个多级装置，因为空气流经每一级压气机叶片（包含一排工作叶片和随后的一排静子叶片）时，压力升高量很小，需要多级叶片才能提升到发动机所需的气流压力与温度。

转子轴支撑在滚珠轴承或滚柱轴承中，压气机转子与涡轮转子通过联轴器连接，从而形成发动机转子。根据转子数量的多少，轴流式压气机可以分为单转子和多转子两种类型。其增压原理一致，多转子轴流式压气机由两个或多个转子组件组成，每一个转子组件由各自的涡轮以最佳转速驱动，相较于单转子轴流式压气机而言，能够达到更高的增压比和提供更大的工作灵活性，如图 16-2-7 所示。

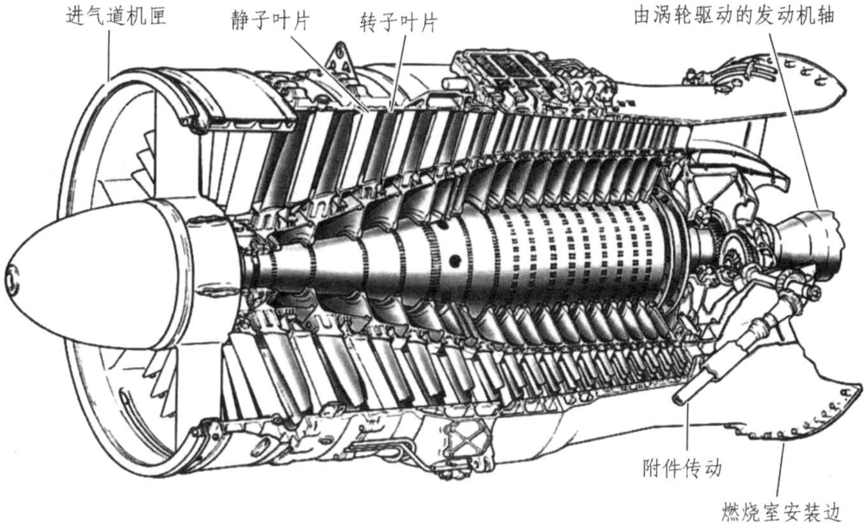

图 16-2-6　轴流式压气机结构示意

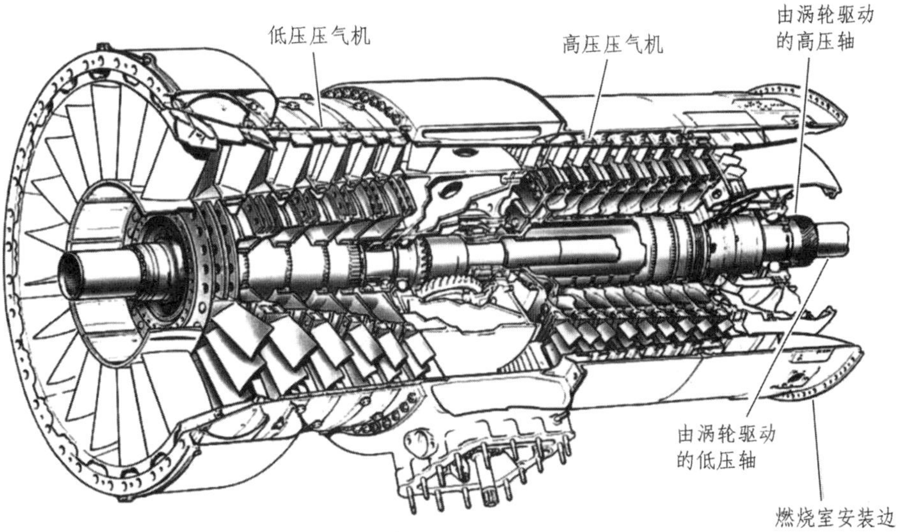

图 16-2-7　典型双转子轴流式压气机

轴流式压气机工作时，压气机转子由涡轮带动高速旋转，空气被连续不断地吸入压气机。旋转的叶片对气流做功，使空气加速增压，将其推向后排相邻的一排静子叶片。然后，空气在随后的静子叶片构成的扩张形通道中减速增压，将动能转换成压力能。静子叶片还对转子叶片施加在气流上的切向旋转起矫正的作用，并将空气以合适的方向送入下一级转子叶片。气体流经轴流式压气机的状态变化如图 16-2-8 所示。

轴流式压气机中，最后一排静子叶片通常起矫直空气的作用，除去空气的旋流，使之以比较均匀的轴向速度进入燃烧室。与之类似的结构还出现在压气机的进口处，为了保证压气机工作稳定，有些发动机在压气机第一级转子叶片前还有一排固定叶片称为进气导向叶片。其功用是引导气流的流动方向产生预旋，使气流以合适的方向流入第一级工作叶轮。

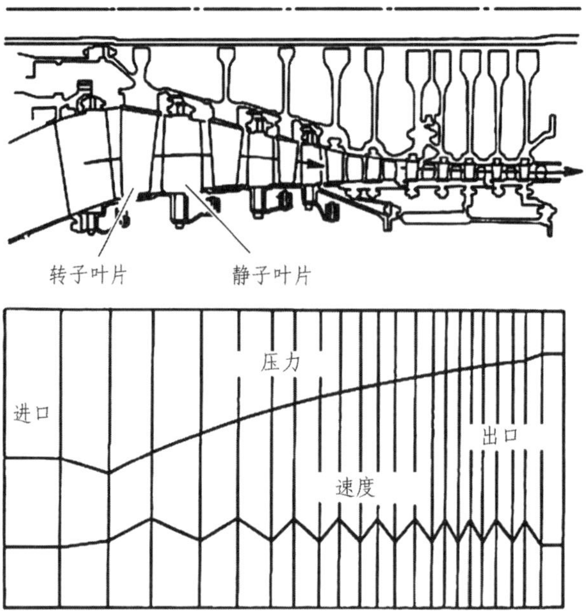

图 16-2-8　轴流式压气机中的气流状态变化

轴流式压气机的优点是可以通过增加级数的方法提高压气机的总增压比，以提高压气机的效率，通常效率可达 87%以上。与离心式压气机相比，轴流式压气机单位面积的流通能力高，迎风面积小，阻力小。缺点是单级增压比低，仅有 1.1 ~ 1.6，结构也更为复杂。

3. 轴流式压气机的喘振

压气机喘振是指气流沿压气机轴线方向发生的低频率、高振幅的气流振荡现象。喘振是压气机的一种危险的工作状态，微弱的喘振听不到声音，而强烈的喘振能够发出低沉的声音，甚至放炮声。喘振会导致压气机强烈的机械振动和发动机热端超温，在极短的时间内造成发动机部件的严重损坏。燃烧室出口燃气压力、功率输出轴转速等发动机参数大幅度波动，直至出现压气机功能丧失，气流中断导致燃烧室熄火、停车等严重故障。因此，一旦发生压气机喘振，应立即采取措施，使压气机退出喘振状态。

喘振的根本原因是，当发动机在非设计状态工作时，压气机前面增压级和后面增压级的气流流通能力不匹配，因为造成了前喘后涡或前涡后喘的现象。在压气机的设计状态下，气流顺畅地通过压气机动静两级叶栅通道，气流流向与叶片通道的方向相一致，平滑地流过叶片表面。而当压气机偏离设计状态工作点过多（如压气机进口总温升高，热空气难以压缩；供油调节过于激进，供油量增加过猛；压气机进口流场均匀度差）时，空气流动不能够与压气机转子转速很好地配合，造成气流与叶片通道之间的角度（攻角）发生变化。气流攻角过大，在转子叶片叶背处发生分离而且这种气流分离形成旋涡，并逐步扩散到整级叶栅通道。此时，压气机前方增压级的转子叶栅完全失去扩压能力，不能将气流推向后方，克服压气机后端较高的气体反压，于是压气机进气流量急剧下降。随之而来，由于前端转子叶栅失去扩压能力，压气机后端的高压气体甚至有可能回流至压气机前端。气体回流后，压气机后端反压降低，气路恢复通畅，由于此时压气机仍保持原来的转速，大量的气流被重新吸入压气机，压气机后端也重新建立起高压气流，这是喘振过程中气流重新吸入状态。但是，引发喘振的根本原因没有解决，随着压气机后端的气体反压不断升高，上述过程开始循环往复。

由于压气机根据设计点的气动参数进行设计，工作在非设计状态时，气流流动状态和设计点不同，当其偏离设计值过多，会造成气流与叶栅通道之间的攻角过大或过小，进而引发喘振。防喘的原理是使压气机能够在非设计状态下通过一些调节措施也能保持气流与叶栅通道之间的正常流动状态，这些调节措施由发动机自行调节，也有需要人工干预的。压气机防喘的常用方法有压气机中间级放气、压气机静子叶片可调和采用多转子结构设计等。

（1）压气机中间级放气。

压气机中间级放气是通过改变气流流量大小，即通过改变气流在压气机内绝对速度的大小来调整气流流动方向与叶栅通道的角度关系，这种调节方式通过设置于压气机中段机匣上的放气带或放气活门来实现。放气带或放气活门打开，由于在压气机中段增加了排气量，导致压气机进口气流流量上升，气流攻角减小，匹配叶栅通道的方向，改善了气流分离状况，压气机前端得以恢复扩压能力；对于压气机后面几级，由于中段排气大大缓解了后端反压的不断累积，改善气流堵塞状况，抑制高压气体回流，从而得以恢复压气机的功能。其工作原理如图 16-2-9 所示。

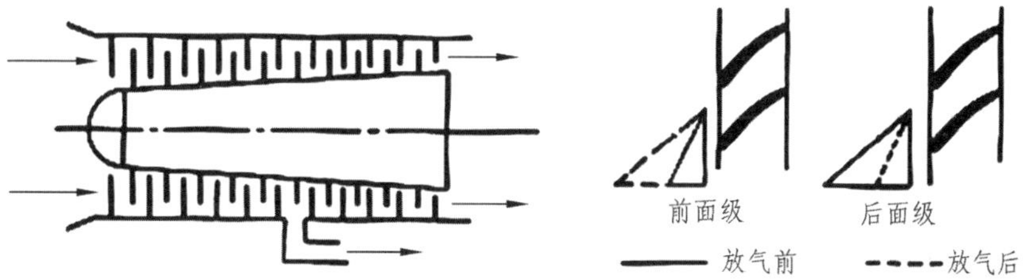

图 16-2-9　压气机中间级放气

压气机中间级放气防喘机构简单，利于压气机在低转速下的工作稳定，应用较为广泛。但中间级放气带来的气流流量损失也会使压气机总增压比下降，因而减少发动机的功率输出。

（2）压气机静子叶片可调。

可调静子叶片和进口导向叶片通过改变静子叶片的安装角度来调整气流方向与叶栅通道之间角度的关系，使气流能够顺畅流经压气机，从而达到防喘的目的。压气机中间级放气与压气机静子叶片可调这两种防喘手段调节的对象有所区别。如图 16-2-10 所示为典型的压气机可调静子叶片。

压气机静子叶片可调的调节效率高，但需要一套复杂的作动控制系统，在一定程度上增大了压气机的制造、使用和维护成本。

（3）多转子结构设计。

对于大型多级轴流式压气机的发动机工作包线内全部转速，匹配所有的级是困难的。将压气机转子分开成多个转子是防喘的好办法，双转子和三转子防喘是通过改变不同压力级转子的转速，即改变转子叶轮的切线速度以适应进口处气流相对速度的方向从而达到防喘目的。

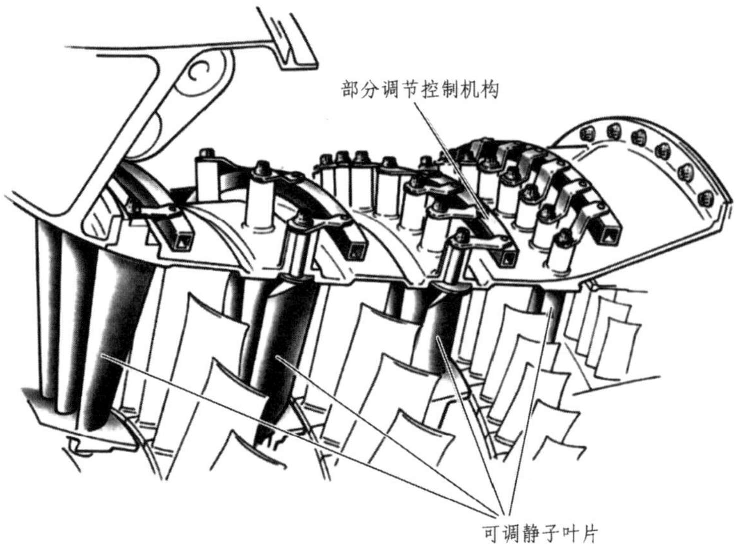

图 16-2-10　典型压气机可调静子叶片

4. 轴流式压气机的结构

轴流式压气机结构的核心是转子组件和静子组件。

（1）转子组件。

轴流式压气机转子的基本类型有鼓式、盘式和鼓盘式三类，其结构如图 16-2-11 所示。将轮盘结构装在压气机轴上时，可以用机械固定方法将它们连接并固定到一起，也有将几个轮盘先装配起来，并在靠近其外圆处焊在一起，形成一个整体鼓筒结构。轮盘的边缘存在与压气机转子叶片进行连接的安装边，压气机转子在设计时需要考虑到，转子高速旋转时轮盘所承受的叶片离心载荷。

鼓式转子的特点是结构简单，加工方便，有较强的抗弯刚度。整体的鼓筒结构承担所有载荷，对于离心载荷的承载能力较差，不适用于转速较高的压气机中。盘式结构中，每一级轮盘承受叶片离心力，压气机轴用于承受轮盘结构载荷造成的弯矩。由于轴单独承弯，容易在工作中发生振动，所以轮盘数量不宜过多，只用于单盘或小流量的压气机上。鼓盘式转子兼有鼓式转子抗弯性好和盘式转子强度高的优点，得到广泛应用。

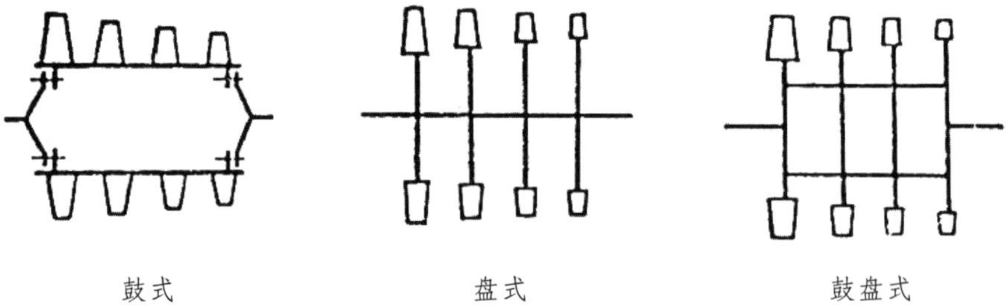

图 16-2-11　轴流式压气机转子结构类型

转子叶片固定到盘上的方向可以是沿周向或者轴向（见图 16-2-12），以适应压气机当前一级的装配或使用的具体要求。一般来说，叶片与轮盘的连接方案应使叶片给予轮盘的载荷尽量小，尽可能地减轻盘的质量。大型压气机的结构设计中，叶片与轮盘之间相互独立，但对于无人机上常用的小型涡轮轴发动机来说，可以使用与轮盘一体加工成型的叶片，即所谓整体式叶盘。

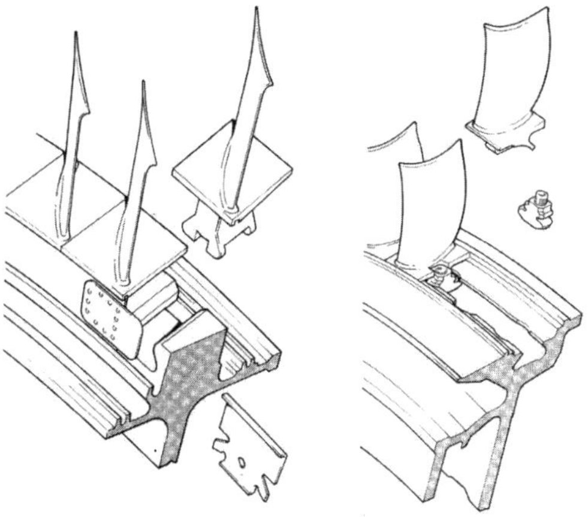

图 16-2-12　转子叶片的安装方向

转子叶片榫头配合轮盘边缘安装边上的榫槽结构是轴流式压气机叶片与轮盘进行装配连接时的最常用方案之一。常见压气机转子叶片的榫头分为三种形式：销钉式、燕尾形、枞树形（见图 16-2-13）。

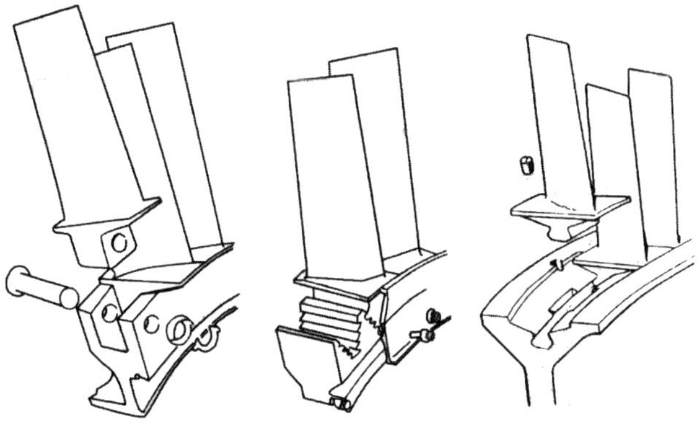

固定销钉+锁片　　　　枞树形叶根+锁板　　燕尾形叶根+锁紧螺钉

图 16-2-13　叶片固定的常用方法

销钉式连接工艺装配简单，加工方便，榫头与榫槽之间的装配间隙也是消除叶片危险性共振的有效措施之一，但榫头承载能力有限，尺寸和重力大，限制了单个轮盘上所承载的叶片数量。枞树形榫头与榫槽的连接周向尺寸小，质量轻，能承受较大的载荷，但这种连接方式依靠多对榫齿传力，应力集中严重，工艺性较差。燕尾形榫头与榫槽的连接榫头尺寸小，质量较轻，能承受较大的载荷，且周向榫槽的拉削加工效率也较高，但其槽底受力面积小，不能安装过多叶片。

结合实际的工作需求，涡轮轴发动机中，轴流式压气机转子叶片常用的榫头是燕尾形榫头，这与涡轮转子叶片的选择有所不同，在涡轮转子连接方式的选择中，枞树形榫头与榫槽的连接方式应用得更多。

压气机转子叶片呈翼型截面形状，其目的是尽量降低气流流经叶栅通道时的流动阻力。叶片从叶根向叶尖方向逐渐“扭转”，是为了适应不同叶片半径处气流的切向速度，使得气流更为顺畅地通过转子叶栅，避免压气机喘振发生的可能，如图 16-2-14 所示。

压气机转子轴支撑在滚珠轴承和滚柱轴承中，并与涡轮轴通过联轴器连接（对于小型发动机来说，压气机轴与涡轮轴也可以是同一根轴），连接方式允许两者之间稍有不同心度。

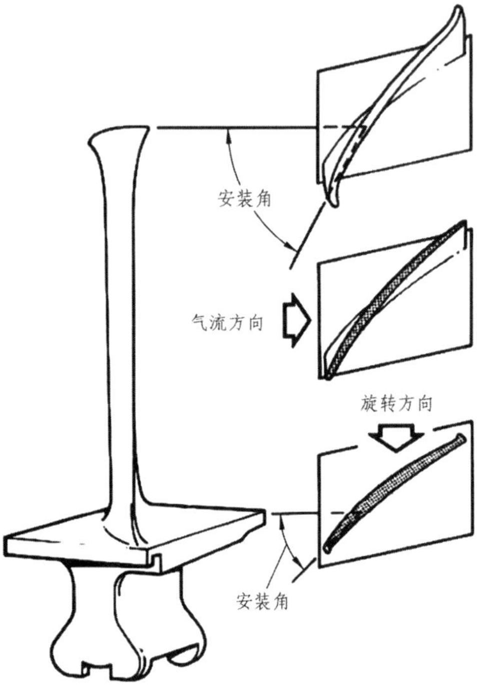

图 16-2-14 轴流式压气机转子叶片

（2）静子组件。

轴流式压气机的静子组件主要由机匣与静子叶片构成。

中小型涡轮轴发动机的压气机机匣大多是一个圆锥形或圆柱形的薄壁筒，机匣内壁面上加工有固定各级静子叶片的沟槽，压气机转子支承在机匣内，机匣除承受压气机内部气压外，还要传递轴向力、扭矩、弯矩和陀螺力矩等载荷，是发动机最关键的承力部件之一。

轴流式压气机机匣可以采用整体式结构，也有因装配等原因采用径向对开式。一般来说，机匣结构设计时应满足以下基本要求：在质量轻的条件下，具有足够的强度和刚性，以保证机匣可靠工作；保证机匣和工作叶片之间的径向间隙最小，以减少潜流损失，提高发动机效率。此外，应保证定位准确，密封可靠，转子装拆方便，维护性，工艺性好。径向对开式的机匣，其整体工艺性能好，装配最简单，也容易选择整流器（静子叶栅结构）和转子的结构方案，适应性强，但纵向结合面存在连接、定位和密封等问题。而整体式的机匣其特点是质量轻、加工量少、周向刚性均匀，但装配复杂，维修性和方案适应性差。在设计时，需要根据发动机的相关需求进行选择。

高压压气机还是飞机气源系统和发动机相关附件的增压空气源。压气机静子机匣上有开口供应增压空气，引气取自压气机不同的级以满足使用要求。引气孔围绕整个压气机机匣布局，引气总管收集从引气孔来的空气，供给各个需要用气的地方。

压气机静子叶片与转子叶片相似，也呈翼型截面形状。叶片同时带有上、下冠（或内、外环），可以增加叶片的刚性。有的压气机静子叶片内环还带有专门的封严装置，以防止级间漏气，但这种设计的静子结构载荷比较大。静子叶片比较短时，可以不带内环。静子叶片呈悬臂状态，一段固定在机匣内，另一端靠叶尖和转子鼓筒外环形成级间封严。

静子叶片的安装包括直接安装和间接安装两种方案（见图 16-2-15）。间接安装方案中，静子叶片先固定在静子叶片保持环内，组成整流器或整流器半环，然后再固定在机匣内。而直接安装方案则是将静子叶片的外端加工成“T”形、燕尾形榫头等形式，沿周向插入机匣内壁的安装沟槽内。静子叶片安装于机匣内时必须保持锁定，不能让它们沿机匣进行转动。

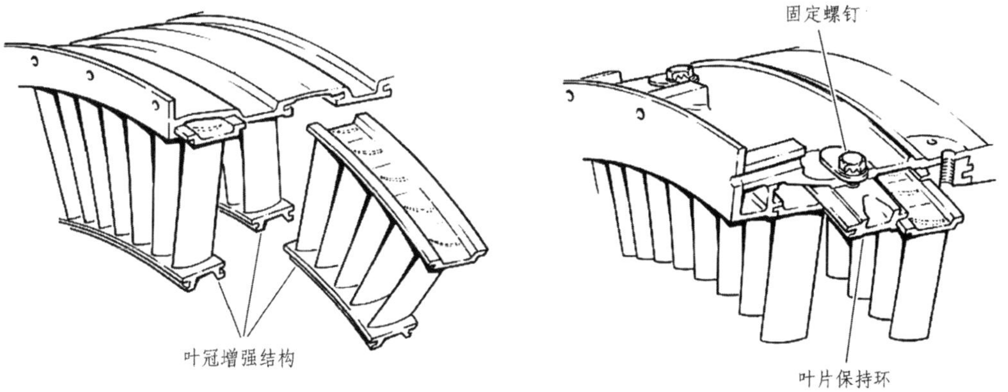

图 16-2-15　轴流式压气机静子组件

5. 涡轮轴发动机压气机

中小型涡轮轴发动机由于其起动性能好（阻力矩小，起动环境温度范围广，在 –45～55 °C，甚至不需要加温装置，容易起动等），相对于其他类型大型燃气涡轮发动机或同量级的活塞式发动机，体积小、质量轻和运转平稳、振动小、寿命长（无往复运动的摩擦件），应用十分广泛，在航空上，作为各种直升机、支线客机、专用机、教练机、无人机、巡航导弹的动力装置和大型飞机的辅助动力装置（APU）。其改型也可应用于地面动力源，为发电、管道输运、矿井灭火、空气压缩提供机械功，并作为机车、坦克、轻型舰艇动力装置。

中小型涡轮轴发动机是燃气涡轮发动机的一个特殊领域，这种认识，直到 20 世纪 70 年代才被人们接受。中小型涡轮轴发动机的研制，可以借鉴大型燃气涡轮发动机发动机研制的条件和成果，但不是大型发动机的缩型，它具有自身独特的研究领域和范围。中小型涡轮轴发动机的特点：空气流量小、流道截面高度小、转速高。对于小发动机而言，比例尺效应所引发的各种特殊技术问题会更加突出，即发动机愈小，“比例尺效应”愈大，发动机的各种气动、机械损失增加，效率降低，单位功率或功重比减小。

现代中小涡轮轴发动机普遍采用离心式或轴流加离心组合式压气机，纯多级轴流式压气机的不多。由于空气流量小，导致流道截面高度小（即转/静子叶片叶身较短），以致压气机最后几级叶片变得短而薄，加工难度大；叶片与机匣之间的相对径向间隙大，流道壁面积与流道容积比相对增加，叶根功低，低效率区也相对变大。如果将 7 360 kW 的发动机以 10 倍比例缩小，则气动损失将增大 10 倍，这就是中小型燃气涡轮发动机大多不采用纯轴流式压气机的原因。为提高增压比，有的采用双级离心式压气机，级增压比高、稳定工作裕度大，抗外物损伤能力比轴流压气机强，使用寿命长。采用轴流加离心式的组合压气机，在高增压比和小流量时，发动机长度较短、直径不大，且轴流最后一级叶片的尺寸也合适，发动机的结构载荷得以减轻，使用可靠性和稳定性得到改善。

任务三　燃烧室

燃烧室位于压气机和涡轮之间，其功能是使经过压气机压缩后的高压空气与喷入燃烧室内的燃油混合、燃烧，将燃油化学能转变为内能，形成高温高压的燃气。燃烧室是航空发动机的重要部件之一，发动机的可靠性、经济性和寿命在很大程度上取决于燃烧室的可靠性和燃烧效率。

1. 燃烧室性能要求

燃烧室工作得好坏与否，将直接影响发动机的工作与性能。燃烧室的基本要求是点火可靠、燃烧稳定、燃烧效率高、压力损失小、尺寸小、出口温度场分布满足要求、燃烧完全、排气污染小、寿命长。

有关燃烧可靠性、稳定性及燃烧效率的内容可参考本书项目十五中关于燃烧基础知识的介绍，在本任务中，只讨论航空涡轮轴发动机燃烧室的性能要求。

（1）容热强度。

容热强度是反映燃烧室结构紧凑性的特性指标，常用容热强度来衡量燃烧室容积利用的程度，其定义是在单位压力和单位燃烧室容积中，1 h 之内，进入燃烧室的燃油燃烧实际所释放出的热量。

$$Q_{vb}=\frac{3\,600q_{m,f}H_l\eta_b}{p_2^*V_b}$$

其中，$q_{m,f}$ 为燃油流量，H_l 为燃油低热值，η_b 为燃烧效率，p_2^* 为燃烧室进口总压，V_b 为燃烧室容积。

在相同的燃油能量转化量的前提下，容热强度越大的燃烧室，其燃烧室尺寸可以做得更小。这意味着发动机整体体积与质量的降低，对航空飞行是有利的。

（2）燃烧室出口温度分布要求。

对于中小型涡轮轴发动机而言，在设计时，受整体尺寸的限制，发动机燃烧室一般较短，燃气流在燃烧室内流动的时间非常短暂，燃烧室出口处流场参数不可能非常均匀。为了保证燃烧室后方涡轮转子叶片能够安全可靠地工作，对燃烧室出口温度分布的要求有：

① 火焰除点火过程的短暂时间外，不得伸出燃烧室；

② 在燃烧室出口环形通道上温度分布应尽可能均匀；

③ 燃烧室出口处的温度场，在发动机径向上靠近涡轮叶片叶尖和叶根处应低一些，而距叶尖大约 1/3 处燃气温度最高（见图 16-3-1）。

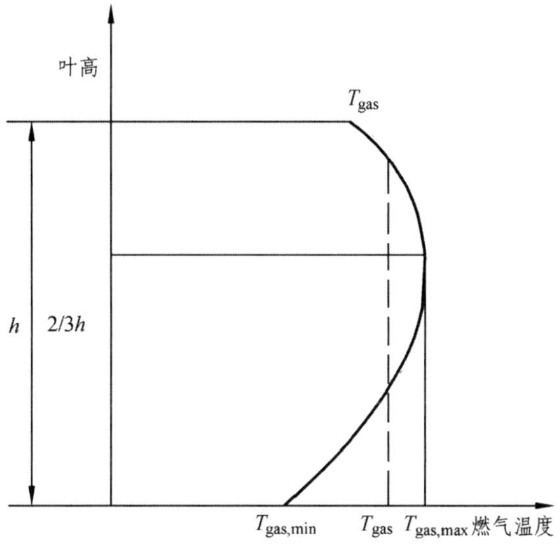

图 16-3-1　燃烧室出口温度分布要求

上述要求的根本原因在于，在涡轮叶片的叶根部分，由于离心力的作用使叶片及涡轮盘榫头连接部位应力很大，温度过高将严重影响它们的强度。在叶尖部分由于叶片很薄，散热条件差，很容易烧坏。温度过高也使叶尖处刚度和强度变弱，因此叶根和叶尖部分的温度都不能过高。

2. 燃烧室基本结构及工作过程

航空燃气涡轮发动机燃烧室的工作条件十分恶劣，燃烧室本身位于高速气流当中，利用贫油混合气进行燃烧过程，工作在大负荷和高温之下。因为发动机在不同的飞行条件以及不同的转速下工作，所以燃烧室的工作状态变化很大，燃烧过程本身也是一个复杂的物理化学过程。

在涡轮轴发动机设计过程中，为了满足燃烧室的基本功能，都采用了减速扩压、分股进气、反向回流、非均匀混合气成分等基本措施，在燃烧室条件非常恶劣的情况下，在燃烧室局部区域内创造有利于燃烧的条件，以保证燃烧稳定而完全。在结构上，为了保证上述基本措施的实现，燃烧室都是由进气装置（扩压器），火焰筒、喷嘴、点火装置和壳体等基本构件组成（见图 16-3-2）。

一般航空燃气涡轮发动机压气机出口处的空气流速为 120 ~ 180 m/s，如此高速的气流进入燃烧室明显不适合于燃烧过程的进行，所以燃烧室的基本要求是必须使压气机空气进入燃烧室前减速扩压，也需要在燃烧室中创造出一个轴向速度低的区域，以使火焰能够在此区域中保持燃烧而不被气流吹走。

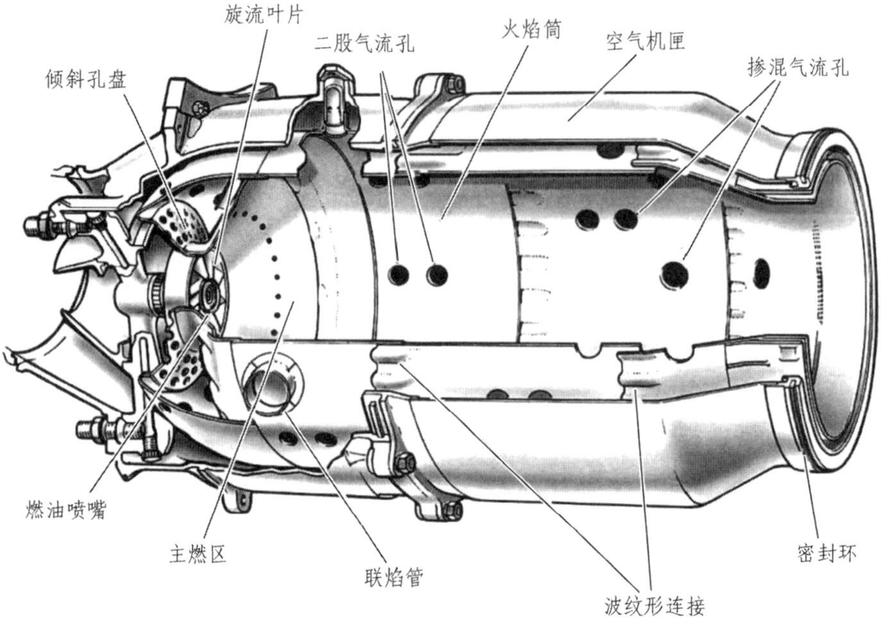

图 16-3-2　早期燃烧室结构

（1）扩压器。

扩压器安装在压气机和燃烧室之间，其通道是扩张形的。它的功用是使气流速度下降，为燃烧室内的稳定燃烧创造条件。一般扩压器进出口截面积之比为 3.0 ~ 5.5，使压气机出口气流速度由 120 ~ 180 m/s 降低到 30 ~ 50 m/s。

扩压器出口处是整台发动机静压的最高点。现代发动机的扩压器是发动机的主要承力件之一，其长度约占燃烧室总长的 1/4。由于在减速扩压的过程中存在流动损失，气流总压有所下降，约占燃烧室总压损失的 1/3。扩压器是燃烧室部件中结构复杂，且质量较大的组件，压气机后轴承就安装在扩压器里面，因此要解决传力、轴承润滑、封油和封气等问题。在结构设计中，扩压器的型面除了要考虑力求减少损失外，还必须考虑其强度、刚度和整台发动机的结构特点。

（2）旋流器。

旋流器装在火焰筒的前端，其作用是参与在火焰筒头部低速回流区的形成，以稳定火焰，以及使空气与燃油更好地掺混，点燃混合油气，提高燃烧效率。

一种典型的旋流器是由若干旋流叶片按一定角度沿周向排列组成的，当空气流过倾斜的旋流叶片时，由单纯的轴向流动被施加了一个圆周切向速度，旋转后的气流被惯性离心力甩向四周，使燃烧室中心部分空气稀薄形成一个低压区域，即火焰筒中心低压区。如图 16-3-3 所示。

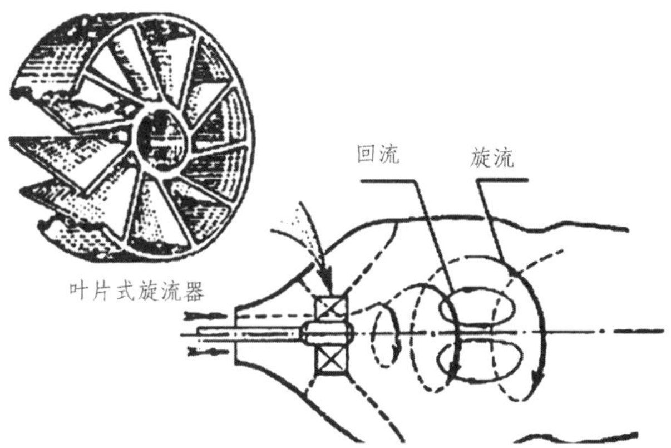

图 16-3-3　旋流器结构及工作示意图

（3）火焰筒。

火焰筒筒体的结构应保证燃烧稳定，火焰筒侧壁上开有不同类型的进气孔，以形成合适的流动条件，利于燃烧。火焰筒上进气孔有不同的形式，其大小、形状、数量和分布，取决于组织燃烧的需要和涡轮前燃气温度的要求。

在火焰筒的前部，从旋流器进来的空气被惯性离心力甩向四周，形成中心低压区，此时由二股气流孔进来的空气自然而然向低压区域倒流，形成一个低速回流区，起着稳定和系留火焰的作用（见图 16-3-4）。设计中应当使燃油喷嘴呈锥形喷出的燃油与回旋涡流的中心相交，这样和主燃区的总体湍流一起，极大地帮助破碎燃油并使之与空气混合。

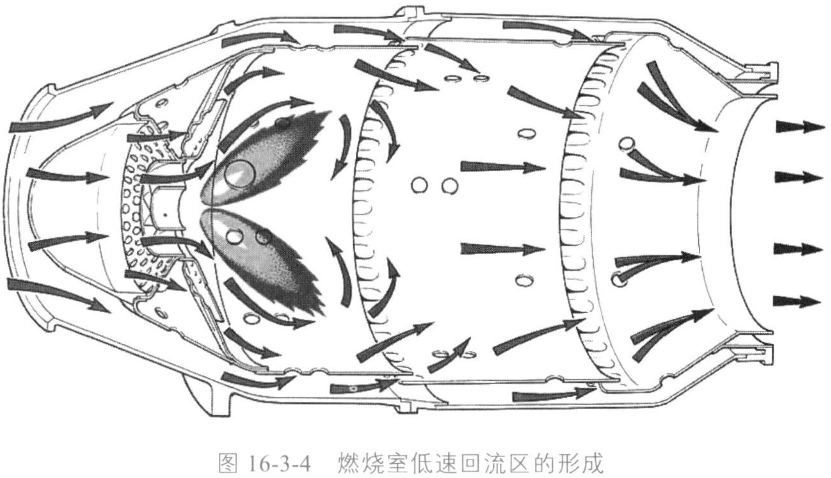

图 16-3-4　燃烧室低速回流区的形成

在火焰筒后部应使燃气得到掺混降温。部分未参与燃烧的空气，由掺混气流孔进入火焰筒，与燃烧后的高温燃气掺混后，增加了进入涡轮的气流流量，同时降低工质温度，以适应涡轮叶片的工作温度要求。燃烧应在掺混空气进入火焰筒之前完成，否则，进来的空气会使火焰降温，造成不完全燃烧。

在图 16-3-5 中我们还会发现，压气机流入燃烧的空气并非全部直接参与混合燃烧。发动机正常工作时，燃烧室总的空燃比可在 45∶1 和 130∶1 之间变化，而航空煤油却只能在接近 15∶1 的空燃比下有效地燃烧。因此，燃油只能与进入燃烧室的一部分空气在火焰筒主燃烧区中进行混合燃烧。

在压气机来的空气分成二股进入燃烧室：一股由燃烧室的头部经过旋流器进入，为 20%～25%，与燃油混合，组成余气系数稍小于 1 的混合气进行燃烧。其余气流由火焰筒壁上开的不同类型气流孔及缝隙进入燃烧室，占总进气量的 75%～80%左右，用于降低空气速度，补充燃烧，与燃气掺混，稀释并降低燃气温度。

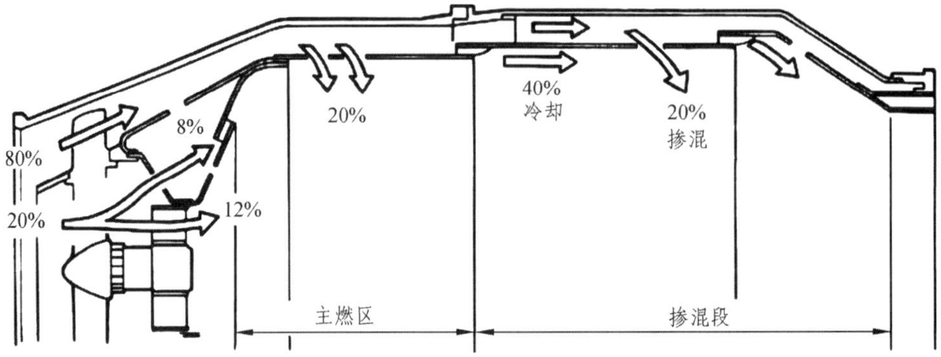

图 16-3-5 燃烧室内的气流分配

火焰筒往往是燃烧室中寿命最短的部件。为了延长火焰筒的寿命，改善火焰筒的冷却是非常重要而有效的措施。火焰筒壁面的冷却方式有气膜式和散热片式两种。实践证明，散热片式冷却效果差，载荷大，而且费工费料，因此，目前都采用气膜冷却方式，使用空气作为介质，隔离火焰筒内壁面与燃气的直接接触，对火焰筒内壁进行冷却。一般发动机用于气膜冷却的空气流量，占总流量的 25%～35%甚至更高。

（4）燃油喷嘴及点火装置。

燃油喷嘴的功用是将燃油喷入燃烧室中并雾化（或汽化），加速混合气的形成，保证稳定燃烧和提高燃烧效率。航空燃气涡轮发动机使用的喷嘴有离心式喷嘴、气动喷嘴与蒸发管式喷嘴等。

点火装置的作用是在起动时或在高空熄火后形成点火源，现今最常用的点火方式是用电嘴发出高能电火花点燃油气混合气，使燃烧开始，而后，火焰自身维持常着不灭。随着高能电嘴的发展，使电嘴能在低电压下，放电能量大大增加。因此，除不可能直接点火的蒸发式燃烧室外，直接点火已经得到广泛的应用。

（5）联焰管。

对于多个单管燃烧室和环管燃烧室而言，其燃烧室具备多个单独的火焰筒结构，为了在起动点火阶段传播火焰以及均衡各火焰筒内部压力，都必须有联焰管。如图 16-3-6 所示。

联焰管的轴向位置，应设在回流区直径最大的地方，因为该处为火焰系留区，较容易点火。联焰管的直径应足够大，如果直径太小，则火焰难以通过，尤其是在高空低压条件下。但联焰管直径也不宜太大，因为联焰管横贯于第二股气流通道之中，大联焰管下游将产生强烈的涡流，影响下游火焰筒壁面的冷却。经验证明，位于联焰管下游且靠近联焰管的地方，经常产生故障。作为补偿，可以在火焰筒壁面上焊接导流片，用于加强联焰管下游的壁面冷却。

多个单管燃烧室的联焰管连接两个相邻火焰筒时需要贯穿燃烧室机匣，因此必须解决好联焰管与燃烧室机匣的密封和联焰管本身的冷却问题。环管燃烧室的联焰管本身位于二股气流中，能够得到很好的冷却，因此，它的结构比多个单管燃烧室的联焰管简单。

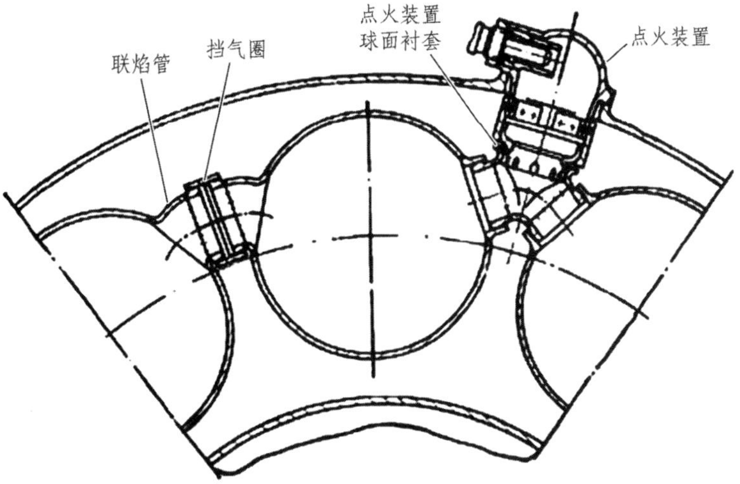

图 16-3-6 环管燃烧室内的联焰管

（6）空气机匣。

现代发动机的燃烧室机匣（包括燃烧室内、外套和扩压器内、外壁）通常都是发动机重要承力构件。燃烧室机匣承受有轴向力、径向力、扭矩、弯矩、振动负荷等，受力非常复杂。燃烧室机匣与火焰筒壁面之间为二股气流所在区域，对于燃烧室内机匣（燃烧室内套和扩压器内壁）而言，经压气机增压后的空气压力使这个薄壳筒形零件承受径向压缩应力，容易压扁变成椭圆，失去结构稳定，尤其是高增压比的发动机更甚，因此，许多发动机的燃烧室内机匣都采用加强结构。

3. 燃烧室基本类型

用于涡轮轴发动机，乃至燃气涡轮发动机的燃烧室有三种主要类型，即多个单管燃烧室、环管燃烧室和环形燃烧室。

（1）多个单管燃烧室。

多个单管燃烧室的组成是在内、外壳体之间有 6 ~ 16 个单管燃烧室，每个单管燃烧室有自身单独的火焰筒和空气机匣，火焰筒前安装有旋流器，喷油嘴，通常仅在两个或四个单管燃烧室中装有点火装置，各个单管燃烧室之间有联焰管相连，依托联焰管完成起动点火时的火焰传递，同时使得所有火焰筒在同样的压力下工作。如图 16-3-7 所示。

多个单管燃烧室的试验和修正比较容易，也不需要庞大的试验设备；维护、检查和更换也比较方便，不需要分解整台发动机；从发动机总体结构安排上，与离心压气机的配合比较协调。因而，在早期发动机上，多个单管燃烧室得到广泛采用。

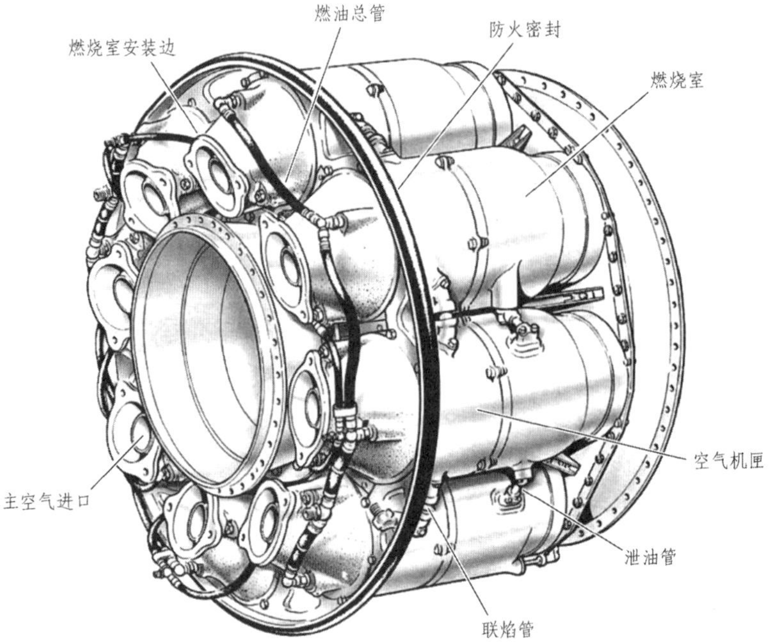

图 16-3-7　多个单管燃烧室

但多个单管燃烧室在气流通道环形截面积的利用率低（仅 70%～80%），因而燃烧室内气流平均速度大，这对稳定燃烧是不利的，总压损失也较大；在高空依靠联焰管传递起动火焰，起动性能差；火焰筒表面积与燃烧室容积之比较大，因而火焰筒壁面气膜冷却所需空气量较多；燃烧室出口温度场分布不均匀；燃烧室较重；由发动机承力系统看，只能内传力。这些缺点使得多个单管燃烧室在现代涡轮轴发动机中已不再使用。

（2）环管燃烧室。

环管燃烧室，多用于轴流式压气机的发动机上。环管燃烧室是由若干个单独的火焰筒沿周向均匀排列在内、外壳体之间形成的共同的环形空气机匣内，相邻火焰筒之间用联焰管连接。在每个火焰筒前安装有旋流器、喷油嘴，通常只在两个或四个火焰筒内装有点火装置。如图 16-3-8 所示。

环管燃烧室由于多个火焰筒使用同一个空气机匣，其整体结构比较紧凑，发动机直径较小，且整体的空气机匣可以传递扭矩，从而改善发动机整体刚性，有利于减轻发动机的结构载荷。但环管燃烧室同样面临着气动损失较大和起动阶段点火困难的问题。

（3）环形燃烧室。

环形燃烧室的结构特点是在燃烧室内、外壳体之间的环形腔内安装了一个共同的火焰筒内外壁构成的环形燃烧区和掺混区。根据气体在燃烧室内流动的情况，环形燃烧室可分为直流环形燃烧室、回流环形燃烧室和折流环形燃烧室三种。

环形燃烧室由四个同心圆筒组成，最内、最外的两个圆筒为空气机匣的内、外壳体，中间两个圆筒为火焰筒的内外壁面，在火焰筒的头部装有一圈旋流器和燃油喷嘴。燃烧室的前部向压气机敞开，而后端则连接涡轮导向器。如图 16-3-9 所示。

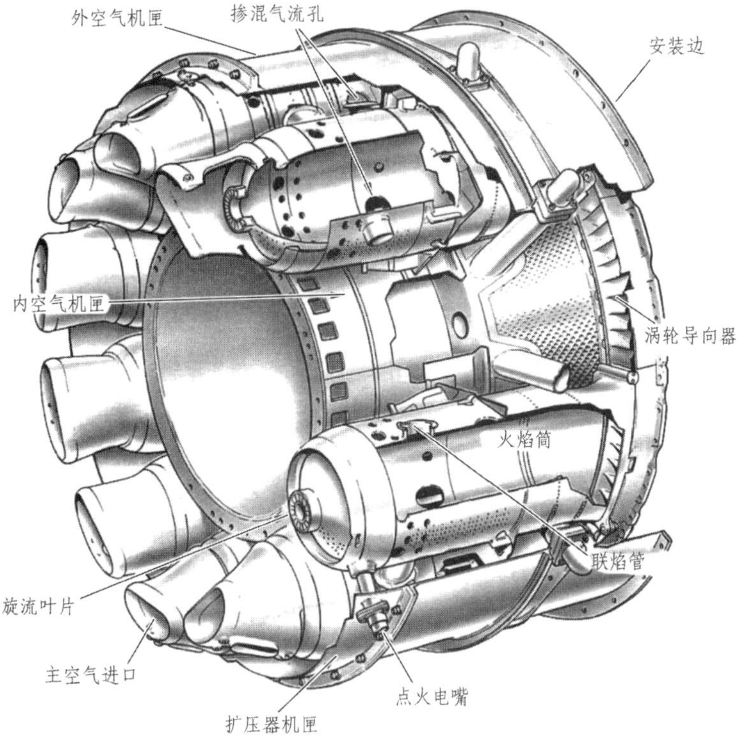

图 16-3-8　环管燃烧室

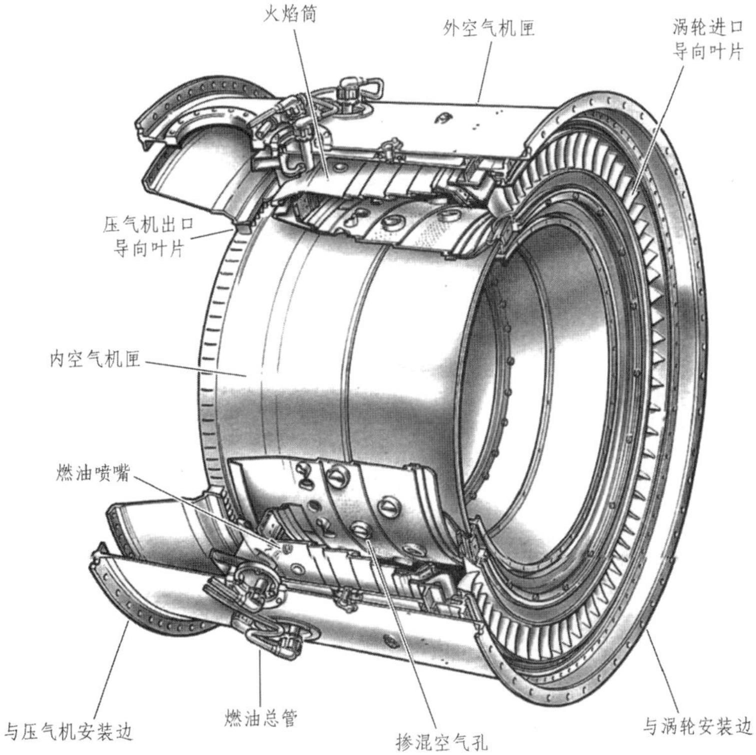

图 16-3-9　环形燃烧室

环形燃烧室的主要优点是就同一功率输出而言，燃烧室的长度只有同样直径的环管燃烧室长度的 75%，节省了发动机整体载荷和成本。另外由于采用单个环形火焰筒的结构型式，消除了多个单管燃烧室与环管燃烧室中各个火焰筒之间的燃烧传播问题。与环管燃烧室相比，相同功率输出的环形燃烧室的火焰筒壁面积要少得多，保护火焰筒的冷却空气量需求大约减少 15%。冷却空气需求量的减少，变相提高了燃烧效率。环形燃烧室的缺点是制造费用高，拆卸困难和耗费时间。

一般来说，环形燃烧室多用于轴流式压气机的发动机，在涡轮轴发动机中，由于进入发动机的空气流量小，且压气机采用轴流式加离心式的组合式压气机或两级串联离心式压气机的比较多，因此使用更为广泛的是回流式与折流式这两类特殊构型的环形燃烧室。

（4）折流式环形燃烧室与回流式环形燃烧室。

如图 16-3-10 所示为折流式环形燃烧室。自压气机来的空气分为两部分：第一部分空气由离心压气机的轴向扩压器流入燃烧室后分为两路，一路向内折为火焰筒外壳前壁与压气机径向扩压器后壁间的内流，然后向后折转通过火焰筒前进气锥上的搓板式进气缝隙进入火焰筒内，与甩油盘甩来的燃油混合并点火燃烧构成主燃区；另一路空气沿火焰筒与空气机匣之间的环形通道向后流，它又分为二股，一股向内流过涡轮导向器叶片的空心内腔后折向前，也与甩油盘甩出的燃油混合燃烧。第二部分空气则由掺混空气孔进入，与高温燃气掺混，降低燃气温度，使得燃烧室出口温度场达到涡轮的要求。第一部分进入主燃区的气流占总空气量的 25% ~ 30%，第二部分空气则占 70% ~ 75%。

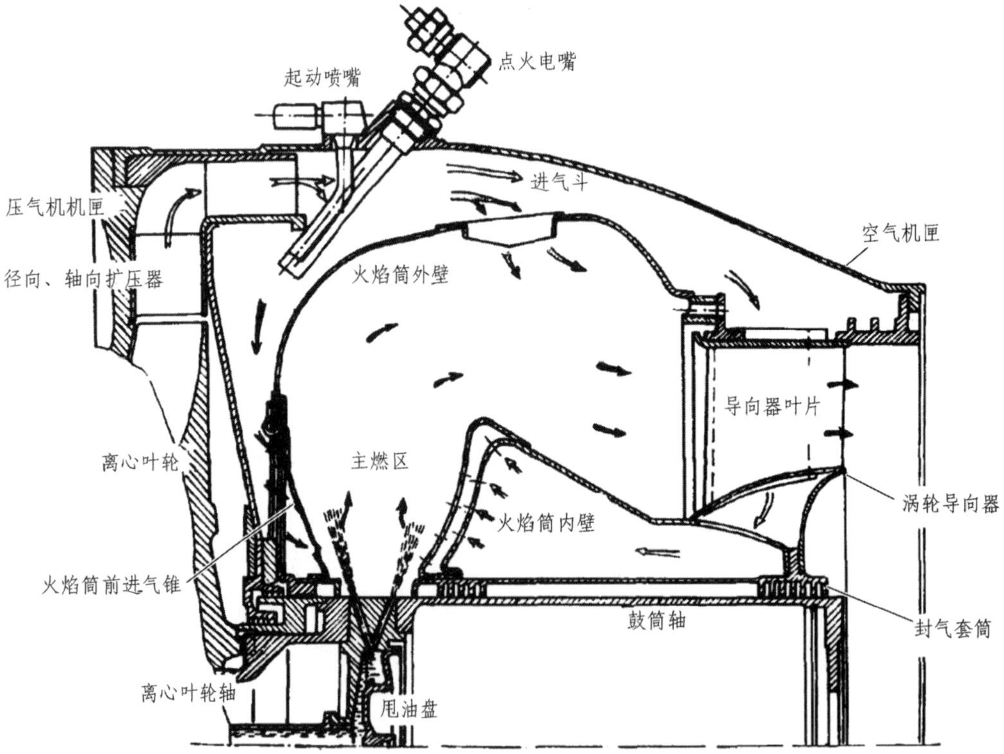

图 16-3-10　折流式环形燃烧室

与这种折流式环形燃烧室相配套的是离心甩油盘供油装置，当燃油通过燃油总管喷入固定于转轴上的甩油盘槽道时，燃油在甩油盘高速旋转的离心力作用下，沿着径向斜孔喷进燃烧室，随之进行雾化、掺混，开始燃烧。该装置构造简单，对供油压力没有严格要求，对转轴转速要求不高，能按需要在发动机工作的各个阶段、任何功率下保证足够的供油。

回流式环形燃烧室中，火焰筒的头部位于燃烧室后端（见图 16-3-11），压气机出来的空气先流到燃烧室后端进入火焰筒头部，燃油通过喷嘴也喷入火焰筒头部，空气与燃油混合气在火焰筒头部点燃后燃气沿火焰筒向前流，在向前流动过程中，二股气流由火焰筒中部的若干小孔中流入与燃气掺混降低燃气温度。最后，燃气流到燃烧室头部即向内、向后折转 180°向后流出，流出燃气涡轮发生器涡轮的导向器。由于在燃烧室中，工质先是向后流，然后向前，最后又折向后流动，因此这种燃烧室称为回流式燃烧室。

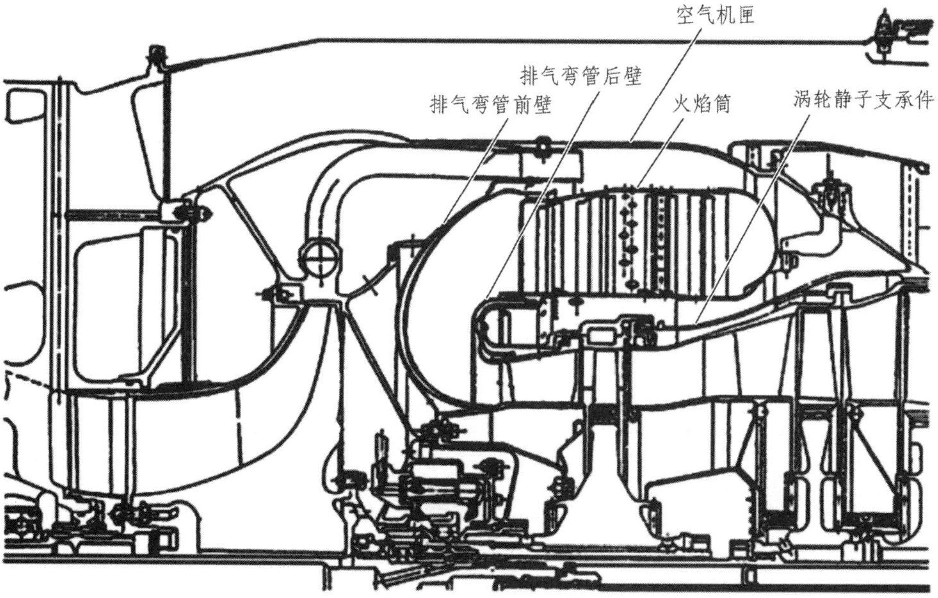

图 16-3-11　回流式环形燃烧室

回流式环形燃烧室非常适合与离心式压气机配合使用，由于离心压气机叶轮尺寸大，使发动机压气机段出口直径很大，而燃气涡轮直径小很多，所以，在压气机出口与涡轮外径之间有足够的空间放下回流燃烧室。回流式环形燃烧室的设计中，涡轮与离心压气机之间的距离较短，连接两者的发动机轴可以做得很短，提升压气机-涡轮转子的刚性，缩减发动机长度，减少载荷。另外，支承压气机-涡轮转子的两个轴承的轴向距离也较短，容易解决转子动力学上的问题。但由于气流在回流燃烧室中折转较多，会显著增加流动损失，影响燃烧室的效率。

4. 涡轮轴发动机燃烧室

航空中使用的涡轮轴发动机，其燃烧室几乎都是采用环形燃烧室，有回流环形（RTM322）、直流环形（T700，CT7）和折流环形（WZ8A）三种布局（见图 16-3-12、图 16-3-13），现在大多采用环形回流形式。该类燃烧室结构紧凑，流路呈现回流形式，和离心式压气机大直径的出口匹配良好。轴流加离心的组合压气机配上环形回流燃烧室后，燃气发生器涡轮的布局就处在燃烧室机匣空间内，发动机涡轮盘可以向前靠拢，和离心式压气机叶轮通常采用圆弧端齿相连接，这对缩短发动机长度，提高整体刚性和解决转子动力学问题等都有很大好处。

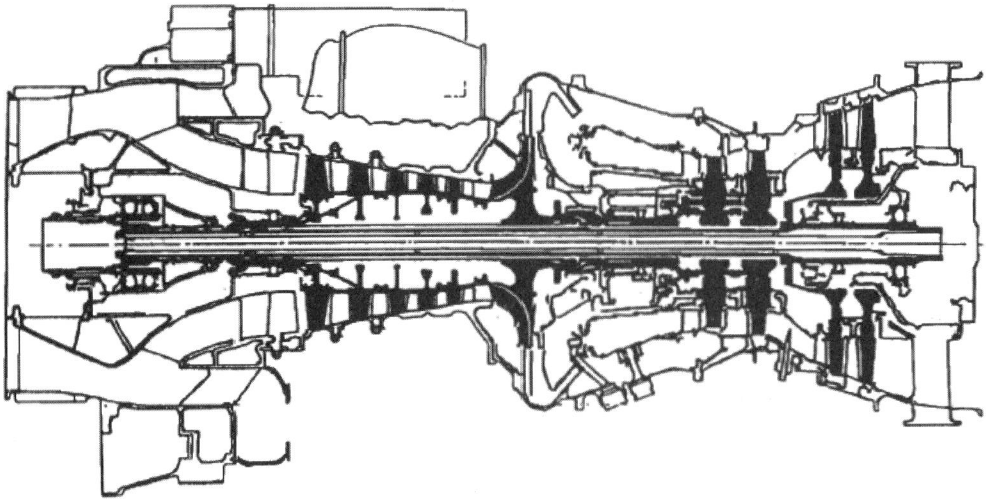

图 16-3-12　直流式环形燃烧室——T700

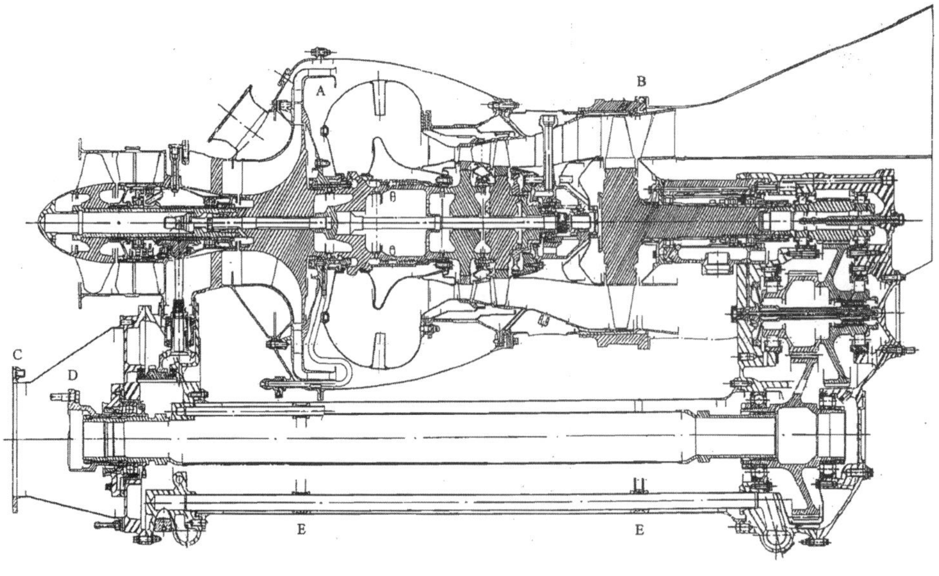

图 16-3-13　折流式环形燃烧室——WZ8A

但是，采用这种燃烧室，由于燃气流动更加接近发动机转子轴，燃烧室自身冷却和隔热在一定程度上受到影响，这是其不利之处。

结合无人机使用中小型涡轮轴发动机压气机、燃烧室选型的特点，其燃烧室机匣往往成为发动机（除进气部分以外）的径向尺寸较大的部位。因此，常将它作为承力传力的重要部分，利用其刚性较好的特点，有的还作为辅助安装节部位使用。

涡轮轴发动机燃烧室的常见故障有局部过热和熄火。局部过热会造成火焰筒各处的温差过大，引起火焰筒变形和裂纹，常见原因有燃油分布不均匀和空气流动遭到破坏。熄火分为贫油熄火和富油熄火，其根本原因是油气比超出稳定燃烧的范围。燃烧室还必须承受由燃烧产物造成的腐蚀，以及温度梯度产生的蠕变失效和由振动力产生的疲劳。

任务四　涡　轮

油气混合气在燃烧室燃烧后，燃气内能需要提取与转化。涡轮的任务是将高温高压燃气的能量转换成机械能为驱动压气机和发动机上其余附件提供功率，在涡轮螺旋桨和涡轮轴发动机中它还为螺旋桨和旋翼提供轴功率。涡轮和压气机，都与工质气流之间发生了能量交换，这决定了两者在结构上一定存在相似之处，但涡轮和压气机与气流间的能量交换在程序上相反。当压气机运转时，必须消耗机械能给气流传递能量，而在涡轮运转时，则可以从气流中获取机械能。因此，相较于压气机逐渐缩小的气流流通通道，涡轮内气流流通的通道是逐渐扩张的。

1. 涡轮类型

与压气机分为离心式与轴流式两种类型类似，涡轮的类型也有径向内流式和轴流式两类。两种类型的涡轮均由转子组件与静子组件构成，其中，涡轮静子叶片也常称作涡轮导向叶片或涡轮导向器叶片。两种类型涡轮的结构如图 16-4-1 所示。

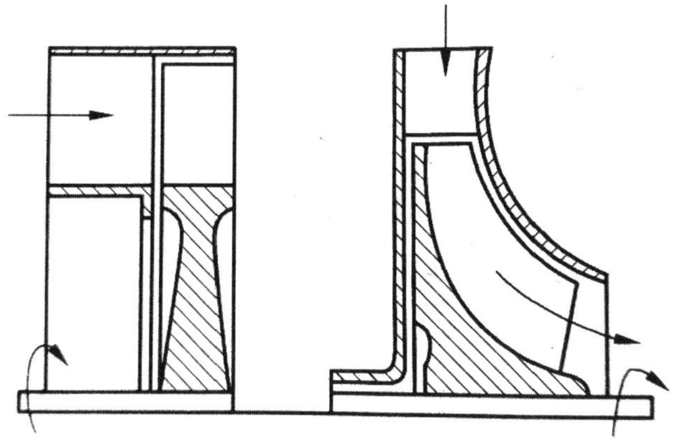

（a）轴流式　　（b）径向内流式

图 16-4-1　涡轮类型

为了从燃气流中获取足够的能量，涡轮可以是多级的，每一级都由一级转子和一级静子组成。涡轮级数取决于需要从燃气流吸收的功率，发出该功率的旋转速度及允许的涡轮直径。用于小型涡轮轴发动机中的涡轮可以是径向内流式（见图 16-4-2），与轴流式涡轮比较，它的优点是设计简单，容易制造，单级涡轮转换功率高。缺点是通过的气体流量小和效率低，这是因为气体由外向内沿涡轮通道流动时需要克服离心力，产生较大的流动损失，因此径向内流式涡轮总是单级的。

图 16-4-2　径向内流式涡轮

现代大中型燃气涡轮发动机主要使用轴流式涡轮，可以有不同数量的涡轮级，以满足压气机、附件的功率需求。轴流式涡轮的气体流通量更高，因此能够获得更高的能量转化，输出更高的轴功率。在部分涡轮轴发动机上，输出轴功率来自自由涡轮（见图 16-4-3），自由涡轮轴与燃气发生器涡轮在机械结构上完全独立，仅有气动联系，这种工作方式允许自由涡轮在其最佳的转速下运转。

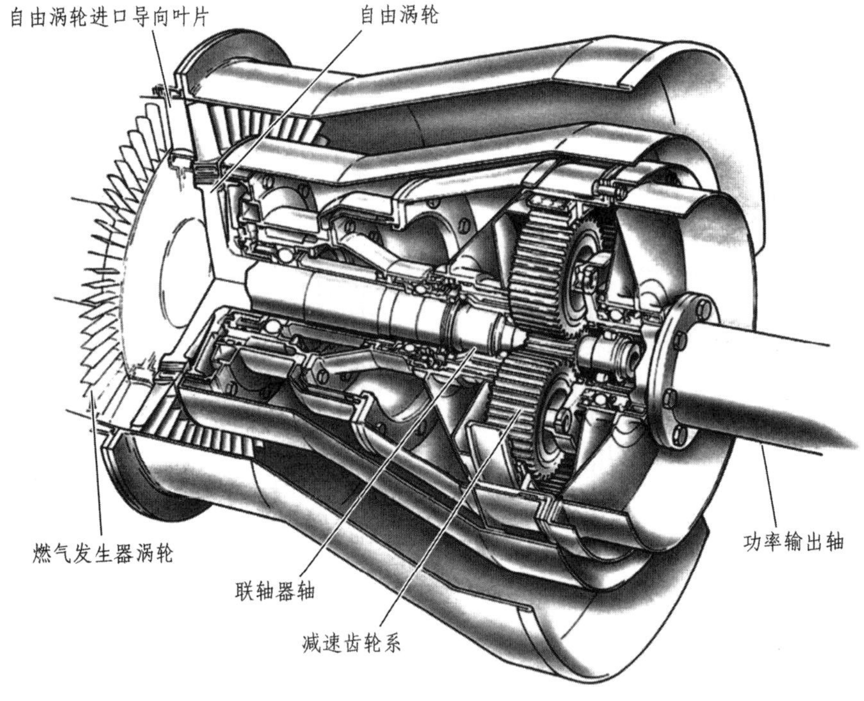

图 16-4-3　自由涡轮

2. 轴流式涡轮的结构

轴流式涡轮同轴流式压气机类似，亦由转子组件和静子组件构成，通常是多级的，由若干个单级涡轮组成（见图 16-4-4）。其中，转子组件主要由涡轮盘与转子叶片（也称涡轮工作叶片）构成，静子组件则包括机匣、导向器、涡轮框架及其连接件等。转子组件由装在涡轮轴上的轴承支撑，涡轮轴可以和压气机轴共用一个轴或者由自动定心的联轴器与压气机轴相接。

图 16-4-4　轴流式涡轮组件

（1）转子组件。

涡轮转子叶片设计成翼型截面，相邻叶片之间的通道使气流稳定地加速。与压气机类似的是，涡轮中的转子叶片与静子叶片同样被设计为“根尖扭转”的，即叶片的安装角在叶尖处比叶根处的大（见图 16-4-5）。叶片扭转的理由是使来自燃烧室的燃气流在沿叶片长度方向的所有部位都做相等的功，并且保证进入排气系统的气流具有均匀的轴向速度。对于高功率的燃气涡轮发动机来说，涡轮转子叶片是空心的，由压气机引气进行冷却。

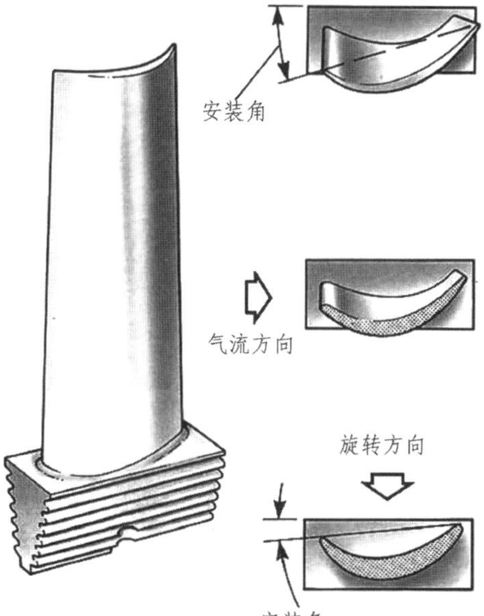

图 16-4-5　涡轮转子叶片

转子叶片从燃气中获取能量，并将其转换为驱动涡轮旋转的机械能，根据能量转换方式的不同，可以将涡轮叶片划分为三种类型。

冲击式涡轮中，推动涡轮旋转的扭矩是由于气流方向的改变而产生的。涡轮导向器内叶片间的流动通道是收敛形的，燃气在导向器内速度增加，压力下降；而在转子叶片通道内，气流相对速度的大小不变，只改变气流的流动方向。冲击式涡轮的工作叶片的特征是前缘和后缘较薄，中间较厚，如图 16-4-6（a）所示。

在反力式涡轮中，推动涡轮旋转的扭矩是由于气流速度大小和方向的同时改变而产生的。燃气在涡轮导向器中只改变流动方向，其流动速度没有变化，涡轮转子叶片间的通道是收敛形的，燃气的相对速度增加，流动方向改变，压力下降，叶片承受燃气膨胀和加速产生的反作用力。反力式涡轮工作叶片的前缘较厚，后缘较薄，如图 16-4-6（b）所示。

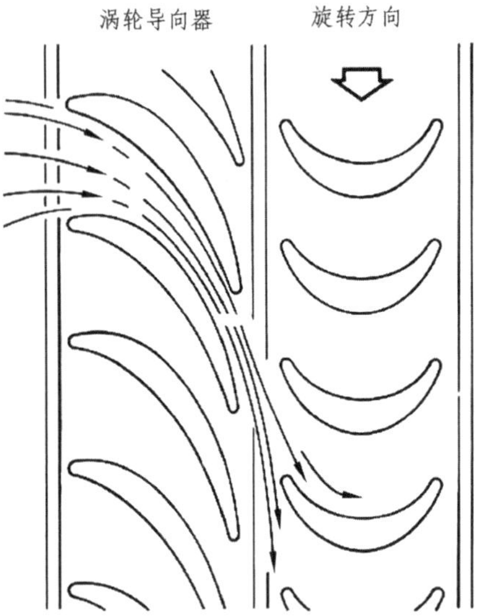

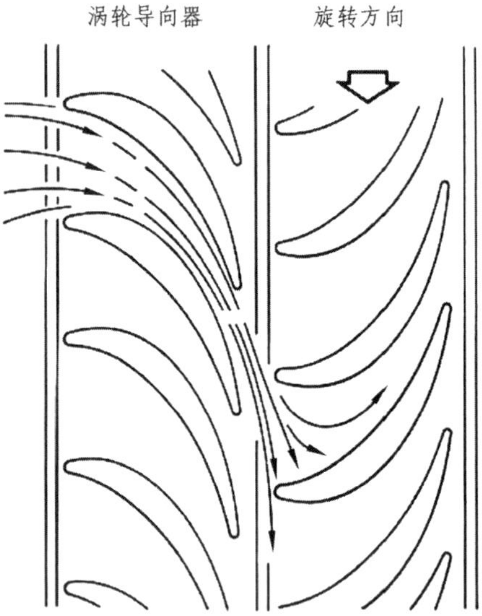

图 16-4-6　冲击式和反力式涡轮

燃气涡轮发动机多采用冲击反力组合式涡轮。涡轮设计中每一种方式的比例大体上取决于装此涡轮的发动机型号。一般来说，冲击式大约占 50%，反力式占 50%。

涡轮转子叶片的叶身结构原则上与压气机转子叶片的要求相类似，但由于涡轮中气体气动力及温度远大于压气机，造成其叶型剖面弯曲度更大，以及为了叶片冷却而采用空心结构设计，有更厚的叶身。

涡轮盘通常由机械加工的锻件制成，由于轴流式涡轮的级数一般都低于轴流式压气机的级数，因此涡轮转子组件几乎都采用盘式连接。涡轮盘可以和涡轮轴或发动机轴制成一个整体，也可以带安装边由螺栓连接至涡轮轴。轮盘的外缘还有涡轮转子叶片安装用的榫槽。为限制转子叶片对轮盘的热传导，可采用每一级轮盘的两面通冷却空气的手段，降低轮盘温度。

涡轮盘必须在相对低的温度环境下高速旋转，承受很大的离心载荷。影响轮盘可用寿命的限制因素是其抗疲劳裂纹的能力。目前，涡轮盘多用镍基合金制造，增加合金中镍元素的含量可增大抗疲劳特性延长轮盘寿命。另一种更为先进的手段是采用粉末冶金技术，它可进一步提高轮盘强度，允许更高的涡轮转速，输出更高的功率。

涡轮转子叶片安装在涡轮盘上的方法极为重要，因为在固定部位或叶片根部周围涡轮盘的应力对于限制轮缘速度具有很重要的意义。枞树形榫头是目前大多数燃气涡轮发动机所使用的。为保证载荷能由所有榫齿分担，对于榫头加工精度的要求较高。当涡轮处于静止状态时，榫头与榫槽之间存在装配间隙，允许叶片与轮盘之间的相对活动，当涡轮高速旋转，在离心载荷作用下叶片与涡轮盘之间形成刚性连接。如图 16-4-7 所示展示了涡轮转子叶片安装至涡轮盘上的常用手段。

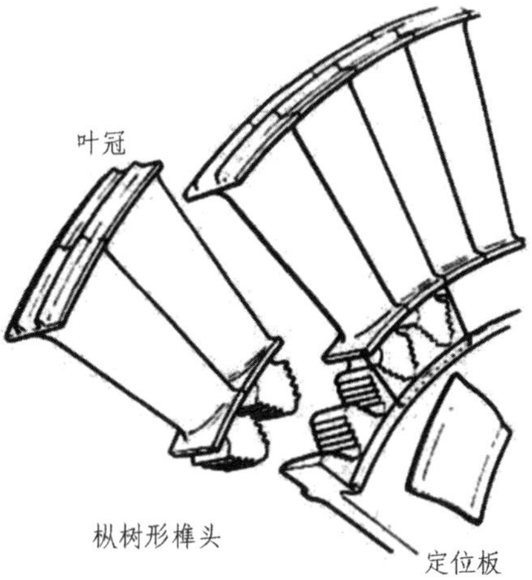

图 16-4-7　转子叶片与轮盘的连接

（2）静子组件。

涡轮静子叶片同样具有翼型截面，相邻叶片之间构成气流通道，改变气流方向或速度。静子叶片安装于涡轮机匣中，可以采用直接安装或将叶片安装于保持环上，再将保持环与机匣进行连接（见图 16-4-8）。由于叶片工作于高温环境，为避免热应力累积，安装方式应能允许它们发生受热膨胀。导向器叶片通常是空心结构，可以由压气机的出口空气在其内部流过进行冷却，以减轻热应力和气动负荷的影响。

涡轮静子叶片与压气机静子叶片之间同样存在大量相似之处，但由于工作环境更加恶劣，因此涡轮静子叶片不能够用作承力部件。如果涡轮静子叶片内外保持环之间需要传力，通常要设置专用承力件，即涡轮框架。

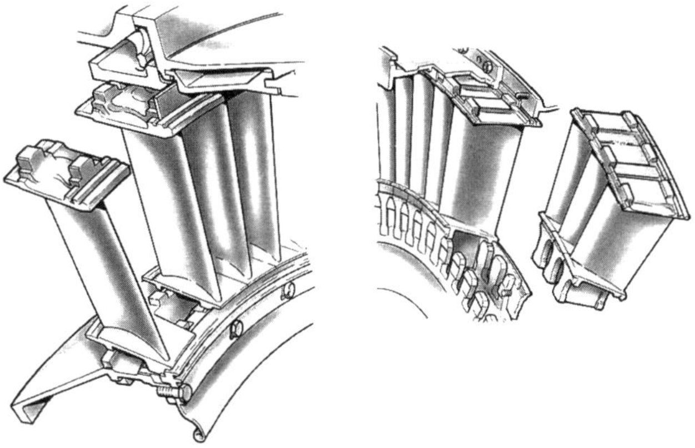

图 16-4-8　典型涡轮静子叶片

涡轮机匣是燃气涡轮发动机上的重要高温承力部件，机匣材料大多采用耐热合金钢，采用铸造后机械加工、板料焊接、轧压等制造手段加工而成。涡轮机匣的结构应能允许受热不均或各零件材料膨胀系数不同时产生热膨胀，机匣结构复杂，其加工质量关系到涡轮的装配质量，直接影响涡轮工作。涡轮机匣前安装边与燃烧室机匣的后安装边相连接，后安装边连接到涡轮框架或尾喷管上。若是带自由涡轮的涡轮轴发动机，燃气发生器涡轮机匣的后安装边将与自由涡轮前的中间机匣连接在一起。涡轮机匣上开有检查内部状态的探孔，部分采用主动间隙控制技术的发动机，其涡轮机匣外部还缠绕有数圈冷却空气管。

中小型涡轴发动机机匣一般是整体式结构，也有（如因装配原因）采用径向对开式，如 T700 发动机机匣（见图 16-4-9）。机匣除承受内压外，还要传递轴向力、扭矩、弯矩和陀螺力矩等载荷，是发动机最关键的承力部件之一。一般来说，机匣结构设计时应满足以下基本要求：在质量轻的条件下，具有足够的强度和刚性，以保证机匣可靠工作；保证机匣和工作叶片之间的径向间隙最小，以减少潜流损失，提高发动机效率。此外，机匣结构设计还应保证定位准确，密封可靠，转子装拆方便，维护性，工艺性好。

由于中小发动机压气机转子的动不平衡量控制很严，多级压气机转子均采用逐级配平，再进行整体转子配平修正的方案来控制不平衡量。为了解决此类转子的装配问题，也可采用径向对开式的机匣。这种机匣整体工艺性能好，装配最简单，也容易选择整流器和转子的结构方案（方案适应性强），但纵向结合面存在连接、定位和密封等问题。为解决这类问题，目前大多数发动机上采取增加安装边的连接刚性、依靠精密螺栓定位、结合面精加工、开封严槽等方法。通常，安装边厚度应为机匣壁厚的 2 ~ 3 倍，安装边上螺栓的孔距为螺栓直径的 6 ~ 10 倍，随气流通道内空气压力的逐级提升，螺栓孔距应逐渐减小。采用纵向安装边会使机匣周向刚性不均匀，工作受热时机匣由于刚性不均、热变形不协调而出现椭圆度现象，工作温度越高，这种现象越严重，因此必须增设纵向加强肋和横向加强肋。目前，径向对开式机匣多用铸造和锻造的方法制造。整体式的机匣其主要特点是质量轻、加工量少、周向刚性均匀，但装配复杂，维修性和方案适应性差。涡轮机匣属于高温件，冷热变化大，若刚性不均，易产生翘曲变形，因此多为整体式结构。

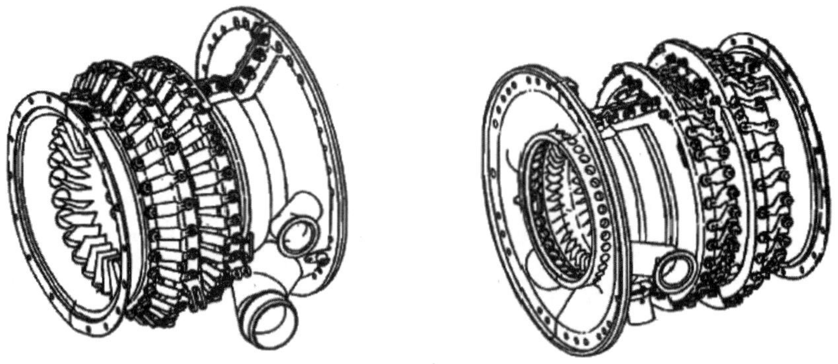

图 16-4-9　整体式涡轮机匣（T700）

为保证转子和机匣间的同轴度，相互连接的各机匣间要有可靠的径向和周向定位，并要求相配的机匣只有一个周向位置可以相配。一般采用在安装边端面，装入几个不等距的精密配合销钉，作为径向和周向定位件，然后再用螺栓或螺钉拧紧；也可采取将连接螺栓中的一部分作成精密螺栓，以加强工作中定位的可靠性。连接螺栓的数目取决于连接刚性和密封的要求，一般螺栓间距与螺栓直径之比为 6～8，对密封要求高的地方则为 2.5 左右。

涡轮框架是发动机的主要结构件，在大中型涡轮轴发动机中较为常见。涡轮框架结构支持涡轮转子，提供发动机后安装节的连接点，支持发动机排气部件，如喷管和排气锥。典型的涡轮框架由框架毂同轴承支撑、外框架机匣和一组连接毂同外机匣的支柱组成。涡轮框架上分布的径向载荷主要通过置于气流通道内的支柱拉伸、压缩从内传递到外框架机匣，轴向载荷则靠支板的弯曲从框架毂传递到外框架机匣。

在先进的涡轴发动机上，支板不仅起着结构支撑作用，而且还具有气动功能，用来矫直和偏转气流。支板通常采用空心叶片结构形式，但也有采用其他结构形式，如 WJ9 自由涡轮轴承座支架采用了倒三角成型支柱（见图 16-4-10）。无论采用何种结构形式，支板的数量和形状都必须满足气动力和机械设计要求。框架的空心支柱降低结构载荷，又具备较高的抗弯与抗扭强度，除承力外，内腔还可作为滑油供、回油管、通气管以及各类传感器的安装通道。空心叶片结构形式的框架支柱有两种不同的布局，一是径向，二是切向（见图 16-4-11）。径向支柱通常设计得尽可能短，其受热之后膨胀量最小，降低框架毂上的热应力累积。切向支柱受热膨胀后将使毂轻微转动，引起的热应力最小。

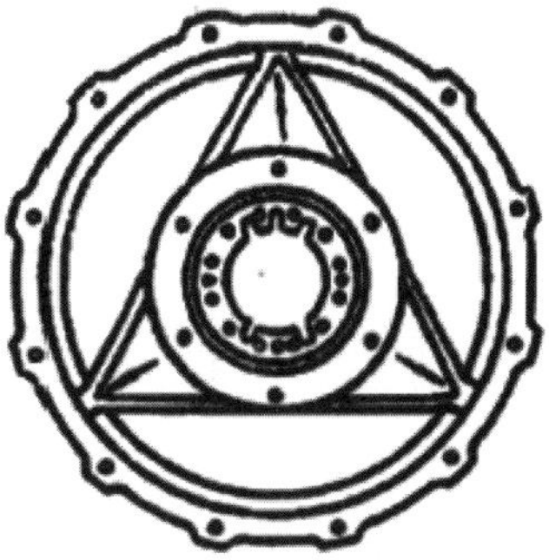

图 16-4-10　WJ9 发动机自由涡轮框架

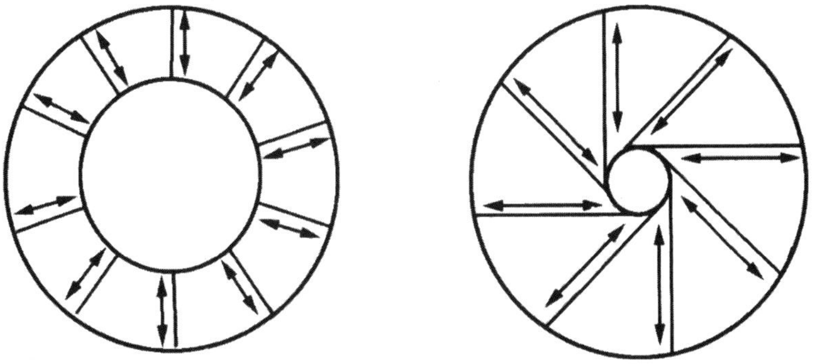

径向支柱　　切向支柱

图 16-4-11　空心叶片式涡轮框架支柱布局

有些涡轴发动机也采用涡轮导向器作为转子后支承的承力构件。一般来说，此时不直接利用导向叶片作为承力件，而是利用装在空心叶片内的承力件传力，使承力件与高温燃气不直接接触，但这种导向器叶片较厚，会对发动机性能带来一些影响。因此，中小型涡轮轴发动机在燃气温度不高的条件下，也可以直接利用空心导向叶片传力。

3. 涡轮冷却及间隙控制

涡轮轴发动机的输出功率，很大程度上受制于涡轮前的燃气温度。更高的燃气温度能够提供更高的机械能转化，但同时也对高温部件的热强度、热安定性以及耐腐蚀能力提出了更大的挑战。自燃气涡轮发动机诞生以来，涡轮前燃气温度平均每年提高 25 °C，其中 15 °C 是依靠冷却技术的进步取得的，特别是叶片内部空气的冷却技术。

涡轮冷却的目的在于提高涡轮前燃气温度，提高发动机性能，或在燃气温度不变的前提下，保证零件具有必要的高温机械强度，使零件内温度均匀，减小热应力。冷却技术能够隔绝燃气流与零件表面的直接接触，还能提高零件工作表面的耐腐蚀性，同时也为涡轮轴发动机涡轮部件提供采用廉价耐热材料的可能性。冷却，一方面增加涡轮的使用寿命，这是通过冷却内部涡轮部件，如涡轮导向器（静子叶片）和转子叶片实施，另一方面，可得到更好的涡轮效率，这是通过冷却涡轮机匣实现。

涡轮叶片大多采用来自发动机压气机的空气进行冷却，这些叶片的内部设计成复杂的冷却通道，采用不同的冷却方法。

（1）对流冷却。

对流冷却是最简单的方法（见图 16-4-12）。冷却空气从叶片底部和顶部的孔进入流经叶片的内部通路，带走热量，最终由叶片后缘流出与高温燃气流汇合，进入排气系统。

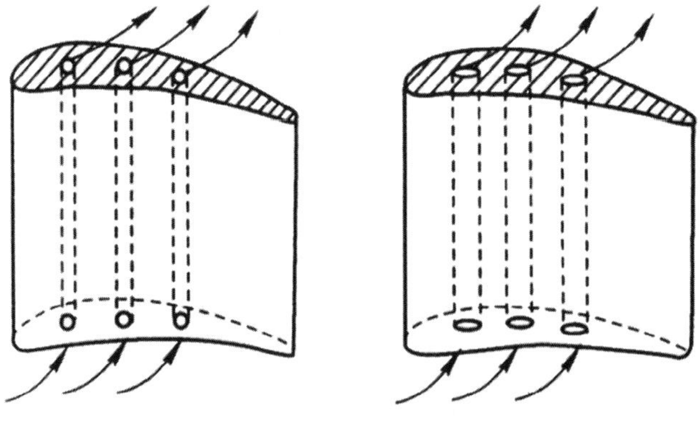

图 16-4-12　叶片内部气流流道形状（左：圆孔　右：扁孔）

（2）冲击冷却。

冲击冷却是对流冷却改进后的一种冷却方法。冷却空气首先流进嵌入叶型空心的气流管，管壁上开有许多小孔作为喷嘴，冷却空气通过这些喷嘴冲击叶型内壁（见图

16-4-13）。相较于对流冷却，冲击冷却强化了冷却空气和涡轮材料的接触，增加热交换效率，提升冷却效果，降低冷却空气用量。冷却空气最终亦由叶片后缘流出与高温燃气流汇合，进入排气系统。

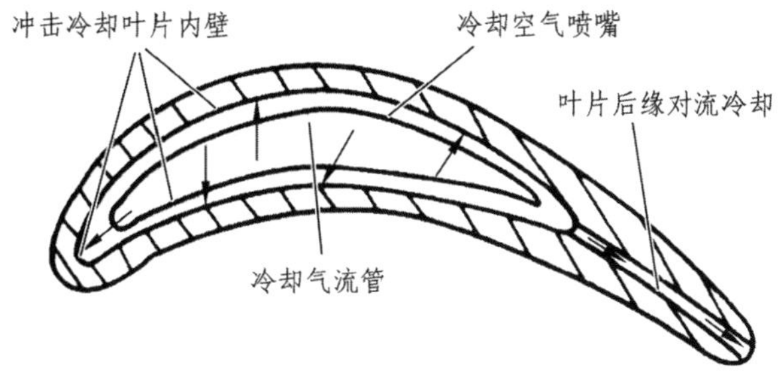

图 16-4-13　冲击冷却涡轮叶片

（3）气膜冷却。

气膜冷却方法进一步改善了冷却效果。采用气膜冷却的涡轮叶片（见图 16-4-14），其叶片前缘与后缘均加工有细密的小孔，这些孔洞贯穿叶片内腔与表面，内部的冷却空气经由孔洞由叶片前缘与后缘喷出，在转子叶片与静子叶片的外壁形成薄的气膜，该气膜阻止高温燃气与叶片材料的直接接触。气膜冷却叶片的冷却效果是对流冷却与气膜冷却综合作用的结果（见图 16-4-15），是一种相当高效的冷却手段，对于冷却空气量的需求能够进一步降低，但其缺点在于叶片前缘孔、鳃孔与后缘槽孔加工困难，导致叶片成本上升。

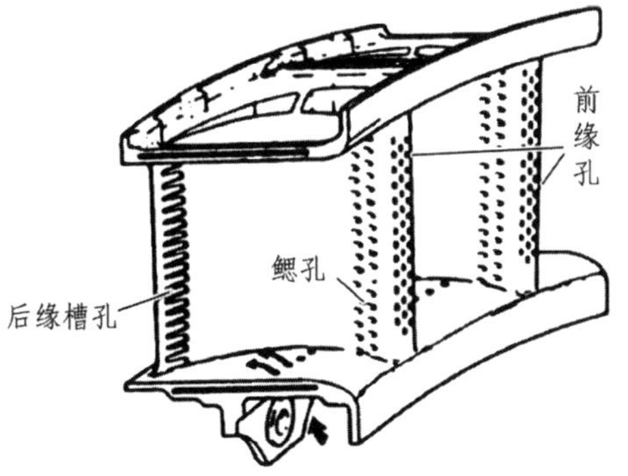

图 16-4-14　气膜冷却涡轮静子叶片

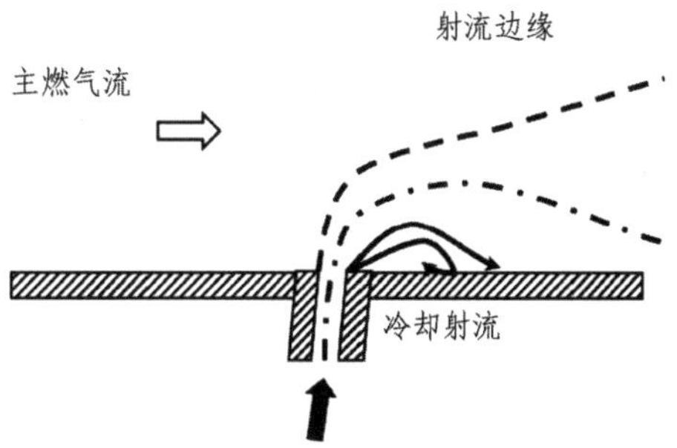

图 16-4-15　气膜冷却原理示意图

（4）发散冷却。

发散冷却是现代涡轮叶片冷却的最新技术。发散冷却叶片由骨架和金属丝网组成，骨架承担叶片所受的应力，而由高温合金材料编织成的多层致密的丝网形成叶片所需的气动力外形。这种丝网制成的叶片表面具有大量的细微小孔，冷却空气从叶片内腔通过叶片表面的无数微孔渗出，就像出汗一样，一方面从壁面上带走热量，另一方面在叶片表面形成气膜，达到双重冷却目的（见图 16-4-16）。发散冷却叶片也可以采用多孔性材料来实现，这种材料中的小孔易于堵塞，实际应用较为困难，对于工艺的要求极高。发散冷却技术的冷却效果是四类叶片气冷手段中最好的，冷却效果的比较如表 16-4-1 所示。

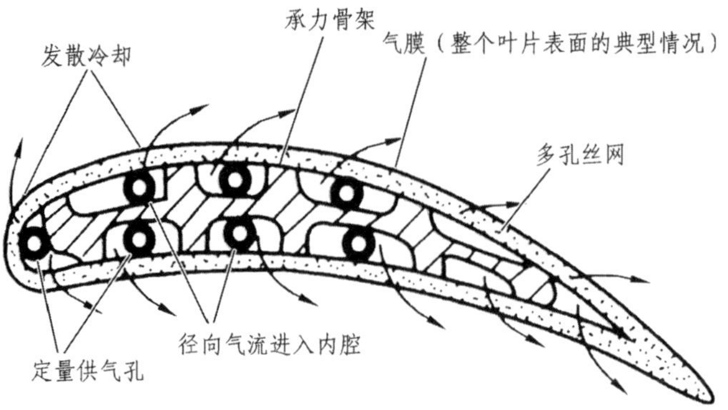

图 16-4-16　发散冷却涡轮叶片

表 16-4-1　不同冷却方式的效果对比

冷却方式	冷却效果
对流冷却	流经叶片内壁，冷却效果一般为 200 ~ 250 ℃
冲击冷却	仍然属于对流冷却，适用于局部高温区的强化冷却
气膜冷却	气流经孔洞由内腔流至叶片外壁，冷却效果一般为 400 ~ 600 ℃
发散冷却	冷却效果一般为 500 ~ 800 ℃

随着涡轮叶片制造加工技术的不断发展，在大多数现代燃气涡轮发动机上组合使用上述叶片冷却技术（见图 16-4-17）。涡轮第一级静子叶片（也称涡轮进口导向叶片）首先接触从燃烧室来的高温燃气，采用对流、冲击和气膜冷却的复合冷却手段。同样，第一级转子叶片也综合运用对流、冲击和气膜冷却。第二级静子叶片正常用对流和冲击冷却，第二级转子叶片仅使用对流冷却即可满足需求，因为燃气温度经过能量转换后已经降低。冷却方法的组合使用可以使制造成本、涡轮效率和使用寿命得到平衡。

大型燃气涡轮发动机，多采用气冷叶片技术降低叶片温度，以保证足够的涡轮材料热强度。空气流量小于 2.5 ~ 3 kg/s 的小型涡轮轴发动机，一般难以采用气冷式涡轮叶片。在进气流量相对较低的条件下，使用引气用于冷却对于发动机的性能影响较大，且对于空气净化的要求高，维护工作量增加。因此，只是在很先进的小型涡轮轴发动机上才可能采用气冷叶片技术。

涡轮盘在工作中的受热主要来自燃气和转子叶片的热量，由安装叶片的轮缘向内传向轮毂。主要用于承担离心载荷的涡轮盘的冷却同样重要，既能避免涡轮盘受热后的强度下降，同时也能够减少轮盘向涡轮轴的传热。涡轮盘的材料由最初的普通碳钢锻件，发展至镍基合金，乃至粉末冶金盘。同时，气冷技术在涡轮盘冷却中的使用也愈发普遍，主要采取空气沿轮盘侧面径向吹风冷却，以及空气吹过叶片根部或榫头的装配间隙两种方式进行。

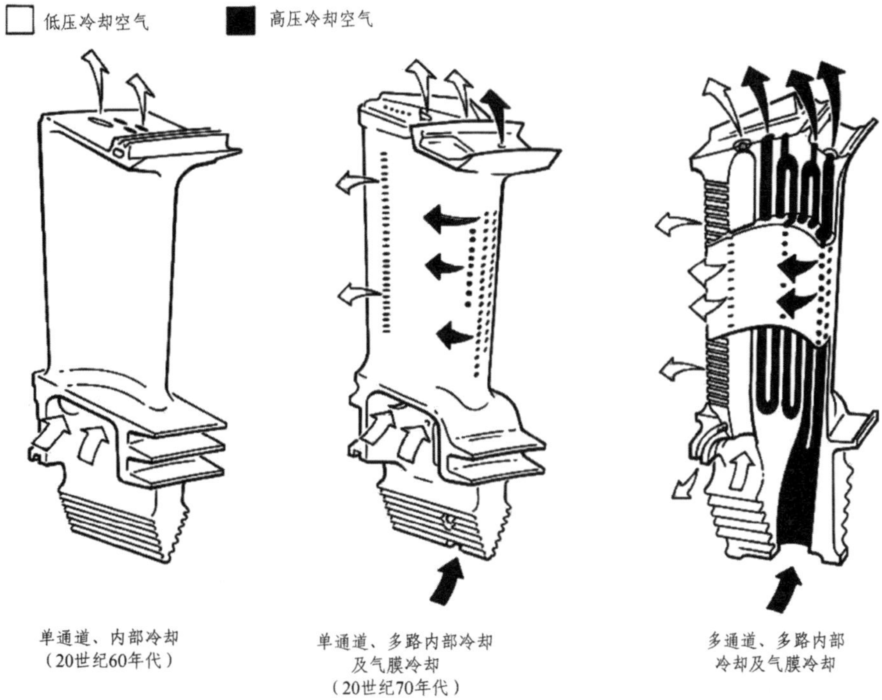

图 16-4-17　涡轮叶片冷却技术的发展

（1）涡轮盘径向吹风冷却。

与大型燃气涡轮发动机涡轮盘相比，中小型涡轮轴发动机涡轮盘盘体厚实，热响应速度慢，导致盘温难以达到稳定状态，在整个飞行循环下，盘温始终处于变化之中，非稳定换热问题明显。此外，与大型航空发动机相比，小型航空发动机轮盘两侧空间狭小，涡轮盘沿径向温度梯度更大，结合高转速情况，盘腔流动现象更为复杂。采用涡轮盘径向（单侧或双侧）吹风冷却的方式，容易造成轮缘与轮毂温差大、热应力较大的问题。但相较于无冷却的涡轮盘，其降温效果还是明显的（见图 16-4-18）。

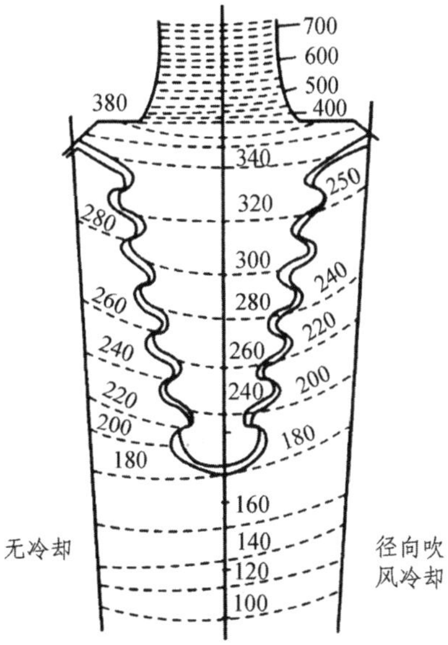

图 16-4-18　涡轮盘径向吹风冷却

（2）中间叶根冷却。

相较于常规涡轮叶片，带有中间叶根的涡轮转子叶片，其叶根与榫头之间有一段横截面积较小的过渡段，横截面呈现矩形或工字形。此时转子叶片与涡轮盘装配，在榫槽内会留下装配间隙（见图 16-4-19）。

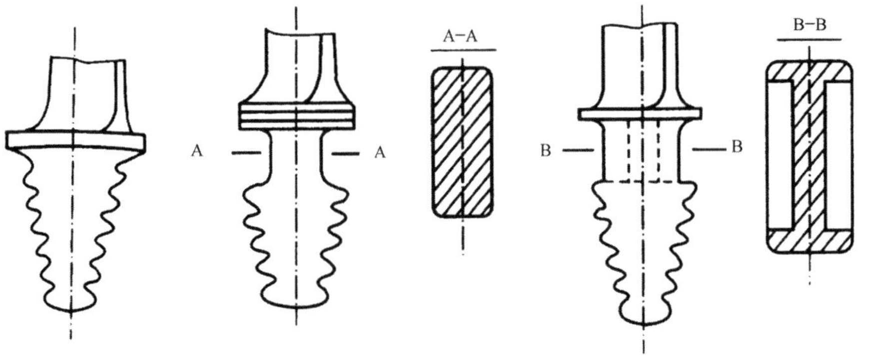

图 16-4-19　涡轮转子叶片中间叶根

中间叶根的结构设计，能够减少叶片向叶盘的直接传热量，榫槽间隙中可以引入冷却空气进行强制冷却，这将大大降低叶根、榫头和轮缘的温度。中间叶根同时也能够改善榫头应力分布的不均匀度，特别是第一对榫齿，但叶片载荷增大，叶片数目受到限制。

涡轮的冷却在设计中整体统筹，在叶片内部、涡轮盘内外以及涡轮轴内外构建冷却空气流路进行冷却降温，避免高温燃气对涡轮这种高速转子工作的影响。在涡轮结构中，通过各类封严结构，控制冷却气流流路，并防止高温燃气进入涡轮轴所在区域。用于冷却涡轮结构的低压冷却空气完成冷却后将排出发动机外，而高压冷却空气则在完成涡轮冷却后汇入燃气流，避免过高的工质流量损失。燃气涡轮发动机涡轮部件的整体冷却方案如图 16-4-20 所示。

涡轮叶片和机匣之间存在径向间隙。由于叶片与机匣在结构、制造材料、尺寸上的差异，导致两者在发动机工作状态变化时的变形量不同，因此涡轮径向间隙是变化的。发动机工作期间，涡轮径向间隙将大大减少涡轮效率，因为大量燃气将通过涡轮叶片和机匣之间的间隙流向后一级涡轮，而没有对该级涡轮转子做功。燃气涡轮发动机试验说明，过大的涡轮径向间隙（也称叶尖间隙）将同时引发燃油消耗量的上升。涡轮径向间隙过小一样不利于涡轮工作，其可能导致涡轮转子叶片同机匣之间发生摩擦，引发涡轮材料的磨损或涡轮损坏。

金属材料受热会膨胀，材料伸长量主要取决于受热的温度差和材料的尺寸。材料膨胀需要的时间取决于材料的厚度，薄壁材料比厚的材料膨胀得快。涡轮轴发动机起动时高温燃气作用在涡轮材料上，薄壁的涡轮机匣膨胀得比涡轮转子快，叶尖间隙增大。然而，当发动机工作一段时间，高速旋转的涡轮转子所产生的离心力将拉伸涡轮盘与涡轮转子叶片，由于离心力引起的材料变形量大于由热膨胀引起的材料变形，这意味着发动机在进入工作状态一段时间后，叶尖间隙将有所减小。如果发动机减速或停车，涡轮间隙的变化规律：最开始时由于离心力减小，涡轮转子比机匣收缩快，叶尖间隙稍有增大，但一段时间后，涡轮机匣由于降温收缩，薄壁结构收缩更快，导致叶尖间隙减小。

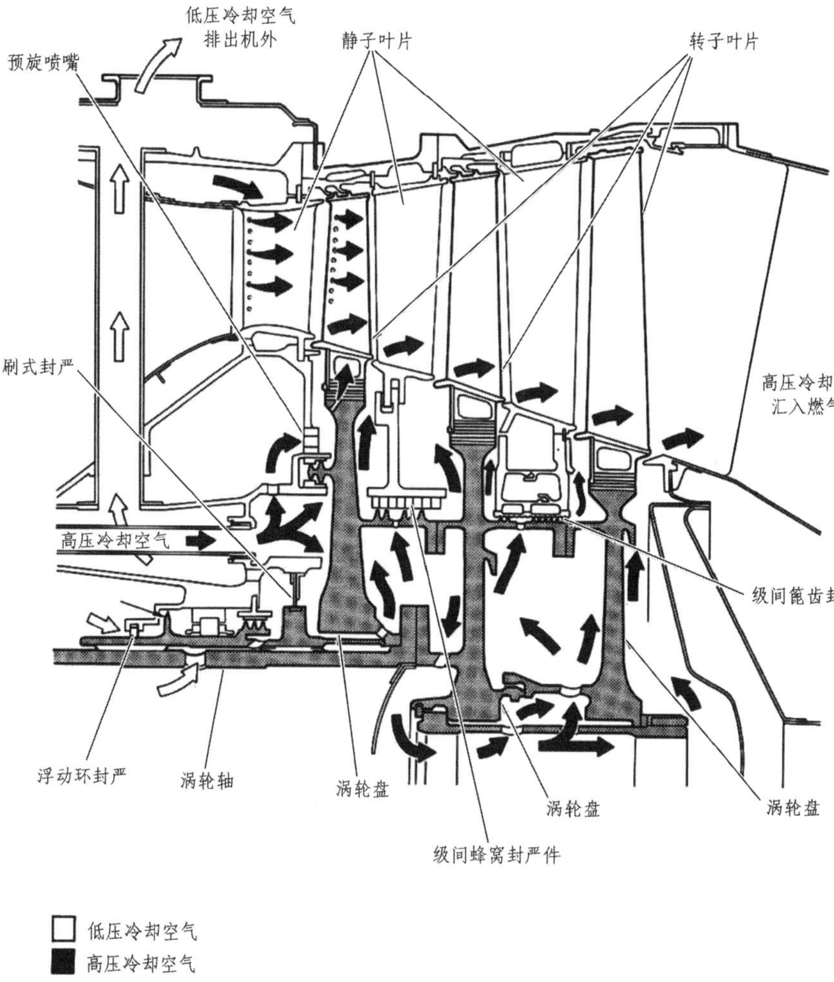

图 16-4-20　涡轮冷却方案设计

为了减小径向间隙，减少燃气漏过叶尖间隙时造成的涡轮效率损失，在结构设计上通常采用诸如整体式叶盘结构、双层机匣结构、机匣内壁面采用耐磨材料层、控制转子膨胀量、弹性支承及挤压油膜式减振等措施。有些涡轮转子叶片带有叶冠（见图 16-4-7）将燃气“封锁”于叶身段的流道内，叶冠增加了叶片的结构载荷，但可将叶型做得更薄而抵消，带冠叶片可以减少振动，同时也带来更高的离心应力。因此，带冠叶片主要应用于低转速涡轮。也可通过控制涡轮机匣的膨胀量来控制叶尖间隙，现代燃气涡轮发动机通常采用涡轮间隙主动控制技术来实现。

任务五　减速器

涡轮螺旋桨发动机转子与螺旋桨，涡轮轴发动机转子与旋翼或工业机械的连接都必须通过减速器，原因在于螺旋桨与旋翼工作时的转速均小于发动机输出轴转速（转子转速）。涡轮轴发动机一般设有体内减速器和体外减速器。减速器既要传递很大的功率，又要尺寸较小、质量轻，因此设计复杂、制造成本高。

涡轮轴发动机的体内减速器与发动机结构相连为一体，是发动机不可分割的部分，置于发动机的前部或后部，与发动机共用一个滑油系统，并与发动机一起分解装配。体外减速器在无人机直升机系统中是一个独立大组件，将体内减速器输出的转速经再次减速传递给旋翼和尾桨。

高转速是涡轮轴发动机降低油耗、增大功重比和功率尺寸比的主要措施之一。小型涡轮轴发动机转速一般在 30 000 ~ 50 000 r/min，要将功率传递给低速的螺旋桨或旋翼（通常为 2 500 r/min），其间必须设置高减速比的减速器。定轴式涡轴发动机的功率输出，其转速和燃气发生器一致，通常是偏高的，需要在进气口前方设置体内减速器，降低输出转速。而自由涡轮式涡轴发动机，是否带体内减速器，要看自由涡轮转速的大小（一般为 6 000 ~ 8 000 r/min）和无人直升机主减速器（体外减速器）研制水平的高低而定。从近期发展情况来看，越来越多的中等功率以上的涡轴发动机，已不带体内减速器，而是直接与主减速器相连。

减速器的传动形式主要有定轴齿轮式、重行星式、双级行星式、复合差动行星式等（见图 16-5-1）。

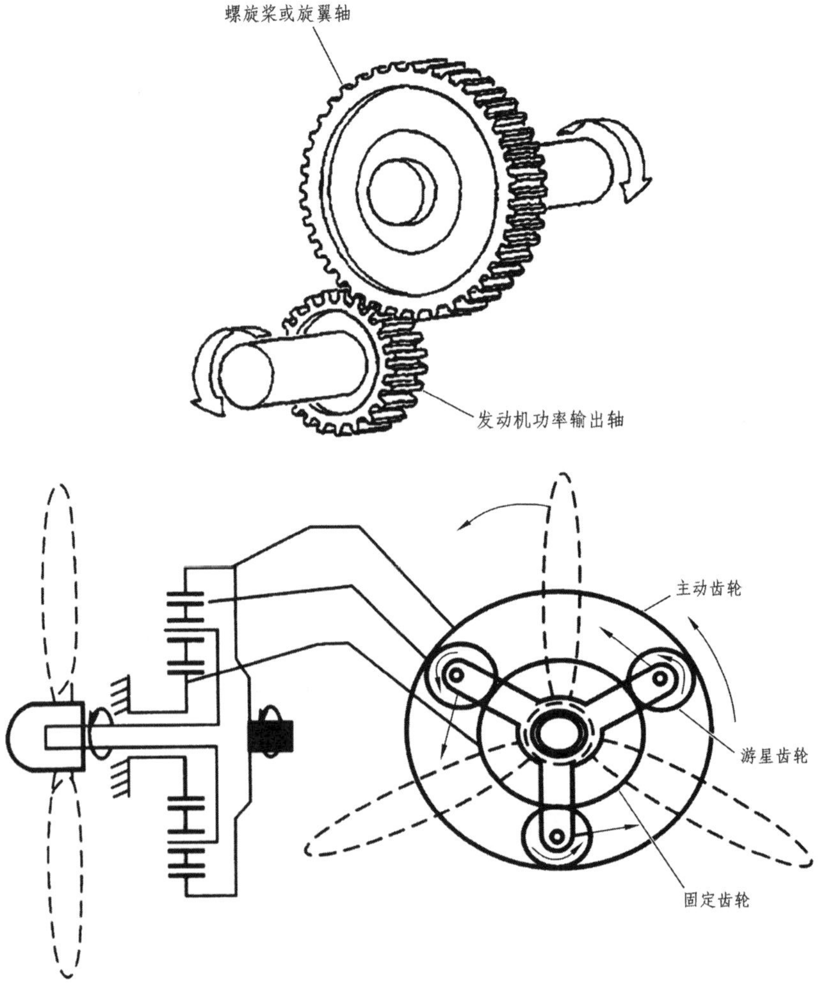

图 16-5-1　定轴齿轮系减速器与行星齿轮系减速器

任务六　排气装置

燃气涡轮发动机的排气装置安装在涡轮的后面，其主要功用是使涡轮流出的燃气膨胀、加速，以一定的速度和要求的方向排入大气，得到需要的推力。在涡轮喷气式、涡轮风扇发动机中高速排气流产生大部分推力。而在涡轮轴发动机中，排气流只提供少量的推力甚至不提供推力，大部分能量已经由涡轮吸收，用于驱动发动机输出轴所连接的旋翼或工业机械。因此，涡轮轴发动机的排气系统和涡喷、涡扇发动机存在显著的差异。

为了使自由涡轮输出更多的轴功率，我们希望涡轮轴发动机的排气速度越小越好，这样自由涡轮中的落压比（膨胀比）可以取得更高。因而涡轮轴发动机的排气装置通道大多做成喇叭状的扩张形结构，以便于最大程度地进行排出燃气的减速扩压。

在多数燃气涡轮发动机中，自由涡轮的传动轴穿过燃气发生器转子中心向前伸出，此时，排气装置（尾喷管）的轴线与发动机的轴线保持一致，燃气水平地向后排出。但在某些涡轮轴发动机中，自由涡轮连接的功率输出轴是向后传出的，此时，自由涡轮后需要安装转子支承以及减速器等，排气装置不能直接向后安排，需要与轴心线呈一定角度斜向安排，或做成裤衩状的两个喷口，由轴心线两侧排出燃气。由于涡轮轴发动机的排气对于飞行动力几乎没有贡献，排气装置的倾斜更加有利于发动机内部或表面的部附件设置，以及发动机在飞行器内的安装。如图 16-6-1 所示为有人直升机的 TB3-117BM 涡轮轴发动机，其排气装置轴线相较于发动机轴线存在明显角度。

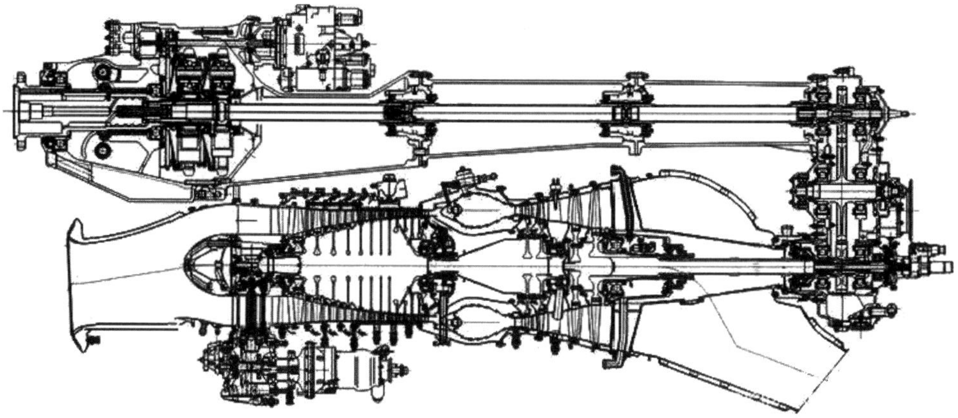

图 16-6-1　TB3-117BM 涡轮轴发动机

参考文献

[1] 刘小春，张蕾. 电机与拖动[M]. 北京：人民邮电出版社，2015.
[2] 姜新桥，蔡建国. 电机与电气控制技术[M]. 北京：人民邮电出版社，2014.
[3] 贾恒旦，郭彪.无人机技术概论[M]. 北京：机械工业出版社，2019.
[4] 贾海瀛. 无人机技术与应用[M]. 北京：电子工业出版社，2020.
[5] 鹿秀凤，冯建雨.无人机组装与调试[M]. 北京：机械工业出版社，2019.
[6] 冯秀. 无人机结构与系统[M]. 北京：机械工业出版社，2019.
[7] 于坤林，陈文贵. 无人机结构与系统[M]. 西安：西北工业大学出版社，2016.
[8] 许春生. 燃气涡轮发动机（ME-TA、TH）[M]. 北京：兵器工业出版社，2008.
[9] 廉筱纯，吴虎. 航空发动机原理[M]. 西安：西北工业大学出版社，2005.
[10] 邓明. 航空燃气涡轮发动机原理与构造[M]. 北京：国防工业出版社，2014.
[11] 唐庆如. 活塞发动机：ME-PA、PH[M]. 北京：兵器工业出版社，2007.
[12] 刘长福，邓明. 航空发动机结构分析[M]. 西安：西北工业大学出版社，2010.
[13] 符长青，符晓勤，马宇平. 旋翼飞行器动力装置[M]. 北京：清华大学出版社，2017.
[14] 张宇雄. 电动模型飞机动力系统配置[M]. 北京：北京航空航天大学出版社，2015.
[15] BETZ, ALBERT.The Jet Engine[M]. 英国：罗尔斯・罗伊斯，1965.
[16] 顾永根. 航空发动机设计手册（第 6 册）. 涡桨及涡轴发动机总体[M]. 北京：航空工业出版社，2001.
[17] 倪萌，朱惠人，裘云，等. 航空发动机涡轮叶片冷却技术综述[J]. 燃气轮机技术，2005（04）：25-33+38.
[18] 尹泽勇，李上福，李概奇. 无人机动力装置的现状与发展[J]. 航空发动机，2007（01）:10-15.
[19] 黄勇，李维，贺宜红. 小型航空发动机特点及换热问题综述[J]. 南京航空航天大学学报，2016，48（03）：310-316.
[20] 付焱晶. 直升机发动机进气防护装置研究[D]. 沈阳：东北大学，2011.
[21] 刘大响. 航空动力发展的历史性机遇[J]. 航空发动机，2005（02）:1-3.
[22] 王士奇. 中国无人机动力装置现状浅析[J]. 航空动力，2019（02）:9-12.